圖解
零售業管理

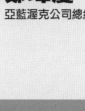

伍忠賢 博士
鄭瑋慶 著
亞藍渥克公司總經理

五南圖書出版公司 印行

自序——
讀本書，有三本書以上收穫

　　你上街看到大部分的商店大都是零售業，包括俗稱「小七」的「Seven」（或7-ELEVEn，統一超商）、手機店；你去逛街購物的服裝店、百貨公司（包括購物中心、暢貨中心）。

一、零售業的重要性：以臺灣為例

　　在農工服三級產業中，零售業占「國內生產毛額」（GDP）約16%，僅次於工業中製造業的30%，是第二大行業。

　　以就業人數來說，170萬人，占總就業人數1,130萬人的15%，即約6.5人中，就有1人在服務業中任職。

二、本書特色

　　零售業、大學殷切需要一本實用易懂的書，本書盼如同2007年6月美國蘋果公司推出iPhone，造成手機App、觸控螢幕的殺手級商品。

　　1. 實用（實務）：類比iPhone的百萬個App

　　兩位作者皆在零售業有多年的工作經驗，在全書的布局可分為「學科」（第1～11章），「術科」（第12～17章），詳見附表。

　　2.易懂（圖表）：類比iPhone中的觸控螢幕、語音輸入

　　作者以公司策略管理（公司成長方向、方式和速度）、邁克·波特事業策略、行銷策略（市場定位與行銷組合）等，作為作圖作表的架構，活用理論，以分析經典公司（美國亞馬遜、好市多，臺灣統一超商、全聯，中國大陸阿里巴巴等）關鍵成功因素。

　　讓你能「內行看門道」，你可依樣畫葫蘆，運用在其他公司。

　　尤有甚者，作者採取財經周刊、報紙的寫作方式，讓你易讀易懂。

章	內　　容	聚　　焦
1	導論：零售業5W2H	零售業快易通
2	公司策略管理	零售業公司董事會必懂
3	中國大陸零售業	立足臺灣，胸懷中國大陸
4	行銷組合第4P	展店與物流
5	行銷組合第1P	商店吸引力
6	同上	同上
7	行銷組合第1、2P	商店與定價
8	行銷組合第3P	促銷
9	公司功能管理之資訊管理	零售科技
10	公司功能管理之人資管理	兼論績效管理
章	行　　業	公　　司
11	平價時尚服裝店	日本迅銷公司
12	便利商店業	臺灣統一超商PK全家
13	超級市場業	臺灣全聯
14	量販業	美國好市多
15	百貨公司	—
16	同上	新光三越百貨
17	同上	微風廣場公司

三、感謝

　　兩位作者感謝在臺灣政治大學企管系博士班就讀時，多位老師的教誨，尤其是臺灣策略大師司徒達賢教授、產業分析大師吳思華教授等。

　　感謝實務工作時的諸位董事長等提攜。

　　最後也是最重要的，伍忠賢感謝盧景蒂、鄭瑋慶感謝陳璇，體諒我們在寫書過程中的投入，默默支持。

伍忠賢
謹誌於臺灣新北市新店區

鄭瑋慶
謹誌於中國大陸湖北省武漢市

2019年4月

本書目錄

第3章　中國大陸零售業發展

第4章　展店與物流

本書目錄

第 8 章　零售業促銷管理

第 9 章　零售公司資訊管理：兼論零售科技

本書目錄

第 13 章　超級市場業：以全聯為焦點

第 14 章　量販店經營管理：好市多的角度

本書目錄

第 1 章
零售業入門

●●●●●●●●●●●●●●●●●●●●●●●●●●●●●●●● 章節體系架構 ▼

Unit 1-1
零售業在經濟中的位置

在探索（Discovery）頻道每週二的「貝爾求生密技」影集中，求生達人英國人愛德華・吉羅斯（Edward M. Grylls，小名Bear，貝爾）到一荒野，往往會爬到山頂、樹冠，以盱衡全局，尤其是看清哪裡可能有河，有河就有水，可解渴，甚至找到食物；沿著河就會找到人家而脫困。在本章第一個單元，我們先到制高點，了解零售業在經濟中的哪個位置，如此可以了解其跟其他行業的關係。

一、大分類：三級產業

由圖一Y軸可見，在經濟學中把產業分成「農工服」三級產業，X軸是三級產業的中分類「行業」。

1. 服務業中最大行業是批發零售業：2019年臺灣「國內生產毛額」（GDP，本書簡稱總產值）18.34兆元來說，服務業約占62.59%；服務業中最大行業為批發零售業，占總產值16.25%，是臺灣第二行業，比工業中製造業小一些。

2. 批發零售業替農工業銷售商品：農業生產農產品、工業中的製造業生產「工業製品」（例如：手機），農工產品都必須靠批發零售業才能「貨暢其流」。

二、中分類：服務業再細分

服務業最大行業是批發零售業，第二大是金融業（保險、銀行與證券期貨業）。由於零售業營收大、僱用人數大（詳見Unit1-2），因此在大學的企管系等系，獨立開課討論，甚至有些大學單獨設立流通事業管理系。在美國大學的流通事業管理碩士班，百貨公司經營管理（本書第十五～十七章）單獨開課，深入討論。

三、跟相關服務業的關係

由圖二可見在服務業中許多服務行業（醫療、餐飲、旅館）跟零售業的差別如下。

1. 零售業：重點在於賣商品。麥當勞賣漢堡、霜淇淋，歸在餐飲業；統一超商賣御便當、關東煮，但卻歸類在零售業，同樣「賣吃的」，為何會分成不同行業呢？重點在於統一超商賣的是現成、標準商品，而且顧客大都是買了就走（2010年起，大店可以在店內吃）；麥當勞賣的是現做食物（某些範圍可以調整，例如：要求漢堡中不加酸黃瓜），而且在店內消費。

2. 其他服務業提供「服務」：由圖二X軸可見，零售業以外的民生服務業，大抵是依「民生」（Y軸中的食衣住行育樂）範疇，提供服務。舉兩個為例。
   - 衣：零售業中的服飾店、百貨公司銷售衣服，民生服務業中的「洗衣店」（包括自助洗衣店）提供「洗衣服務」。
   - 育：人民一年花6,800億元繳健保費等去醫院診所看病，但可以拿藥單等到零售業藥房買藥或醫療器材店買血壓計。

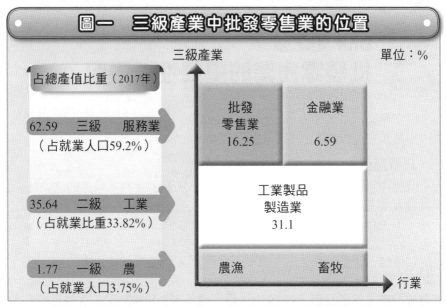

圖一　三級產業中批發零售業的位置

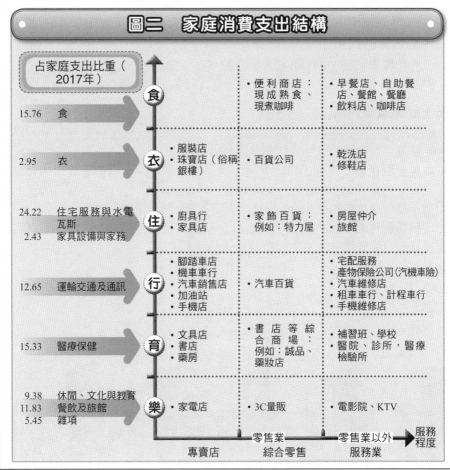

圖二　家庭消費支出結構

資料來源：行政院主計總處，《家庭收支調查報告》，第1項表14家庭消費支出結構按消費型態分，2018.10。

Unit **1-2**
批發零售業的重要性：臺灣

　　每次經濟、產業學者、分析人員描述某個產業的貢獻，總從三個角度，表一中是其中兩個角度，本單元詳細說明。

一、只看產值

　　以2019年預測總產值18.34兆元為基礎，來說明批發零售業的重要性。

1. 批發及零售業營收2.981兆元：例如：批發業產值0.9兆元、零售業2.1兆元，不過批發零售業本質是「買賣業」，向品牌品公司買進商品再賣給買方，因此行業產值會很大。

2. 附加價值占總產值16.25%：即批發及零售業對總產值的貢獻約16.25%，附加價值約2.981兆元。

3. 對經濟成長率的貢獻：以2019年經濟成長率2.42%為例，批發零售業對經濟成長的貢獻0.4795個百分點，約20%。

二、對就業的貢獻

　　批發零售業員工約180萬人，占總就業人數17%，也占服務業就業人口（672萬人）的26.79%，可說是臺灣就業貢獻占比最大的行業。

三、產業關聯角度

　　行政院主計總處編製「產業關聯點」，讓我們可以了解每個行業的影響力，分成二個方向，以2011年產業關聯點為例。

1. 向後關聯係數：這代表帶動其他（註：常指更上游）行業發展，由表二可見，以紡織品業賣100元的衣服為例，可帶動織布、染整、製衣400元的產值。批發零售業的值1.69，服務業大都不高。

2. 向前關聯係數：這代表易隨其他行業發展，批發零售業為9.25，即很容易被其他行業帶動。

表一　批發零售業的重要性

項　目	金額/比率	說　明
1 零售業附加價值（兆元）	2.981	套用 2017 年，批發及零售業占總產值比率 16.25%，18.34 兆元 ×16.25% =2.981 兆元
2 國內生產毛額	18.34	2018 年總產值 17.50 兆元 2019 年經濟成長率 2.27% 加物價 2.53% 18.34 兆元 =17.5 兆元 ×（1+4.8%）
3 =（1）/（2）	16.25%	
4 零售業勞工數（萬人）	193	批發及零售業是雇用人顧最多的行業
5 總就業人數（萬人）	1,145	臺灣勞動力人數成長有限，整體停滯
6 =（4）/（5）	16.86%	批發及零售業占總就業人數最多

表二　2011 年產業關聯

工業中的製造業	向後關聯	向前關聯	服務業	向後關聯	向前關聯
紡織業	4.08	2.68	批發零售業	1.69	9.25
電子零組件業	3.52	3.80	住宿餐飲業	2.40	1.81

註：行政院主計總處，2015年1月。

Unit 1-3
批發 vs. 零售業

　　以銷售標準化實體商品為主的買賣業，跟製造業中下游一樣，買賣業一樣可以分為上游（大盤商、批發商）、中游（大都指各縣市經銷商）和下游（零售公司及旗下商店）。以2019年批發零售業產值2.981兆元（為簡化說明，3兆元）來說，批發業、零售業比重三比七。為了讓讀者有切身感，我們以果菜批發、零售為例，二者產值占二：八比，即套用「80：20」原則，基於重要性、資料可行性與篇幅限制，本書只討論零售公司。

一、行銷通路的定義

　　根據美國學者Louis W. Stern & Adel I. El-Ansary在《行銷通路》（第四版）（1992）的定義：行銷通路（marketing channel）可以視為一組互相依賴的公司網絡，他們互相合作使商品和服務可以提供消費者；批發商（代理商、配銷商和盤商）和零售公司是行銷通路內的中間商（intermediary），他們執行各種行銷功能，拉近供貨公司跟顧客之前的距離。許多書把零售業稱為「通路業」，本書稱為零售業，原因在於就像日文的「燒鳥」是中文的「烤雞」一樣，日文的「流通」就是中文的「零售」，在中國大陸（簡稱陸）稱為「渠道」。

二、批發業占三成產值0.9兆元

　　「批發」（wholesale）分成大盤、中盤，以下把鏡頭拉到全國最大的蔬菜生產地雲林縣。

1. **大盤**：雲林縣西螺鎮的果菜批發市場是全國最大的批發市場，北到彰化縣南到嘉義縣農產品向此匯集，每年逢年過節、颱風過後，電視臺記者總喜歡來此拍攝，以了解蔬菜價格的高低（註：一般低價是每臺斤16元，颱風過後漲到40元以上）。臺北果菜運輸公司扮演臺北市總經銷角色，此處蔬果量，一天約需140噸。凌晨運到臺北，主要在濱江街、西藏路的兩個果菜批發市場進行拍賣。

2. **中盤**：臺北市12個行政區的果菜中盤商到果菜批發市場買貨，都必須整箱的買，一般一箱都是「24」，例如：24顆高麗菜、24顆蘋果。菜市場的攤販（即零售商）會到中盤商處買貨，例如：買10顆高麗菜、12顆蘋果等。
　　大盤、中盤都是批發商（wholesale）。

三、零售業占七成產值2.1兆元

1. **零售**：零售（retail）包含所有直接銷售商品（product或merchandise）或服務給予消費者，供其作為個人、非商用用途的一切活動，不論「商品或服務」（從此處起，簡稱商品）以任何方式銷售，不論銷售地點，都屬於零售的範圍。

2. **零售業**：零售業（retailing或retail dealer）是指各種能夠增加商品附加價值的商業活動，並引導商品銷售給消費者，以供「個人或家庭」（簡稱家庭）消費；美國零售期刊 *"Journal of Retailing"* 在其網站上定義零售為銷售商品給家庭消費的商業活動。

3. **零售公司**：零售公司（retailer）是把商品銷售給消費者（即家庭）的公司，雖然在整個行銷過程中，零售是最後的一個階段，然而零售工作不一定由零售公司來做，也可由製造公司和批發商來承擔。

以高麗菜為例，說明批發與零售

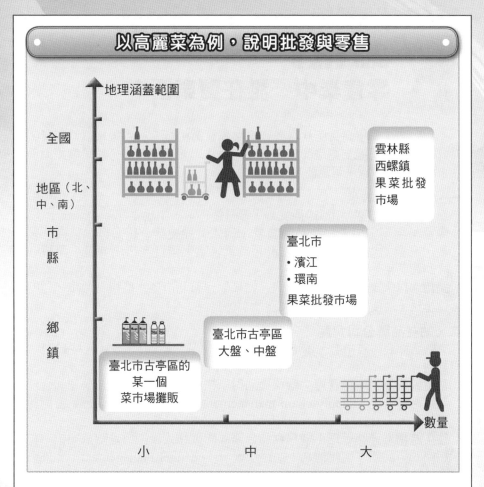

地理涵蓋範圍

全國

地區（北、中、南）

市縣

鄉鎮

雲林縣
西螺鎮
果菜批發
市場

臺北市
• 濱江
• 環南
果菜批發市場

臺北市古亭區
大盤、中盤

臺北市古亭區的
某一個
菜市場攤販

數量

小　　　中　　　大

產銷顧客三方的英文用詞

供貨公司	零售公司	顧客
供貨公司（supplier）主要是指下列二者，用詞雖不同，但殊途同歸： 1. 製造公司（producer，本書不譯為製造商） 2. 品牌公司（brand company）	零售公司（retailer）及其旗下商店： 1. 零售公司（retailer，本書不譯為零售商） 2. 商店（store，美國人的用詞，英國人稱shop）有時零售「據點」不以商店式呈現，例如：專櫃，所以據點看似範圍比商店廣 3. 店長（shopkeeper） 4. 店員（shopman、shopboy、shopperson）	零售公司的消費者（consumer）至少有下列四個英文用詞，本書用詞如下： 1. 顧客（customer）本書從零售公司角度來稱呼，例如：「顧客永遠是對的！」 2. 客戶（clientele）本書把這個字用在顧客以外情況，例如：上新聯晴是聲寶的客戶

Unit 1-4
零售業中，誰在賣東西？

　　當你到統一超商買瓶飲料或到家樂福買衛生紙，或到維格買鳳梨酥，大部分時候，你可能知道這商品是誰做的。本單元再從零售公司角度來說明商品來源，先看右圖，可見商品來源有二。

一、零售業的本意

　　「零售」這個字還原成原文為「零星銷售」，如此便容易了解。

1. 零星：零售主要是指商品的數量，例如：你去統一超商可以只買一顆蘋果，家樂福也是。但是你去新北市新店區果菜批發市場就至少需買一箱（24顆蘋果）。

2. 銷售：以家樂福賣腳踏車為例，如果你到新北市淡水區租腳踏車，付給車行車租，這便是其他服務業了，不算零售業。

二、站在品牌公司角度

　　以品牌公司為中心，本處以休閒食品一哥聯華食品（股票代號1231）公司為例。

1. 往上游稱為供應鏈管理：聯華食品對原物料供貨公司、代工公司的管理稱為供應鏈管理（supply chain management），一般在工業工程系會開此課程。

2. 往下游稱為通路管理：聯華食品業務部的業務代表主要是跑家樂福、統一超商的商品部，因此稱為「通路管理」（channel management），外資公司稱此類人員為「通路經理」（channel manager）。

　　品牌公司在通路決策時會考慮要不要自己開直營店，或委由零售公司來賣。

- 零階通路：工廠直營。聲寶公司生產家電又自己賣，不假手他人，當然就是零階通路（zero-level channel）或直效行銷（direct marketing）。

- 一階、二階、三階通路：如果透過大型零售公司來賣商品，商品到消費者手上之前已經先轉一手，稱為「一階通路」（one-level channel）。再繼續延伸下去，當地理涵蓋地區太大，供貨公司只好透過批發（大盤）商、中盤商，才能把商品層層轉到地區型商店。

三、站在零售公司角度

　　大部分品牌公司都把商品交給零售公司來賣，這是因為零售公司有其專業。

通路

- 英文：channel，源自拉丁文（analis）、英文運河（canal）
- 陸譯為：渠道

從供貨公司角度來看零售結構

	供貨公司	行銷或配銷通路，本書稱為通路公司				買方

三階通路

德記洋行 | 大盤：批發 1.全國總代理 2.地區代理 | 各縣市經銷商 | 零售公司 | | 銷貨 | 家庭（即消費性市場）

商店A 商店B 商店C | 付款

二階通路

光泉牧場 | 各縣市經銷商：中盤 | 全國品牌商品

一階通路

聯華食品 | 商店品牌商品 | 網路銷售 | 宅配 | 公司等（即業務用市場）

零階通路

裕隆汽車大同等家電公司

5

大學相關課程

行銷管理　　　零售管理

品牌管理　　　服務業管理

知識補充站

三門課間的的關係

大學企管系中有三門課彼此恰巧呈現這上中下游關係：

1. 站在品牌公司為主的課程：「行銷管理」課程主要是站在品牌公司角度，至於把其中一章或一節單獨開課，常見的是品牌管理。
2. 站在零售公司為主的課程：「零售業管理」主要是站在零售公司角度。

Unit 1-5
零售業中，誰在買商品？

有需求才會有供給，在商品市場（commodities market）中，零售公司會因顧客身分不同而進行市場定位。

一、以消費市場為主

當買方是自然人（主要是家庭）時，單次購買數量較少，對賣方來說，稱為消費市場（consumer market或consumption market，消費者市場），可以再細分。

1. 個人商品店（personal store）：有一些零售業定位於個人為對象，以女性為對象的化妝品店、藥妝店、女裝店；甚至便利商店也是，因為賣場空間有限，商品大都是給個人使用的，例如：香菸、學生放學後買的關東煮。

2. 家庭商品店（family store）：許多零售商店想攻散客、家庭客，由於家庭過日子不容易，必須量入為出，所以零售公司會推出家庭號商品，常見的是6瓶包裝的可口可樂，強調比單買1瓶便宜。

3. 老少咸宜的店：商品品項比較老少咸宜的商店（例如：百貨公司、購物中心）屬此類。

二、以業務用市場為主

當買方是公司（例如：幼兒園、自助餐廳等）時，單次購買數量較多，也比較注重價格，對賣方來說，稱為業務用市場（business market），買方買商品是為了加工使用再販賣或自用，許多公司都到量販店買飲料、辦公用品（主要是文具）。

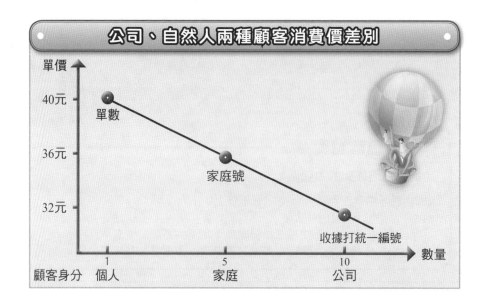

公司、自然人兩種顧客消費價差別

Unit 1-6
零售業的功能

　　如果所有品牌公司都自產自銷，那麼零售公司就沒有生存空間，自然就沒有零售業存在的價值。「一支草，一點露」，零售公司提供獨特的附加價值，才能在整個價值鏈中扮演關鍵角色。

一、品牌公司為什麼不直接賣商品？

　　為什麼品牌公司不直接把商品販售給消費者，而要依賴行銷通路（或稱配銷通路，distribution channels）作為媒介？這樣看似品牌公司會讓通路公司賺一手，即少賺銷售利潤；而消費者是否會認為被層層剝削，一頭牛被剝好幾層皮呢？

　　在還沒有詳細說明零售公司的八種功能之前，如果能一語道破的說明為什麼品牌公司不直接賣（商品），而非得高興的讓通路公司（從大盤商、中盤商到零售公司）賺一手。簡單的說，便是下列兩點。

1. 商品力不足：大部分供貨公司品項不夠多，不足以開店吸引顧客上門。零售公司沒有利益衝突的問題，可以把幾家供貨公司（例如：聯華食品的元本山海苔跟高岡屋海苔）的商品一起販售。

2. 財力不足：縱使商品力夠，但是開店設「點」（例如：自動販賣機）所費不貲。

二、零售公司所扮演的角色

　　零售公司的主要功能（貢獻）在於「貨暢其流」，扮演著品牌公司跟消費者的中間人（middleman）或中間商，即中介（intermediate）功能。

1. 對供貨公司來說：零售公司替供貨公司照找到顧客，否則品牌公司也只能「敝帚自珍」罷了。

2. 對消費者來說：零售公司幫消費者找齊商品，大幅降低顧客的交易成本。

　　零售業本身有特殊的競爭優勢，跟其他行業相比，零售業跟消費者的距離是最近，也最常受到顧客的光顧，他們的核心能力明顯。最重要的是，它們在整合資源（尤其指顧客創造購物經驗上）是其他行業無法比擬的。

　　行銷通路是品牌公司至消費者（或用戶）之間，商品流通的過程，可以經由各種中間商，也可以不經過中間商。然而，零售公司在此過程中具有八種功能。基於我們「二個就可以做表（比較），三個就可以分類（比較）」的治學原則，我們把這八種功能依交易順序分為商流、物流和金流三大類，至於資訊流是本書所加。

　　為了方便比較，我們把這八種功能依序標示於下圖的這三種流程中。

一、商流：販售

商品流通（product flow, 商流）主要是指把商品「銷售」（sale）給顧客，這需要「生意眼光」，主要包括下列活動：

1. 資訊（information）

   在行銷環境中進行行銷研究，以便擬定行銷策略。

2. 促銷（promotion）

   零售公司把商品等訊息傳遞給顧客，達到跟顧客溝通的作用，詳見第八章。

3. 接觸（contact）

   尋找潛在顧客，並且進行接觸。

4. 配合（matching）

   零售公司提供商品能吻合顧客需求，包括製造、分級、裝配和包裝等活動，詳見第四章。

5. 協商（negotiation）

   零售公司在價格和其他交易條件上與顧客做成最後協定，以推動商品所有權移轉。

二、物流

6. 實體配置（physical distribution, 物流），這包括下列二項子活動：

   ・倉儲： 零售公司大多儲存有存貨，以調節供貨公司跟顧客的淡旺季供需差距，以滿足消費者的需求。

   ・運送：零售公司直接送貨到顧客家中，即提供售後服務等。

三、金流：資金流通（capital flow, 金流）包括下列二項活動：

7. 募集資金（financing）

   零售公司須自籌資金，以支付零售活動各項成本費用。

8. 承擔風險（risk taking）

   零售公司承擔下列二項公司風險：

   ・營運風險：包括存貨積壓、商品跌價和滯銷等。

   ・財務風險：主要指顧客倒帳。

四、資訊流

資訊流通（information flow）包括試銷和銷售資訊分析。

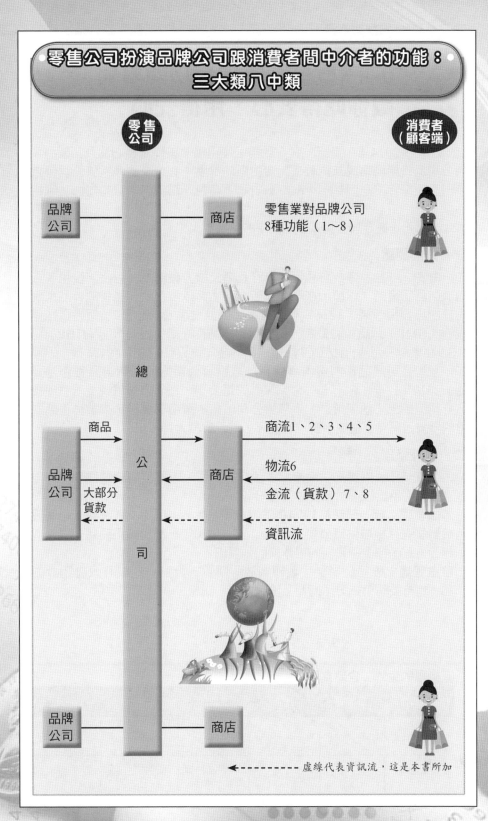

Unit 1-7　零售業功能專論：讓你吃得安心、用得安心

2013～2014年，臺灣「食安風暴」連環爆，主要是黑心油及其製品，零售公司退貨櫃檯常成為電視臺記者拍攝的重點。有愈來愈多零售公司體會到自己必須扮演「守門員」（gate keeper）角色，讓顧客「買得安心，吃得放心」。

本單元是把零售公司八項功能中的一項放大來討論。

一、外部認證

由表一可見，許多商品皆有政府及準公權力機構進行認證、核可並且發給該商品認證碼，以標示在商品包裝上。然而以零售公司銷售的食品來說，由於認證費用較高，12萬家登記有案之餐飲食品公司，僅7%通過良好作業規範（GMP）認證（423家）、3%通過食品良好衛生規範準則（GHP）認證（3,942家），而符合HACCP認證標準的公司更只有0.08%（94家）。

零售公司商品部的份內事便是驗證供貨公司的商品認證碼是否是真實的。2012年以前，還有一、二家黑心家電公司，把回收舊電視重新整理後，盜打認證碼，（低價透過）由零售公司出售。東窗事發後，少數銷售黑心家電的零售公司有「把關不嚴」的批評，電視業績大打折扣。

二、例外管理

買賣產品（主要是農漁產品）論斤秤兩賣，大都沒有檢驗標章，這部分零售公司必須設法讓顧客買得安心。

1. **源頭管理**：統一超商從1994年推出18度C產品（例如：御飯糰）起便設立檢驗室，以檢驗供貨公司送來的商品。2010年，推出蔬果商品，更採取契作等方式，把源頭管理的工作推展到農田。
2. **自主管理**：零售公司為了讓顧客放心購買，針對一些沒有政府認證的商品，也會委請第三方（即商品檢驗公司）認證。

家樂福的生鮮（含熟食區）管理

肉品供貨公司	屠宰場	運輸	家樂福品質檢驗	生食	熟食
1. 家樂福嚴選	1. 進口	1. 冷凍 -18℃	委託臺灣檢驗科技公司	1. 每天新鮮切割肉品、衛生包裝	1. 熟食人員有衛生與廚師認證
2. 產地證明	2. 國產合法	2. 冷藏 0~5℃	（SGS）抽檢生食、熟食	2. 肉品到期前一日，把肉品下架	—

表一 商品認證標章與主管機關

商品性質	認證標章	主管機關
2 工業製品		
・家電		經濟及能源部標準檢驗局
・化妝品		衛福部食品藥物署
・藥品		同上
1 農產品		
・農產加工	GMP，來自GMP協會	經濟及能源部產業發展署
・肉品	CAS	農業部
・蔬果	吉園圃等	同上

表二 品牌與零售公司對食品的檢驗

項目	交易	零售公司
第三方檢驗	大部分都是由臺灣檢驗科技公司（SGS）出具檢驗報告，以昭公信。	同左
自己檢驗	**2015 年 1 月 30 日起** **1. 臺灣證交所** 臺灣證券交易所表示，對上市食品與餐飲相關類股的上市審查，會跟進櫃買中心的規定 **2. 櫃檯買賣中心** 櫃買中心為強化食品安全，並配合食品安全衛生管理法第七條規定，公告修正上櫃審查準則等規定，上櫃產業類別屬於食品工業。或最近一年餐飲收入占其營業收入50% 以上之新上櫃公司，應設置實驗室從事自主檢驗	**2014 年** **1. 大潤發** 2014 年大潤發等在一、二家店的生鮮區設立小型檢驗站，顧客可把店內商品拿去給檢驗人員檢驗 **2. 愛買** 2015 年 1 月，量販業愛買在網路銷售電視廣告強調公司獲得 ISO 12001 認證，因此生鮮食品等商品品質安全無虞

Unit 1-8
零售業的分類導論

許多學生讀教科書時可能會討厭把一個觀念依七八個角度來分類，因為在考試前整理、背書會背得很累。

若你曾讀過心理學，談到世界太複雜了，需要分類才能化繁為簡，舉二個例子。

- **看電影、連續劇時**：當人物眾多時，觀眾會先分清誰是好人、壞人，誰是男主角、女主角，誰是配角。
- **動物與植物的差別**：動物跟植物最大的差別在於「動物」會「動」，所以縱使珊瑚蟲集結成珊瑚柱，看似珊瑚不會動，但有可能會「脫離」珊瑚柱。含羞草、豬籠草是植物，但透過液壓作用，可以小幅度的收縮，但是不會走「動」。

一、依行銷組合來分類

分類的目的在於執簡御繁，以免歧路亡羊；基於「回復到基本」（return to basics）的治學理念，如果零售業的基礎知識是行銷管理學，那麼以行銷組合（4Ps）來分類，似乎又好懂、好記得多了。

1. 大分類／行銷組合
在右表中第一欄便是依行銷組合的順序來區分。

2. 中分類／各大類再細分
在右表中第二欄是依四個大分類中再細分。

二、80：20原則

人的眼睛視野約190度，可同時看到13個對象，人在開車（或騎車）時，為了追求平安，所以會選擇性注意跟交通安全相關的4件事（包括紅綠燈號誌、前車、穿越馬路行人與交通警察）。同樣的，本書的篇幅有限，只好輕重緩急有所取捨，依營收分為二小類。

1. 常見，占行業營收80%
有4個零售業產值破千億元，占零售業營收80%。

2. 少見，占行業營收20%
其他零售業只占20%。

依行銷組合把零售業分類

大分類	中分類	少見（占 20%）	常見（占 80%）
一 商品	（一）品類廣度	專賣店	綜合零售業 1. 雜貨類零售業 　・便利商店 　・超市 　・量販店 2. 雜貨以外零售業 　・藥妝店 　・百貨公司
	（二）商品新舊	1. 二手商店（例如：中古車行） 2. 跳蚤市場	・新品 ・過季商品「暢貨中心」
二 價格	價格水準	・優勢價格商店 ・平價商店，例如：暢貨中心	正常價格
三 促銷	（一）交易頻率	・晚上才開市 ・趕集式夜市	天天交易
	（二）是否需會員卡	・會員商店 ・像量販店的好市多	不須會員卡
四 實體配置	（一）商店實體程度	無店鋪銷售 ・郵購、自動販賣機 ・直銷 ・電視購物 ・網路商店	實體商店
	（二）依店數區分	單店 例如：俗稱「獨立」書店	連鎖經營商店
	（三）連鎖經營商店依店的所有權	直營店，即由加盟總部直接擁有的店	加盟店，即由加盟主所擁有的店
	（四）依商品來源	封閉系統的工廠直營店	開放系統

第一章

零售業入門

017

Unit 1-9
零售業分類 I：依商品廣度來區分

　　依店內販售商品的廣度，可以把商店分成兩大類。由圖二X軸代表賣場面積，背後隱含商品數，但是由於需要有消費人口才能養得起相對規模的商店，因此每種業態立地條件也不一樣。顧客到店裡來消費，主要是商品（商品或服務的簡稱）能滿足他的需求。

- **顧客需求**：顧客的生活基本需求就是「食衣住行育樂」，在圖一中，我們把「食」擺在上面，是根據大一經濟學恩格爾係數或「民以食為天」或馬斯洛需求層級中的生存需求。其餘需求順序，同理可推。
- **商品廣度**：獨沽一味的商店稱為專賣店（像黑橋牌香腸、思薇爾內衣專賣店），否則大部分大型連鎖商店都是綜合零售店，詳見圖一X軸說明。

一、專賣店

　　專賣店（specialty store）專門銷售5種以內品類商品，例如：女裝、音響、電器、珠寶、藥材、鞋子、傢俱等。專門店比較重視店面裝潢、商品陳列，店員又具有專業知識，對於顧客往往提供比較完善的服務。專賣店對顧客的效益如下：

1. **商品力強**：該類（例如：家電）商品廣度、深度皆比其他零售店窄。
2. **高品質服務**：店員專業知識比較豐富，往往提供適合顧客的商品建議。
3. **購物時間快**：由於賣場面積小，所以立刻就可以找到所需商品。

二、綜合零售公司

　　綜合零售業是大勢所趨，分成下列二中類，底下簡單說明。

1. **雜貨類零售公司（grocery retailers）**：指的便是便利商店、超市和量販店。
2. **雜貨以外零售公司（non-grocery retailers）**：指的是百貨公司、藥妝店等。

三、綜合商品零售業的結構

　　由右表可見，常見的四個綜合商品零售業，以百貨公司長期居首，由於有陸客商機加持，新百貨公司（含購物中心）加入。量販店成長率最低，超市主要是靠全聯福利中心衝刺（在2016年前），超市業營收超越量販店業。

　　便利商店以地點便利為先，只消50坪（大店前場36坪）便可以開店，迷你店坪數更小。所以賣場面積跟地點便利性呈反向關係，像量販店、購物中心便須有大停車場，以供方圓3公里（以上）顧客來店購物，詳見圖二。

日用品（grocery）

1. 日用品業：由日用品業最有名的公司寶鹼（P&G）、高露潔棕欖公司，大概可看出日用品（grocery）指的是化妝保養、清潔用品。
2. 日用品零售店：日用品零售公司（grocery retailer），或稱雜貨店。

圖一　由商品廣度來區分零售公司

商品種類（生活範圍）

食		便利商店：以熟食為主	超市：以生鮮食品為主 量販店：生鮮＋日用品
衣	服裝 化妝品	藥妝店	百貨公司 購物中心
住	家具店		
行	手機店		
育	藥妝 3C 電腦		
樂	玩具店：如玩具 反斗城		

5種品類以內　　　5種品類以上　　　　　　　　　　　　　　商品寬度
專賣店　　　　　綜合零售店

圖二　零售業依賣場面積、便利性分類

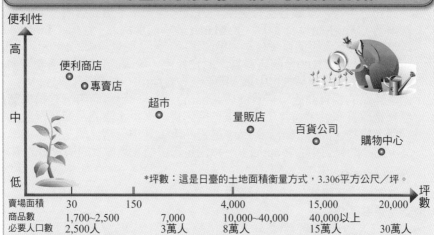

便利性

高　　便利商店
　　　　專賣店
　　　　　　超市
中　　　　　　　　　量販店
　　　　　　　　　　　　　百貨公司
　　　　　　　　　　　　　　　購物中心
低

*坪數：這是日臺的土地面積衡量方式，3.306平方公尺／坪。　　　　坪數

賣場面積	30	150	4,000	15,000	20,000
商品數	1,700～2,500	7,000	10,000～40,000	40,000以上	
必要人口數	2,500人	3萬人	8萬人	15萬人	30萬人

綜合商品零售業產值　　單位：億元

行業	2014 年	2015 年	2016 年	2017 年	2018 年
百貨公司	3,061	3,189	3,331	3,346	3,397
便利商店	2,892	2,950	3,088	3,173	3,375
超市	1,672	1,804	1,973	2,096	2,219
量販店	1,758	1,830	1,913	1,971	2,021
其他	1,682	1,737	1,741	1,709	1,893
小計	11,065	11,510	12,047	12,295	12,805

資料來源：經濟及能源部統計處編，《批發零售業及餐飲業營業額統計月報》。

Unit **1-10**
零售業分類Ⅱ：依價位、促銷區分

顧客因財力不同，在此依商品價格把零售公司分類。

一、依價位來分類

依顧客的所得、價格彈性來區分。零售公司，在圖一中以Y軸來衡量。為了便於作圖起見，在X軸以商品新舊來區分。以Y軸為主軸由上往下來說明。

1. **優勢價格商店：**優勢價格商店（premium price store）的價位很高檔、價位很「硬」（即不隨便打折），藉以吸引講究品味的品牌愛好者，精品店（例如：美國加州比佛利山的「維多利亞的祕密」內衣店）、精緻超市、百貨公司、購物中心常採取優勢定價。

2. **正常價格商店：**講究平民作風的正常價格（regular store，直譯為一般商店），可說是最常見，例如：便利商店。

3. **平價商店：**廣義的平價商店（discount store，直譯為折扣商店）是指商品價格比一般價格低，好像整年都在打折似的，平價超市、平價量販店是常見的行業。

   • 平價雜貨店：平價雜貨店（variety store）以銷售價格低的日用品為主（例如：食品、文具、糖果、乾貨、家電等），各種商品價格不高，店內提供的服務也不多，以顧客自行選購的方式來經營。平價商店最有名的是美國沃爾瑪（Wal-Mart）、凱瑪（K-Mart，陸稱凱瑪特）、目標（Target，陸稱塔吉特）等三大平價百貨公司。平價雜貨店極致便是美國的1美元店（dollar store）、日本的100日圓店和臺灣的10元店，美國的1美元店蓬勃發展。臺灣的10元店九成商品來自中國大陸浙江省義烏市，出貨價最多4元。

   • 過季商品的暢貨商店：暢貨商店（barn）是一種平價商店，其銷售商品大部分是瑕疵商品，通常商品多來自倒店貨、火災水漬品、海關沒收品、郵局無主貨物、品牌公司剩餘品、退貨品等。其中最常見的是販售過季（精品）商品的暢貨中心（outlet），以滿足想買便宜高檔貨的消費者的需求。

二、依促銷區分

我們把無法歸屬其他3P的分類方式，給以促銷因素區分，見圖二。

1. **依交易頻率區分**
   • 由圖二X軸商品新舊來分，零售公司有分為專賣舊貨的二手貨市場（second-hand market）和新市場。
   • 由Y軸交易頻率來分可分為「幾天交易一次」、「天天交易」的商店，其中「天天交易」的商店又可依每天營業時間長短來分，最長的是俗稱全年無休、24小時營業的便利商店，至於其他商店一天大抵營業13小時（早上9點或10點迄晚上10點）。跳蚤市場（flea market）便是趕集式的二手市場，主要在週末，夜市（night market）則是趕集式的新品市場。

2. **依會員卡年費高低來區分**
   大部分獨立商店不辦會員卡，極少數連鎖商店會請顧客付費辦會員卡；例如：好市多量販店。

圖一　依「價格水準」區分零售業

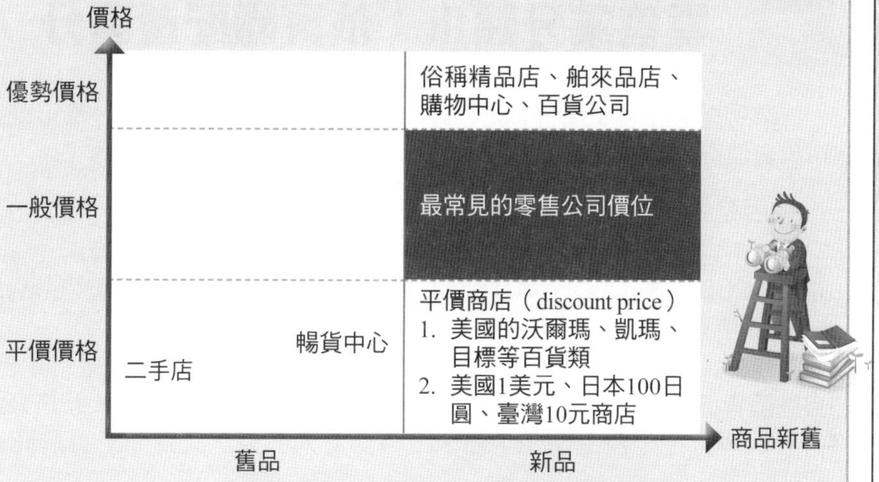

價格

優勢價格 ── 俗稱精品店、舶來品店、購物中心、百貨公司

一般價格 ── 最常見的零售公司價位

平價價格 ──
二手店　　　　暢貨中心
平價商店（discount price）
1. 美國的沃爾瑪、凱瑪、目標等百貨類
2. 美國1美元、日本100日圓、臺灣10元商店

　　　　舊品　　　　　　　新品　　　　　→ 商品新舊

圖二　依「商品新舊」和「交易頻率」區分零售公司

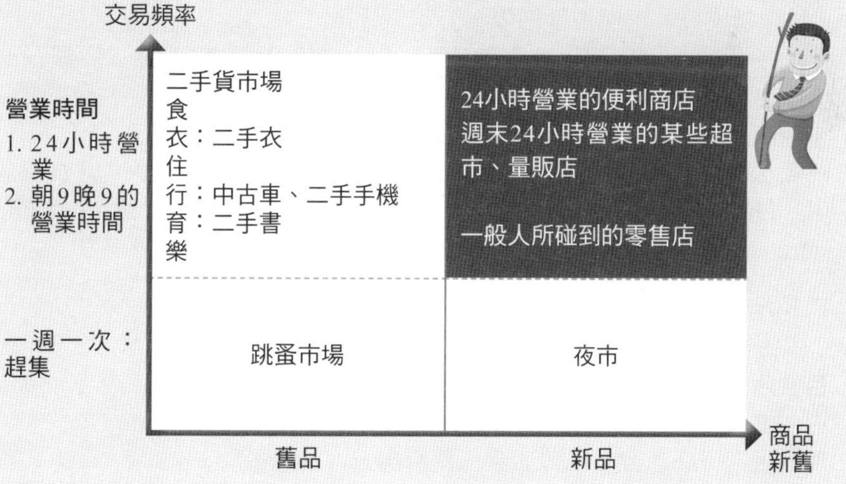

交易頻率

營業時間
1. 24小時營業
2. 朝9晚9的營業時間

二手貨市場
食
衣：二手衣
住
行：中古車、二手手機
育：二手書
樂

24小時營業的便利商店
週末24小時營業的某些超市、量販店

一般人所碰到的零售店

一週一次：趕集
　　　　　跳蚤市場　　　　　　夜市

　　　　舊品　　　　　　　新品　　　　　→ 商品新舊

021

Unit **1-11**
零售業分類Ⅲ：依實體配置區分

行銷組合第4P實體配置包括店址（location）和物流二方面，都可以用來對零售業進行分類。

一、依店是否實體區分

由商店有無實體區分為實體商店（physical store）和虛擬商店（virtual store），由右圖可見，中間些微有點灰色地帶。無店鋪零售（nonstore retailing）的形式大致分成以下三種管道。

1. **直銷（direct selling）**：透過銷售人員向顧客展示、介紹商品來進行銷售。
2. **自動販賣機（automatic vending）**：利用自動販賣機進行銷售，嚴格來說，自動販賣機還是需占地（半坪），只是無人服務，宜歸類為實體商店販售。
3. **直效行銷（direct marketing）**：利用各種人員以外接觸的工具（廣播、報紙、DM、電話、電視、電子郵件、網際網路）直接跟顧客互動，以獲得顧客的立即回應。

二、依店數區分

依店數來分，很簡單地把零售公司一分為二。

1. **只此一家，別無分店**：少數情況下，零售公司都是「一公司，一家店」，此稱為單店零售公司（independent retail firms），至於獨立店（independent store）往往指的是透天厝型態的店。
2. **一家公司，二家以上店面**：一家公司有二家以上的店面，則稱為連鎖店（chain store），遍及全國的稱為全國型連鎖商店（national chain-store），只是侷限一隅的稱為地區型連鎖店（local chain）。

三、依店所有權區分

縱使在連鎖業裡面，又可以依店的所有權分為二種以上。

1. **自營店**：像星巴克咖咖店（Starbucks Coffee）強調唯有自營才能維持品質，這稱為自營店（regular store）或直營連鎖（regular chain）。
2. **加盟店**：特許加盟、自願加盟二種情況。

四、依商品所有權區分

美國人喜歡用「系統」一詞，在零售業，開放系統（open system）常指供貨公司可以設立專櫃；至於自賣自家商品的商店則稱為封閉系統（close system），最常見的是自產自銷的工廠直營店（factory store），像郭元益食品、大同家電和裕隆汽車等。

依商店「實體程度」分類零售公司

商品實體性

1. 電子購物
   （1）拍賣網站：電子灣vs.雅虎
        網路商店：亞馬遜
   （2）電視購物：東森vs.富邦 ──→ 電視購物 ←── 商店零售公司e化（B2C）
                                   商店

商品

2. 郵購（型錄）   型錄商店

服務

3. 直銷

無：虛擬商店   灰色地帶   有：實體商店
即無店鋪販售   稱虛實整合

有沒有商店

從供貨公司「上架自由度」來區分零售公司

外來商品	低	高
學術用詞	封閉	開放
以百貨公司為例	自營	專櫃
其他	工廠直營店，例如：大同家電店	

知識補充站

實體商店的英文

教科書：physical store
陸百度：entity store 或 real story
口　語：brick-and-totar store
　　　　Brick n.：磚頭
　　　　Totar n.：灰泥

2018 年零售業商品營收結構（％）

生活大分類	中分類	大分類	中分類	小分類				中分類無店面類
		零售	綜合零售業	百貨	超商	超市	量販	
食	食品	18	24.3	5.1	25.9	52.3	39.4	23.7
	飲料、菸酒	9.1	25.1	0.7	66.1	14.5	11.9	3.8
	餐飲服務	1.4	4.2	14.9	0	0	0.9	0.2
衣	衣著及服飾配件	12.2	14.9	59	0.1	5.1	5.9	10.1
住	家庭器具	16.1	12.6	17.1	0.8	15.2	20.2	23.1
	住宅裝修材料及用品	0.4	0.2	0	0.6	0	0.2	0.9
行	汽機車及零件	15.4	0.2	0	0	0	0.2	0.9
	汽柴油及瓦斯等燃料	5.6	0	0	0	0	0.1	0
育	藥品及化妝、清潔用品	8.9	11.4	13.8	2.1	10	9.5	12.3
	資通訊產品	6.7	2.2	2.4	1.2	0	4.6	15.8
樂	文教及娛樂用品	3.5	2.9	4.7	1.8	0.1	3.6	5.8
其他	其他	2.9	2	2.4	1.4	2.6	2.7	3.6
合　計		100	100	100	100	100	100	100

資料來源：經濟及能源部統計處調查，2018.10。

第 **2** 章
零售公司策略管理

●●●●●●●●●●●●●●●●●●●●●●●●●●●● 章節體系架構 ▼

Unit **2-1**
從歷史背景分析現代零售業崛起

如果你現在21歲，多多少少體會到零售公司的一些改變，主要的是：
- 2013年起，到統一超商吃晚餐，成為許多人的常態。
- 2015年10月，新加坡的蝦皮購物上線，「便宜又快」，網路購物到便利商店取貨免運費。

這些都是片段、零碎的觀察，如果你把百貨公司等現代化通路的發展歷史作個表，你會發現：
- 實體商店的發展反映「經濟／人口」因素。
- 無店鋪販售反映通訊技術的科技發展。

一、實體商店的演進

數千年的人類零售，大抵是單家店，大都是單一商品的專賣店（例如：賣咖啡豆）；還有綜合零售店，在美國稱為雜貨店（grocery stroe或shop），你看美國片常會看見。閩南語稱為柑仔店（柑是橘子等的閩南語）。

由右表上半部可見，綜合商店零售業的發展順序如下：
- 1852年起，百貨公司。
- 1930年代，超市。
- 1962年起，便利商店。
- 1963年起，量販店（陸沒這名詞）有時稱量販式超市。

二、無店鋪販售的演進

由右表下半部可見，無店鋪販售的發展跟通訊技術有關：
- 1871年，目錄郵購慢慢興起，主要是針對農村的農民。
- 1891年起，美國開始進入電話成長期。
- 1950年起，電視在美國大流行，1982年第一家電視購物。
- 1980年代，美國開始電話銷售。
- 1991年網際網路技術由政府對民間開放，1995年美國電子灣（ebay）號稱是網路商場的源頭。

網路購物將逐漸取代電視購物，目錄郵購跟寫信一樣，慢慢退出歷史舞臺。

三、各國大致呈現同樣時間順序發展

右表是以全球（95%是美國）為基礎，你可以把各國（臺灣、中國大陸）的表做出來。整個脈絡就很清楚了。

四、什麼都得跟4.0扯上邊？

2013年，德國政府推出「工業4.0」政策，有點第四次工業革命的味道。一時間，許多人湊熱鬧，連在零售業也有，詳見下述零售1.0～4.0，零售1.0：超市；零售2.0：量販店；零售3.0：網路購物；零售4.0：虛實整合的全通路；這是「青蛙跳水－不通」的。

全球現代化綜合零售業發展的時代背景

通路	19 世紀	1930 年代	1940～1960 年代	20 世紀 1990 年代
一、實體				
（一）時代背景	1760年左右起，英法帶領全球第一次工業革命，人民聚集都市	1930年代美國經濟大蕭條，民眾需要低價的商店	1945~1964年嬰兒潮，平均每家生4位小孩	同左
（二）零售行業	百貨公司業（department store）1852年第一家是法國E BON MARCHE	超市業（super-market）1916年美國Piggy Wiggly 1930年代美國邁爾克·庫侖收購	1927年美國南方公司成立Tote'm公司，1946年改名為7-ELEVEn，1962年試驗24小時營運	量販店（bulk-sale store或warehouse store或hypermarket）例如：1963年法國家樂福開第1家量販店
二、無店鋪販售				
（一）時代背景	美國農業興盛，農民購買力強	美國經濟起飛	1984年起，美國電視機銷量大幅成長	1991年網際網路技術開放
（二）行業	目錄郵購（catalog mail order）1871年美國蒙特馬利百貨公司	直銷（direct sale）傳銷（multi-level market）1886年，美國雅芳公司（前身是加州香氣公司）成立，人員到府賣香水，擴大美容護膚品	電視購物（TV Shopping）1970年代起，號稱第1家是美國佛羅里達州Home Shopping Network	網路購路（internet shopping）1995年9月4日，美國電子灣（ebay）設立網路商場

Unit **2-2**
現代零售業的發展進程：臺灣

零售業的各行業面臨相同的經營環境（俗稱大環境），在企業經營概要、行銷管理書中由左至右（順時針方向），分成四大類：科技、政治／法令、經濟／人口、文化／社會。本章說明此經營環境中經濟／人口所帶來的機會（Unit 2-2～2-4）與威脅（Unit 2-5）。第十一～十六章討論便利商店業等經營的管理，每個行業的一開始，再針對該行業去進行SWOT分析中的機會威脅分析（opportunity threat analysis）。

一、經濟

在經濟方面對零售業的影響，只以臺灣來分析，一般有兩個層面。

1. **人均總產值**：真正正確的衡量購買力方式是總產值扣掉折舊後的國民所得，除以年中總人口數後的人均所得，但由於人均總產值（人均GDP）太流行了，所以本書也採取此。2003年起，臺灣經濟成長率邁入低速成長階段，約2%。

2. **所得分配**：經濟成果的果實資方分36.9%，勞方分44.18%，以致1997年以來，實質薪資成長率幾乎為零，名目薪資成長率、物價上漲率0.8%，即「薪資停滯」，甚至令人民覺得「什麼都在漲，只有薪水沒漲」所得分配漸集中在所得分配前最高10%的家庭，在消費方面，造成兩種影響。
   - 奢華消費：最顯眼的炫富消費有三：一、豪宅、名車、精品，以2018年銷售新車42萬輛案例，其中約45%、18.49萬輛是進口汽車，賓士、凌志占前二名，且八成集中在入門款（賓士E、C系列，寶馬3、5系列）。
   - 平價奢華：中所得家庭想要對自己好一些，限於財力，於是平價奢華商品逐漸流行，2010年日本平價時尚服裝商店優衣庫進軍臺灣，全球四大平價時尚公司全部到齊（詳見第十一章）。

二、人口

全球人口（除了南亞、非洲、中南美洲）呈現三化現象，且有因果關係。

1. **單身化**：2017年臺灣35～39歲的男女約33%未婚，過了這年齡，結婚可能性就低了。

2. **少子女化**：在三分之一適婚年齡人不婚，三分之二結婚的婦女2018年統計平均一生生1.13個小孩（總生育率是指15～49歲婦女一生生育人數）。總的來說，平均每個家庭生一個子女，居全球最低前三國之一。

3. **老年化**：小孩少，再加上長壽，整個國家年齡就老，年齡中位數日本48.05歲（2015年）、臺灣40.6歲（2017年）。

三、對零售業各業態的影響

1970～1997年家庭所得快速提高，人們喜歡有空調的購物環境，由右表可見，超市、量販店取代了傳統（或菜）市場。都市化（都市人口占總人口比率）的結果，人們因工作等因素，一向晚睡，有熟食且二十四小時營業的便利商店幾乎全部取代柑仔店。週休二日等因素，更讓民眾有時間逛百貨公司。簡單的說，現代化通路取代傳統通路。

經濟／人口對零售業的影響

項目	1980 年之前	1981～2002 年	2003～2022 年
一、人口數			
每年新生兒	1,770萬人 40萬人	1,803～2,246萬人 23至40萬人	2,246～2,370萬人 20萬人以下
二、人均總產值			
臺幣（元）	86,002	100,113～ 475,484	486,018～ 770,000
美元	2,389	2,721～13,752	14,120～25,000
三、通路			
1. 傳統通路	傳統市場 柑仔店		
2. 現代化通路			
(1) 百貨公司	1953年 高雄市大新百貨 1967年遠東百貨 成立	1988年新光三越 百貨成立 2000年微風廣場公司成立	2008年7月開放陸客觀光，使百貨公司業有「續命丹」
(2) 超市	1970年臺北市 西門、中美超市 1970年代，百貨公司附設超市、各地獨立超市	1986年味全公司成立松青 （MATSUSEI） 1987年港商來臺成立惠康超市	2018年超市店數 2,000家（包括美廉社），營收2,200億元 2015年全聯市占率50%，壟斷超市
(3) 量販店		1989年萬客隆、家樂福成立 1990年愛買 1996年大潤發 1997年好市多	2003年量販業既有店（established，或同店）業績衰退
(4) 便利商店		1987年6月 統一超商成立 1988年8月 全家成立 1989年3月 萊爾富	2014年便利商店數突破10,000家，臺灣是全球便利商店僅次於南韓密集的

四、所得分配（單位：%）

生產因素擁有者	1981年	2017年
勞工（受僱人員報酬）	48.59	44.18
資本（固定資本消耗）	10.10	15.57
政府稅	12.97	5.57
企業家精神（公司淨利）	28.34	34.68

Unit 2-3
單身、銀髮商機

臺灣人口結構呈現橄欖果（菱形）狀，2019年2,365萬人中銀髮族占14%、兒童與青少年占13%，16～64歲占73%，20～40歲人口約三成人口單身，人口數400萬以上，占臺灣人口約17%。

一、單身的定義

內政部對「未婚」的定義很寬，是指20歲以上；但正常應該23歲以上，約400萬人。2017年全臺初次結婚男性34.3歲、女性31.5歲，比2006年各提高2～3歲。

二、單身商機

零售業主要功能在銷售商品，以滿足人們食衣住行育樂六個生活層面的需求，所以本書所提商機皆從此角度切入。由下表可見零售業面臨的單身商機。

三、便利商店業的大店經營

最常用來說明單身商機的便是「外食」商機。

1. **商機估計**：針對外食商機，統一超商等喊出4,000億元（註：有些把早餐包括進來）等數字，本書在圖二中估計數字為3,192億元，重點是每項數字都有佐據。
2. **因應對策**：2010年起，統一超商、全家把賣場面積擴大到32坪（2015年統一超商擴大到36坪），店內至少有四個雙人桌。主要的便是給單身上班族下班後吃晚餐用；餐點多樣化，主要是跟以便當為主的午餐有所差異。

單身商機

生活層面	説　明
食	外食：2010年便利商店推出32坪以上大店，提供單身族各類晚餐店內食用。
衣	童裝店萎縮，全球四大平價時尚服裝店大流行。
住	1. 小家電：以電鍋等為例，2人份甚至比1人份電鍋好賣。 2. 大家電：洗衣機不好賣，許多人拿去自助洗衣店洗。
行	1. 少買車改租車：不婚，已婚但人口少，對汽車需求減少。 2. 旅行：年輕人買不起房，但很捨得花錢去玩，2018年臺灣1,600萬人次出國。
育	上網閱讀：受此威脅最大的是報紙，龍頭《蘋果日報》閱讀率2014年只剩15%；書也不好賣。
樂	手機的5G時代：看電影、玩遊戲，占用了年輕人每天2.5小時以上，排擠看電視、電影時間。

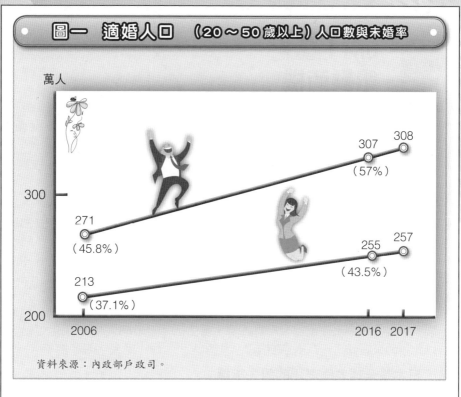

圖一　適婚人口　（20～50歲以上）人口數與未婚率

萬人

300

308
307
（57%）

271
（45.8%）

255
257
（43.5%）

213
（37.1%）

200

2006　　　　　　　　　　2016　2017

資料來源：內政部戶政司。

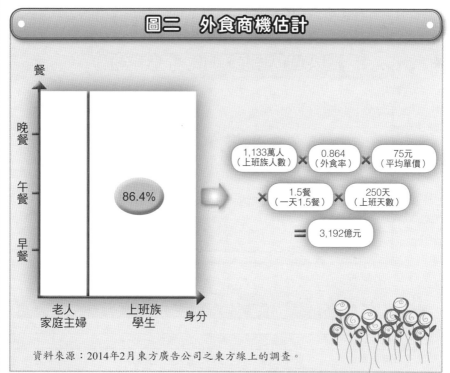

圖二　外食商機估計

餐

晚餐

午餐　　　86.4%

早餐

老人　　上班族　　身分
家庭主婦　學生

1,133萬人　×　0.864　×　75元
（上班族人數）　（外食率）　（平均單價）

×　1.5餐　×　250天
（一天1.5餐）　（上班天數）

＝　3,192億元

資料來源：2014年2月東方廣告公司之東方線上的調查。

Unit **2-4**
銀髮商機

　　年齡、所得是公司在做市場區隔、定位時很重要的變數，銀髮商機（silver hair business opportunity）會成為零售業在做市場區隔時很重要的考量，是因為老人人數夠多、商機夠大。

一、銀髮族的定義

　　銀髮商機中，銀髮族的定義常見有以下兩種。

1. 聯合國的定義指的是老人：聯合國對老年人口所占人口比重，依7%、14%、20%分成三種程度，詳見下表。其中「老年」是以生理年齡65歲為基礎，中國大陸為男性60歲（女性退休年齡55歲）。

2. 賣方角度看的是退休人士：站在零售業公司角度，影響人們購買力的主要是「工作」，退休的人領退休金，九成的人領的是勞工保險（註：不含勞退自提）的退休給付，平均月領1.8萬元，且會隨物價指數向上調整。由於金額有限，所以退休人士支出非常精打細算。勞工退休年齡60歲起，中國大陸也是以此年齡來區分，一石兩鳥的作為「退休人士」與「老人」的定義。

二、日本是全球各國老化的領先指標

　　日本人口老化時程比臺灣早15年，所以日本零售業如何因應銀髮商機，可作為臺灣同業的參考。右表是日本全家「Family Mart」的作法，準備在2019年開3,000家複合店，占總店數三成。2019年臺灣的便利商店迎接銀髮商機。

臺灣人口數目預測（高推估狀況）

註：2019起為預估值　　資料來源：內政部、國發會。

1993年	2018年	2025年	2060年
7%	14%	20%	40%
老年化社會	老年社會	超老年社會	

以2018年為例　$\dfrac{老年人口}{總人口} = \dfrac{330.75萬人}{2,362.5萬人} = 14\%$

日本全家便利商店的複合店

生活領域	便利商店與專賣店	説明
食	1. 關東的霞超市（kasumi）在全家店內設專區，把生鮮商品融合到便利商店，從貨架和空間可說超市跟便利商店完全成一體 2. Fujio Food System旗下最平民的Maido Ookini食堂跟全家合作，55坪的賣場，其中25%的空間是餐廳，其他擺設就像個便利商店，有現做的壽司、便當。雖然看似便利商店，但其實是一個融合型的賣場，還提供早中晚餐	這種店對消費者有兩個賣點，一個是易料理，這是超市供給的；一個是外帶，這就是便利商店的優勢，兩個結合，會有意想不到的結果。像關東霞超市、關西泉屋超市（izumiya）的在全家一些店內設專區現做的商品，吸引老人、婦女購買，這是超市、餐飲店一體成型的結果 
衣	成人紙尿褲	2018年2月起，在1.2萬家有停車場的店推出自助洗衣
住	跟房仲業等合作	清潔、照護、托育、搬家、宅修、租屋、售屋等，支持家居生活的服務業，日漸細分化、多元化，家庭變小，角色功能不足，向外購買服務的需求大增
行	電動代步車（尤其是四輪）出借、充電	省略
育	**藥**：樋日藥局及國民藥妝在全家店內設專區，從2010～2014年已開了約30多家店，尤其跟藥妝結合，店很大，又有美容諮詢師進駐，業績成長30%以上，毛利率拉升很多	省略
樂	影像軟體租賃連鎖店TSUTAYA，主要為影音產品的銷售，很多地方的圖書館亦由其經營。有75家店，300坪的賣場中有60坪由全家經營	省略

資料來源：整理自《工商時報》，2014年12月25日，A6版，潘進丁。

Unit 2-5
陸客商機：暢貨中心

2008年7月，臺灣政府開放中國大陸觀光客（簡稱陸客）來臺，開啟陸客購物商機，主要是精品、夜市與名產等，本單元說明暢貨中心。

一、暢貨中心商機

2008年起，全球金融風暴，2009年，經濟衰退，消費者對知名品牌喜好度不變，但不再一窩蜂搶第一時間的新鮮感，因此鎖定晚精品店3個月至半年的暢貨中心（outlet），慢一點但能享受更便宜的商品。而且因為商品不是第一輪新貨，尺寸易不全、斷碼，消費者遇到喜歡的商品通常會趕快下手。商品以運動品牌球鞋銷售最快，服飾和名牌包次之。業者分析，可能跟售價低又看不出過季，以及路跑運動風潮興起有關。

2010年暢貨中心年總產值25億元，估算有兩成業績從百貨市場轉來，以化妝品、服飾營業為主的百貨公司受衝擊將最大。有人估計暢貨中心的產值約為百貨公司一成，2016年營收205億元、2017年營收250億元、2018年300億元。

二、暢貨中心的類型

暢貨中心可以賣場面積、販售商品來分類。

1. X軸：賣場面積

由右圖 X 軸可見，依賣場面積可分為小型與中型以上暢貨中心，目標市場不同。

- 小型暢貨中心：這種以「工廠倒閉」貨為訴求的小型商店到處皆有，在臺北市，大都開在商業區，主攻本國人市場，本單元不討論。
- 中型店以上：中型店大都開在臺北市的二環地區（例如：內湖區）、臺北市以外，因為土地夠大、租金夠划算，主要開設在旅遊路線，主要開在新北市林口區，有桃園機場捷運A7站。

2. Y軸：售價

在右圖 Y 軸可見，依暢貨中心商品售價跟百貨公司專櫃（俗稱「正品」）價格來分，可分為兩種情況。

- 正品價七折以上：這類暢貨中心主要買進「暢貨中心線（outlet line）」精品，以基本款式（註：不會褪流行）居多，如Coach、Gucci等，定價約是正品價的五至七折，但會區隔用料、花色，但這種商品較少。
- 正品價六折以下：這類暢貨中心主要買進過季商品或瑕疵商品，因此折扣較大。

臺灣的暢貨中心分類

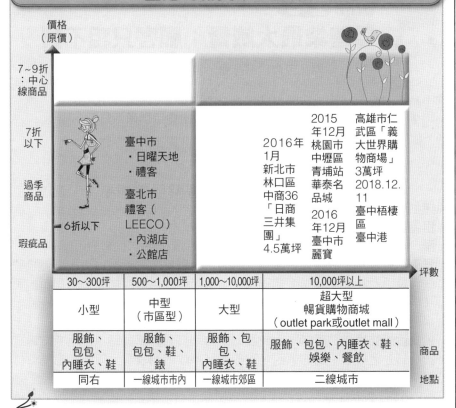

	30～300坪	500～1,000坪	1,000～10,000坪	10,000坪以上	
	小型	中型 （市區型）	大型	超大型 暢貨購物商城 （outlet park或outlet mall）	
	服飾、 包包、 內睡衣、鞋	服飾、 包包、鞋、 錶	服飾、包 包、 內睡衣、鞋	服飾、包包、內睡衣、鞋、 娛樂、餐飲	商品
	同右	一線城市市內	一線城市郊區	二線城市	地點

知識補充站

跟美日公司合資

　　跟購物中心、百貨公司一樣，暢貨中心關鍵成功因素在於市場定位與招商，在招商（即商品）方面，臺灣公司仰賴美日公司。

1. 美國公司：美國著名的暢貨中心，例如：雀兒喜暢貨中心（Simon Chelsea Premium）、Urban Premium與Tango Outlet，其中Urban授權宜蘭市蘭城新月廣場開設「爾本暢貨中心」，以時尚、民眾生活商品為主。
2. 日本公司：日本暢貨中心較有名的，例如：永旺超市集團旗下的Leaktown、三井集團旗下的「王子暢貨中心」。

暢貨中心（Outle）

　　暢貨中心發源自1930年代經濟大蕭條的美國，瀕臨倒閉的工廠為了求現，在工廠開放「廠拍」，把退貨品或瑕疵品以低價求售。

　　1980年代日本經濟崛起，「Made in Japan」商品席捲全球，重傷美國經濟，傳統產業被迫面臨轉型，暢貨中心再度崛起，且數量快訊增加，從1988年的113家，到1997年的325家，短短10年增加2倍，而且賣場面積愈來愈大，土地面積萬坪。

　　Outlet在字典中還有：（1）大口、排水口；（2）（電器的）插座等意思。

Unit **2-6**
零售業最大威脅：顧客只租不買

　　SWOT分析中的「威脅」（threat）指的是替代品，像臺灣高鐵是北高、北中航空的最大威脅，捷運是計程車業的威脅。零售業的本質在於「零」星銷「售」商品。所以零售業的最大威脅是消費者「只租不買」，這可以從生活六個層面中分成兩種情況。

一、「住行」商品只租不買

　　由右圖可見，所得停滯是大部分國家的現象，人們精打細算過生活，表現在生活中（圖中那兩欄）便是「只租不買」。

1. **租屋對零售業很傷**：房客因擔心房屋無法續約，因此不會花很多錢做裝潢，如此傢俱業很慘，新北市五股區的傢俱業2009年以來便大幅關門。

2. **汽車**：買車是家庭第二大支出，捷運、公車（例如：臺中市BRT）是買車最大殺手。2009年金融海嘯以來，美國年輕人很精打細算，2014年，美國《洛杉磯時報》整理出最夯的共享經濟（sharing economy）十大商機，前兩項是共乘汽車（像優步，Uber）與分租房間。

3. **食衣設備交換**：美國Swaptree等二手物品交易資訊網路，使用者透過這些網站刊登他們用不到的東西，有些甚至不收取刊登費，只需交易雙方付運費即可。

　　Parking Panda 網站提供家用停車位的出租，讓白天上班時空出的車位給別人使用。藉由類似的網站，讓同一套產品可以一而再、再而三被利用，延長其生命週期，達到「物盡其用」。

二、所有權vs.使用權

　　2015年2年4日，臺灣福特六和汽車總裁參加「2015天下經濟論壇」、發表「未來生活」專題演講時，他表示由於科技商品推陳出新速度太快，1993年後出生的「Z世代」，對電子商品比較注重「使用權」，而不是擁有權。（《經濟日報》，2015年2月5日，A10版，何秀玲）

三、高房價、低薪時代的無奈方式

　　《商業周刊》2015年10月，以近30頁「封面故事」詳細說明美國加州舊金山市是共享經濟公司大本營，說明無所不能的共享方式。美名「分享」，本質上還是兼銷售。美國賓州大學華頓商學院講師、經濟社會理論人士里夫金（Jeremy Rifkin）的暢銷書《物聯網革命：共享經濟與零邊際成本社會的崛起》"The Zero Marginal Society" 中，把類似Airbnb，以社群共享平臺為核心的經濟活動，稱為「協力共享社群」（Collaborative Commons，或譯「協力共享聯盟」）。

零售業受威脅的因素～顧客生活轉型

分享經濟

生活層面　　　說明

所得因素
1. 全球年輕人高失業率
2. 全球年輕人普遍低薪

食　烹飪設備交換

衣　出國時租行李箱

住　租屋，例如：Airbnb、Breather

行　Uber叫車、租車、共乘（car pool）

科技商品特性
商品生命週期半年至一年，所以使用權優於所有權

育　HEAL Network：就近找醫生外診

樂　Eventup：出借、媒合宴會場地

知識補充站

日本人只租車不買車

時：2017年10月25日，《工商時報》陳怡均報導
地：日本
人：日本人

每戶汽車數

1.09
1.08
1.07
1.06

2009　2010　2011　2012　2013　2014　2015　2016　年

Unit 2-7
零售業公司的公司策略

一、公司策略

公司策略（company strategy）指的是圖一的三件事。

1. **成長方向**：公司成長方向指的是多角化程度，由淺到深分為水平、垂直、複合式多角化，圖中為了簡化起見，把公司10年分為一期。
2. **公司成長方式**：成長方式二分法：內部成長與外部成長，外部成長主要指收購或合併同業；與其他公司合資，比較屬於內部成長。
3. **公司成長速度**：以營收成長速度分成快（15%以上）、中（10～15%）、慢（10%以下）。

二、導入期

在導入期，公司花二、三年站穩，第五年左右股票上櫃、第七年股票上市，資金供給無虞。

三、公司成長初期

在公司成長初期，公司急於長大，在多角化方向可能齊頭並進。

1. **水平多角化I**：為了卡位，往往採外部成長。
2. **垂直多角化I**：此時初踏入垂直整合的第一步，即推出商店品牌，外包給全國品牌公司做代工，日本稱為「製販同盟」，臺灣稱為「產銷合作」，其實零售公司會比較霸道一些。

四、公司成長中期

此時多角化方向還是相關多角化，只是更上一層樓。

1. **水平多角化II**：此時國內市場已近飽和，零售公司進軍國外，即跨國水平多角化；統一超商被日本7-ELEVEN授權經營菲律賓、中國大陸上海市。
2. **垂直多角化II**：由於商店品牌量大，夠規模經濟生產水準，此時零售公司把胳臂伸到製造業，統一超商跟日本武藏野公司合資，在臺南成立鮮食廠，供應南部各店。

五、成熟期

無關多角化。

有鑑於零售業的利潤和營收成長愈來愈慢，一些大型企業逐漸往整合服務的方向思考，以自己最有競爭優勢的核心事業為中心，以統一超商為例，這是指住便利商店業以外發展。

1. **同心圓式多角化**：即逐漸跨業態經營，例如：統一超商以「食」為主，跨入其他零售業，例如：「育」為主的藥妝店康是美，統一時代百貨、統一夢工場購物中心、家樂福等則是統一企業為主的投資。
2. **完全無關多角化**：撈過界模式，例如：把宜蘭傳統藝術中心承包營運等。

2016年9月26日，全聯實業旗下全聯善美的文化藝術基金會以「營運－移轉」（operation-transfer, OT）方式承包傳藝中心宜蘭園區與臺灣戲曲中心15年。

圖解零售業管理

圖一　公司各生命階段的公司策略

公司成長階段	導入期（第 0~2 年）	成長初期（第 3~10 年）	成長中期（第 11~20 年）	成熟期（第 21 年起）
一、多角化方向				
水平	局部市場	全國市場	國外區域市場	全球市場
垂直	省略	推出商店品牌，請全國品牌公司代工	合資成立工廠，生產商店品牌商品，即稱「品牌製造公司」（OBM）	在國外跟地主國公司合資，在地生產
二、成長方式	內部成長	外部成長	皆有	皆有
三、成長速度：營收成長率	30%以上	20%以上	5~20%	5%以下

圖二　商店類型

大分類	實體商店		虛擬商店	
中分類	傳統	現代	電子商務以外	電子商務
食	菜市場 柑仔店	超市量販店 便利商店	電話直銷 美容商品	中國大陸阿里巴巴旗下盒馬鮮生
衣	服裝店	百貨公司 平價 時尚服裝店	型錄 電視購物 電話銷售	網路商店 1. 電腦上網 2. 手機購物

←→ 虛實整合　　　　　新零售

Unit **2-8**
零售業的成本特性

在工業中的製造業，有關生產總常有最低產能，以汽車組裝線年產能20萬輛起跳。臺灣年銷售國產汽車約42萬輛，約11個汽車廠，所以汽車製造成本高，大都靠17.5%的關稅稅率擋著，引擎排氣量2,000CC以下的國產汽車才有生存空間。零售業是服務業中的最大行業，看似會有製造業的規模經濟的特性，基於右表中損益表的會計科目，皆有規模經濟的特性。

一、數大即是美

1. **進貨的數量折扣**：家庭買任何東西數量少，比較無法得到數量折扣的好處，一般團購約打七折，可見團結力量大。在零售公司的採購也是如此，從澳大利亞進口蘋果派，一個貨櫃的客單價21元，但20個貨櫃時可降到15元。以零售價30元來說，統一超商有50%的毛利率，OK毛利率只有30%。

2. **廣告**：統一超商二、三天就上一次廣告，關東煮、各種商品廣告輪番上陣。萊爾富才1,300家店，打45秒黃金時段廣告，廣告費300萬元，一家店攤2,300元廣告，統一超商5,250家店，一家店才攤577元，只要一家店多幾個顧客買關東煮，就算廣告只有一天效果，也很容易賺回來。但是萊爾富2,300元就不容易賺回來，「雞生蛋，蛋生雞」的問題又來，因為店少所以廣告不划算，因為不推廣告，以致現有店營收大不起來，無法開更多店。

3. **物流**：一個基本自動撿貨中心的硬體設備5億元，這也可以用人海戰術來解決，在物流量大的情況，人工撿貨比自動撿貨貴太多。以美國亞馬遜公司為例，每張訂單的倉儲撿貨成本約3.62美元，採用kiva機器人可省30%，一張訂單能少1.1美元撿貨成本。

二、零售業的成本對經營上的涵義

1. **快速展店，超越規模經濟店數**：在店數方面，便利商店須達一定店數規模後，才可能轉虧為盈，像統一超商是在300店之後才損益平衡，而全家約在600多店時才達成，各便利商店為了達到規模經濟店數，莫不以衝刺店數為第一目標，快速展店方式有二。
   - 自行發展：透過股票上市以快速大量籌措資金，才能有錢快速展店，美國星克巴是一例，星巴克靠氣氛取勝。
   - 外部發展：透過策略聯盟（即加盟，詳見Unit 4-5）、公司併購，借力使力，才能如虎「添翼」。

2. **大者恆大趨勢**：大部分行業皆呈現「大者恆大」的良性循環，電子業兩強屹立時代來臨，市占率第三名以下的公司逐漸被淘汰。

   六大零售業前三大公司合計市占率往往占八成以上，而第一名市占率又往往是第二、三名之和。第四名以下公司只有『劃「地」（市場區隔）自限』的獨善其身，待價而沽，等待前三名來併購。

零售公司規模經濟的項目

規模經濟

營收 ....●

－營業成本

·原料	採購享受數量折扣
·直接人工成本	在店面時，店員數隨店面營業面積遞減
·製造費用	擴大，單位面積店員數遞減

＝毛利

·管理費用	視為固定成本
·銷售費用	店數1,000家，打電視廣告划算
·物流費用	倉庫、車隊

以三角飯糰為例，說明規模經濟

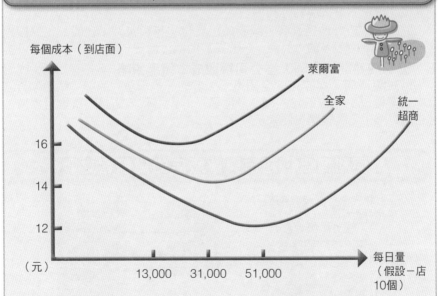

每個成本（到店面）

萊爾富

全家

統一
超商

16

14

12

（元）

每日量
（假設一店
10個）

13,000　　31,000　　51,000

Unit **2-9**
零售公司的事業策略

俗話說「武大郎玩夜鷹—什麼人玩什麼鳥」，貼切形容量力而為，由右圖可見，依公司成長階段（詳見下表），會自動「對號入座」四種事業策略（business strategy）。

一、修正版的波特事業策略

事業策略有多種分類方式，其中最普遍的是美國哈佛大學商學院教授波特（Michael E. Porter）的事業競爭策略，我們再微調成1995年修正版，主要是X軸上兩項左右對調，再加上商品價格一列。

二、公司初成立：選擇差異化集中策略

公司剛成立時，財力「力有未逮」，大都採取「賣地區品牌商品」等獨樹一幟，找到安身立命之地。

三、公司成長期：選擇低成本集中策略

隨著地區公司規模茁壯，足以透過採購數量折扣，而降低進貨成本，此時比較會採取「低成本集中策略」，在一個地區內以「肌肉」稱雄。

當然，此時擔心的是全國公司的「成本領導策略」，強龍會壓地頭蛇。

四、公司成熟期：全國中型公司選擇差異化策略

當零售公司進入公司生命階段第三期，公司規模大到從地方諸侯成為全國諸侯，但還不足以成為「共主」。

此時，會巧妙地透過廣告或商品差異化（包括包裝、功能），採取差異化，能甩開削價競爭的「紅海」，悠遊於藍海，偏安一隅。

五、公司成熟期：全國大型公司採取成本領導策略

以3C量販店（燦坤3C、全國電子）賣的都是那些大品牌（例如：日立冷氣、奇美電視），會走向「每日最低價」的殺價戰，強調「買貴退差價」。強中自有強中者，網購更便宜。

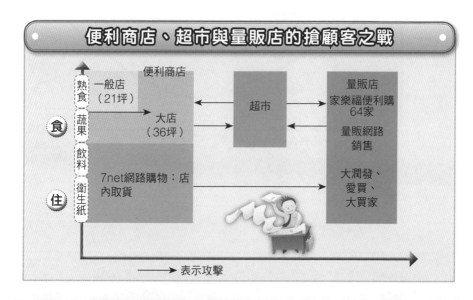

便利商店、超市與量販店的搶顧客之戰

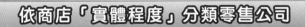

依商店「實體程度」分類零售公司

市場範圍

全部

全國大型公司、
市場龍頭

成本領導策略

全國中型公司、
市場挑戰者

差異化策略

低成本集中策略

地區中型公司

差異化集中策略

地區小公司

部分

商品同質性高　　　　　　　　　　商品的獨特性

競爭優勢

	低	中	高	商品價格
IV	III	II	I	公司成長階段
超大	大	中	小	公司規模（以營收來說）

X軸：競爭優勢（以商品特性為例）
・商品獨特性：跟下表的「商品價格」對稱，「特色」程度愈高，
　　　　　　　商品定價愈高。
・商品同質性：商品同質性高，同業削價競爭，商品價格較低。

Y軸：市場地理範圍（以臺灣為例）
・部分市場：只專攻北中南東的一或二部分。
・全部市場：全臺。

Unit **2-10**
零售業的業態改變

零售業從1960年代發生兩大改變，了解歷史的功能在於「抓住趨勢，因勢力導」。

一、實體商店趨勢I：從傳統到現代化通路

像休閒食品龍頭聯華食品把業務人員在傳統、現代化通路上分類：

1. **傳統通路**：傳統通路包括菜市場攤販（包括商店）、柑仔店（即雜貨店）等，常由各鄉鎮的大盤商（批發商）配送商品。
2. **現代化通路**：1960年代後的新型商店稱為現代化通路，詳見右表中第三欄，超市與量販幾乎使傳統市場只剩半條命；便利商店幾乎讓柑仔店絕跡，只有在新北市深坑區等老街，都市人才有機會發思古幽情。

二、實體商店趨勢II：業種店到業態店

在零售業，業種店愈來愈少，業態店愈來愈多。

1. **業種**：「業種」（行「業」「種」類，intratype）是指以販賣商品種類而劃分的行業，例如：專門賣米的米店，專門販賣水果的水果行，專門販賣書籍的書店，專門販賣服裝的服飾店皆是，即「各行各業」中所指的「業」。
2. **業態**：「業態」（行「業」經營型「態」，intertype或form）是指不以交易商品的特性，而是以商業經營型態（how to operate）來劃分行業，2000年以來又稱為經營方式（business model），例如：專賣衣服百貨公司、類似便利商店的超級市場、百貨公司型的量販店。業態大都是把業種當成基本元素進行排列，得到不同的業態、新店型、新業態。

從發展歷程來看，最先是有業「種」店，其次才出現業「態」店，因此從超市的賣場中把以往魚攤、肉攤、蔬菜攤、南北貨鋪、雜貨店所銷售的商品都一網打盡的情形來看，業態店比較具商品優勢，業種店難以生存是現實的問題。「業種」常代表舊有的商店及其種類；相反地，「業態」則代表商店新的趨勢及其種類。

三、趨勢三：實體商店 vs. 網路商店

在網路商場的蠶食下，實體商店「以其人之道反治其人之身」，網路商店也開實體商店。

1. **實體商店從事網路銷售，俗稱虛實整合**：最有名的是全球最大零售公司美國沃爾瑪2002年成立「沃爾瑪網路」（WalMart.com），2009年成立沃爾瑪網路商場（WalMart market place）。
2. **網路商店進軍實體商店，俗稱新零售**
   - 2017年7月，美國亞馬遜公司以137億美元收購全食超市（Whole Foods Market），以便生鮮網購。
   - 2017年11月，中國大陸阿里巴巴以807億元收購陸企高鑫零售（旗下大潤發、歐尚）36.16%持股。

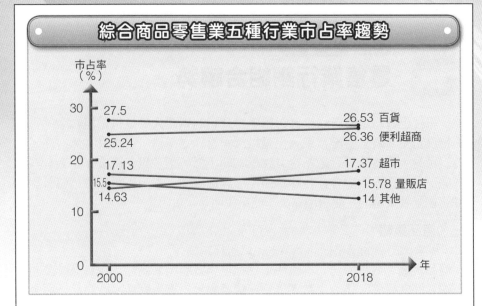

綜合商品零售業五種行業市占率趨勢

市占率
（%）

30 — 27.5
         26.53 百貨
         26.36 便利超商
  25.24

20 — 17.13
         17.37 超市
  15.5
         15.78 量販店
  14.63
         14 其他

10 —

0 ————————————→ 年
  2000   2018

綜合商品零售業五種行業市占率重新洗牌

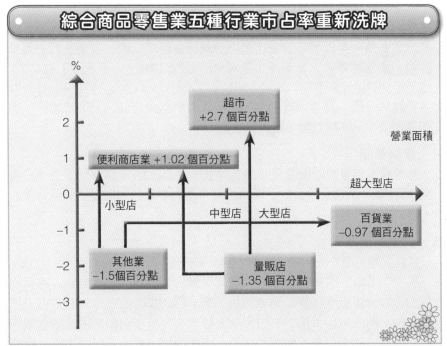

%

超市
+2.7 個百分點

2 —

便利商店業 +1.02 個百分點

1 —

                                        營業面積

                               超大型店

0 —————————————————————→

  小型店   中型店 大型店

-1 —
                               百貨業
                               −0.97 個百分點

-2 —
  其他業   量販店
  −1.5個百分點   −1.35 個百分點

-3 —

Unit **2-11**
零售業行銷組合趨勢

圖解零售業管理

　　報紙記載的是最新的事，對於零售公司的新聞大抵以行銷組合中的一項新措施為主，看似雜亂無章，但是以行銷合作為架構，自然就井然有序。由右表可見，零售公司行銷組合可說是大同小異，頂多只在戰技作為上有些不同罷了。表中各項內容在相關章節中會詳細說明，本節不再贅敘，僅針對第4P實體配置策略的「開店地點」，簡單說明。

一、商品策略

　　零售業的商品策略以商品為主，以服務為輔。

1. **商品策略**：零售公司的本職便是找到目標客層所需商品，作為品牌公司跟顧客間的橋梁。隨著少數零售公司營收變大，推出商店品牌商品，與全國品牌公司打對臺。

2. **服務**：商店的服務包括免費服務跟付費服務（例如：商品維修），至於搭配諮詢訓服務，例如：藥妝店教導顧客化妝、用藥常識。

二、定價策略

　　由於有網路可立刻查價，因此，零售公司的商品價格攤在陽光下，定價空間變窄了。

1. **全球均一價**：全球型零售商店愈來愈強調全球均一價，價格差異主要來自關稅（大都是零）、營業稅（臺灣5%、日本10%、中國大陸0～16%），商品產地受匯率影響。

2. **各通路均一價**：以愛買為例，20家商店跟網路銷售商品定價皆相同，想走差異定價，只好換包裝（換湯不換藥）。

三、促銷策略

　　臺灣成人智慧型手機普及率71%以上，每天花2.7小時在玩手機（主要是LINE與臉書），是全球最黏手機的國民。這對零售公司的促銷策略有重大影響，詳見右表。

四、實體配置策略

　　實體配置策略中的店址、宅配，詳見右表。

　　其中「進軍外國市場」一項，臺灣零售公司由於經營管理能力比較弱，大都由日本公司授權經營。簡單的說，統一超商掛的是日本7-ELEVEN授權使用招牌。因此不能走出去。因此臺灣零售公司很少到國外市場開疆闢土。國內市場已近飽和，少有開新店機會；業態間撈過界，吃對方市場；實體商店進軍網路銷售，以抵抗網路商店的蠶食。

零售公司行銷貨趨勢

行銷組合	說　明	本書章節
一、商品策略 1. 商品 　・全國品牌 　・商店品牌	大行業中的龍頭公司（主要是便利商店業中統一超商、量販業中的家樂福、大潤發、好市多），推商店品牌商品	
2. 服務	市場挑戰者、跟隨者透過服務，以創造差異化	
二、定價策略 1. 低價 2. 降價促銷	每日低價（EDLP）的削價戰變成常態，零售公司低利已成常態	Unit 7-6、 7-7
三、促銷策略 1. 廣告	2015 年起，大數據分析成為顯學，以進行分眾行銷，包括 DM 分類，廣告的媒體與內容更精準，連服務業中的餐廳都很強調「線上（廣告）線下（交易）」（On Line Off Line, OLOL）	
2. 贈品	1. 促銷頻率愈來愈高 2. 愈來愈重視顧客忠誠方案	
3. 人員銷售	愈來愈重視顧客關係管理，尤其是對於重度使用者（heavy user）奉為上賓、貴客（VIP）	
四、實體配置策略 1. 開店	・實體商店漸往網路銷售方面拼搏 ・臺灣各行業幾乎開店都到飽和期，只好往國外市場進軍	Unit 4-13
2. 宅配	以網路購物為例，臺北市等都會區拼一日宅配，其他是二日配送	

Unit **2-12**
臺灣零售業自主經營管理能力有待提升

　　2018 年臺灣汽車新車銷售 43.5 萬輛，臺灣品牌只有裕隆集團的納智捷 0.4 萬輛，市占率 1%，99% 全是外國品牌，尤其是日本汽車，光一個豐田市占率 27%、第二名中華汽車，兩者合占 38%。臺灣汽車業沒有根，主要是缺乏技術專利，因此 12 家汽車公司年銷 23 萬輛車，幾乎都是日本汽車的組裝廠。同樣情況也出現在零售業，本單元以四大零售業逐一說明。

一、百貨業大部分走日本風

　　由右表可見，百貨業三強中，只有遠東百貨是本土品牌，其餘都是臺灣的「姓」，日本的「名」，一長串名字是給消費者看的，藉以表明「店內有日本商品」。由於歷史緣故（1895～1945 年日治時代）等，許多臺灣人很迷日本，看日劇接著便是買日本商品，2018 年日本外國遊客 3,120 萬人，臺灣人 475 萬人次，占第三，僅次於陸客 595 萬人次、韓 733 萬人次。因此，臺灣公司引進日本百貨公司就很自然，跟日本百貨公司合資，可以掛其招牌，例如：崇光百貨。許多商家、地區型百貨公司也是跟日本百貨公司「技術合作」，聘請日本的百貨公司人員技術指導，例如：服務、商品組合。

二、便利商店業

　　便利商店業中純臺灣「土」產的只有萊爾富。OK 宣稱沒有日資，但掛的是日本 OK 的招牌。統一超商掛日本 7-ELEVEn 的招牌，主要是統一超商付「商標」權利金給日本。如此一來，日本七和 I 控股（7&I Holdings）公司只授權臺灣統一超商可以經營菲律賓、中國大陸上海市兩個外國地區。至於 FamilyMart 在中國大陸走透透，那是因為臺灣的「全家」是日本公司。

三、量販企業

　　量販業中只有「愛買」是本土品牌，其餘都是外國公司掛外國品牌，「大潤發」是臺灣品牌，1997 年潤泰集團去中國大陸打市場，才把持股賣給合資的法國歐尚集團，由於品牌已深植人心，才沒有換成歐尚。

四、超級市場業

　　超級市場業一哥全聯福利中心是土產的，二哥頂好超市是香港公司。

四大綜合零售業的外國持股

業種 / 公司	臺資	外資
一、百貨公司業	姓	名
1. 新光三越	新光	日本三越百貨
2. 遠東崇光	遠東集團	日本崇光百貨
3. 遠東百貨	遠東集團	
＊大葉高島屋	大葉	日本高島屋百貨
二、便利商店業		
1. 統一超商	統一企業	日本 7-ELEVEN
2. 全家		日本 FamilyMart
3. 萊爾富(Hi-life)	光泉牧場	
4. OK	掛日本 OK 的招牌	
三、量販店		
1. 家樂福	統一（持股約 30%）	法國 Carrefour
2. 好市多	高雄大統	美國 Costco
3. 大潤發		法國歐尚公司
（RT-Mark）		（Auchen）
4. 愛買	遠東集團	持股 60% 以上
四、超級市場		
1. 全聯實業	元利建設	
2. 頂好(Wellcome)		香港牛奶

＊2017年8月24日，太平洋SOGO更名為遠東崇光。

新光三越百貨公司

成　　立：1989 年

住　　址：臺灣臺北市信義區松高路 19 號 7~9 樓

資本額：124.59 億元

股　　權：日資公司三越伊勢丹（40.53%）、臺灣新光育樂（12.74%）、東興投資（5.54%）

Unit **2-13**
零售業中社會企業的典範：美國Toms公司

一、美國社會企業Toms 公司，在美國加州聖莫尼卡市

2006年5月，麥考斯基成立Toms公司（Toms來自shoes for tomorrow project），以鞋子為起點，把奉獻精神融入企業經營，每賣一雙鞋、就捐一雙鞋，至2015年已捐出4,500萬雙，被譽為Toms奇蹟。這個奇蹟繼續循環下去，發展出眼鏡、咖啡、包包等產品，沿用「買一捐一」（buy one give one）公益消費經營方式，改善新興國家視力、淨水、婦女生育環境等問題。

二、麥考斯基的經營理念

「企業只求利益的時代過去了！」麥考斯基認為，理想的企業必須同時顧及利益、人群、地球（指環保）等「三重基線」，其中「人群」包括顧客到Toms想關懷的所有人。（摘修自聯合報，2015年5月15日，A1版，何定興）

麥考斯基強調，社會企業要能影響人類的生活，也要能營利。Toms早已是穩定的盈利企業，2013年營收約2.3億美元。（摘自《今周刊》，2015年5月25日，第69頁）

三、提高公信力

1. 2006～2008年，由公司主辦捐鞋之旅

公司成立的前三年，是由公司舉辦「捐鞋之旅」，年資二年以上員工就必須參加「捐鞋之旅」，看見自己努力的結果。

2. 2009年起，由各國民間組織送鞋

麥考斯基說，大眾重視社會企業、民間組織的「透明度」，藉由民間組織捐送鞋子、眼鏡才有公信力；這些組織需要雇用當地人力發送物資，創造工作機會。合作的單位遍及65國，數量逾百。

由新興國家當地組織發送物資的另一種好處，就是能夠因地制宜，有些組織利用送鞋來勸導學生接受教育，有些利用捐鞋來要求家長帶孩童接種疫苗。Toms提升當地居民生活品質的誘因，讓捐獻更深化成「永續經營」的後盾。（摘修自《今周刊》，2015年5月25日，第70頁）

布雷克‧麥考斯基（Blake Mycoskie）

生　　　辰：1976 年，美國

現　　　職：美國 Toms 公司創辦人

經　　　歷：送衣物業務、戶外廣告公司、真人實境秀節目

學　　　歷：美國南方衛理公會大學肄業

榮譽或貢獻：「買一捐一」透過簡單的（One for One）方式，買一雙鞋就捐一雙鞋給貧童，引起全球響應，創造「穿一雙鞋，改變世界」的奇蹟。他在自傳書《穿一雙鞋，改變世界》"Start Something that Matters" 中說明公司成立宗旨。

美國 Toms Shoes 大事紀

年份	說　明
2006 年 1 月	麥考斯基休長假到阿根廷學習打馬球，在阿根廷首都布宜諾艾利斯市的咖啡店，偶然遇到美國婦女在做勸募鞋子的工作。他跟著美國志工去鄉間送出募來的鞋子。志工告訴他，看到小孩多半沒有鞋子穿；他們的腳上，有新刮的傷口，也有結疤的舊痕。志工告訴他，捐助來源很不穩定，而且募來的鞋子也不一定合腳，因此經常青黃不接。活動結束當晚，他興奮地跟馬球教練阿雷侯（Ajejo Nitti）分享他「買一送一」的點子，但阿雷侯澆了他冷水：「你給小孩子很好，但他們會長大，誰給他們第二雙鞋？」 麥考斯基經過一夜思考，想出解決對策，第二天一早，他向阿雷侯宣布：「我要成立一家營利的賣鞋公司，每賣一雙，就捐一雙鞋。」 （摘修自《今周刊》，2015 年，5 月 25 日，第 69 頁）
5 月	他背著帆布袋回美國，裡面是 250 雙阿根廷傳統的帆布鞋（alpargata）。經過一番籌備，公司設在他住的公寓，創業資金 5,000 是美元，網路商店在加州的 Venice 開張，店名叫 Toms Shoes，意思明日之鞋（Tomorrows Shoes）。剛開始冷冷清清的，幾乎無人問津。好運突然降臨，5 月 20 日（週六）《洛杉磯時報》，登出一則報導，介紹這個「賣一雙，送一雙」（One for One）的故事，還附上新鞋店的網址。一天之內，他接到 2,200 雙鞋子的訂單，暑假結束，他已賣出 10,000 雙。
10 月	他帶著父母、弟妹和三個助理去阿根廷，租來一輛大巴士，滿載帆布鞋，由他的馬球教練帶路，一個村又一個村的跑。每到一地，總有一大群孩子等在空地上，看到大巴士開進來，立刻歡呼、鼓掌、雀躍，迎接他們今生第一雙鞋子。他親手幫小孩穿上新鞋。看到一張張童稚燦爛的笑顏，他卻熱淚盈眶。
2010 年	他把製鞋工廠由中國大陸、阿根廷外移至偏荒區域如衣索比亞、肯亞等六國，資助當地人建立工廠，因此創造了幾萬個就業機會。
2011 年	2011 年他把這段故事寫出來，書名叫 *Start Something That Matters*，一出版就登上《紐約時報》暢銷書排行榜。2015 年聯經出版公司出版《Toms Shoes：穿一雙鞋，改變世界》一書。 Toms Shoes 賣鞋子賺取利潤，但目的是為小孩買鞋，不是幫自己賺錢，跟一般的營利事業不同。他協助解決社會問題，但不靠別人捐助，不是慈善基金會，這種事業就是社會企業。 （摘修自賴英照，「年輕人賣鞋子」，《聯合報》，2013 年 11 月 25 日，A12 版）
2013 年	隨著「捐鞋之旅」，麥考斯基看見更多的弱勢族群問題，於是推出「賣一副眼鏡就為一位窮人矯正視力」，迄 2015 年來，30 萬人以上受惠。賣包包，然後提供護士安全接生的工具和訓練。
2014 年 8 月	麥考斯基把一半的股份賣給私募基金貝思資本，希望引入資本和人才，幫他擴大規模。路透社估計該公司市值 13 億美元。他發現瓜地馬拉、祕魯等咖啡產定的農人生活困苦，水質不佳，於是推出「每賣出一包咖啡豆，就捐助當地一週乾淨的水源」活動，也漸漸有迴響。
2015 年	已捐出 4,500 萬雙鞋（價值約 21 億美元）給 50 幾個國家的貧童。

第 3 章
中國大陸零售業發展

章節體系架構

Unit **3-1**
批發零售業的重要進程：中國大陸

　　中國大陸的商品零售業的發展對外國有二大磁吸效果（magnetic effect），這是1990年代，臺灣的用詞。

・就業：中國大陸公司廣招各國人才。

・投資：2005年起，中國大陸成為世界市場（world market）之一，外資流入以服務業為主；1996年起，外資零售公司大舉登陸。

一、從生產因素市場來看

　　由表一，從本書固定架構之一經濟學中「一般均衡」來看，商品零售業的重要性。

1. 投入：生產因素市場

以「勞動」來說，服務業占就業人口41%，其中零售業占就業人口7.6%，詳見表一第一欄。

2. 轉換：產業

表一第二欄把零售業依業主身分區分為法人（公司）、自然人（陸稱個體戶）；對勞工雇用比率3：7。農工服各占7.9%、40.5%、51.6%。

3. 產出：對經濟成長率的貢獻

表一第三欄須額外說明，需求結構中的政府支出拆成二項「政府消費」、「政府投資」，家庭、政府消費合稱「全國」消費（陸稱社會）；企業、政府投資合稱「全國」投資（陸稱固定資本形成）。

以這角度來看，2018年經濟成長率6.6%的貢獻占「全國」消費76.2%。2017年需求結構如下：（家庭）消費40.43%、投資43.6%、政府支出14.26%、出超1.71%。

二、對經濟總產值的重要程度

　　由表二可見，由「全景─近景─特寫」三層角度來分析。

1. 全景（大分類）：社會消費

中國大陸喜歡用「社會」一詞，臺灣用「全國」（national，不能錯譯成國民）。

2. 近景（中分類）：商品零售與餐飲

由表二可見，「社會」消費包括二中類，「零售」占89%、餐飲占11%。

3. 零售占總產值比率

零售產值占總產值約40%。

4. 社會消費城鄉比重87：13

2018年城鎮人口占人口比率58.52%。

表一　中國大陸零售業對就業的貢獻

2017年

投入：生產因素市場 就業貢獻	轉換：產業 公司	產出：總產值 對經濟成長率（6.9%）貢獻
(1) 0.5915 億人 (2) 7.764 億人 (3)＝(1)／(2) 　＝ 7.62%（+0.2 個 　百分點）	家數 1,938 萬家 1. 公司 288.8 萬家 　（+26%） 　勞工數 0.1785 億人 2. 個體 1,649.2 萬家（+5.44%） 　勞工數 0.413 億人	1. 全國消費 58.8% 2. 全國投資 32.1% 3. 出超 9.1%

表二　2012年起中國大陸商品零售的重要性

單位：人民幣兆元

項目	2014	2015	2016	2017	2018	2019
1. 人口 (1) 人口數 　年中（億人）	13.57	13.64	13.71	13.78	13.9	14.1
2. 經濟 (1) 總產值 　成長率（%）	64.4 7.3	68.91 6.9	74.4 6.7	82.71 6.9	91.53 6.5	98.04 6.2
(2)（社會）消費（品） 　成長率（%）	26.24 12	30.09 10.7	33.23	36.626	40.88	44.15
・商品零售 　成長率（%）	23.454 12.2	26.86 10.6	29.65 10.4	32.66 10.2	36.385 11.4	39.9 10
・餐飲 　成長率（%）	2.786 9.7	3.23 11.7	3.5799 10.8	3.964 10.7	4.495 13.4	4.85 11
(3)＝(2)零售／(1)零售 占總產值比（%）	36.42	38.98	39.85	39.83	36.456	—
(4)地區分布（%） ・城鎮 ・農村	86.27 13.73	86.07 13.93	86.07 13.93	86.2 13.8	86.3 13.7	86.5 13.5

註：2018、2019年為本書所估。

055

Unit 3-2
現代零售業的發展進程：中國大陸

中國大陸的現代零售業主要是在1979年「改革開放」後才導入。

・第一步：1979年開放「三資」（官股、民股與外資）企業成立，限制很多。

・第二步：1992年開放民營公司成立。

一、實體商店

在1949年後起的零售業實體商店的發展進程。

1. 1955年百貨公司：百貨公司在各國都是零售業的百年行業，陸版的「梅西百貨紐約第五大道店」便是北京市王府井百貨。

2. 1983年超市：超市的發展大抵起自北京市京華自選。

3. 1993年便利商店：陸稱「便利店」，主要是本土、日本（7-ELEVEn、羅森、全家）等。

4. 1996年量販店：中國大陸沒有「量販店」這業態，併在超市裡。

二、無店鋪販售

1. 1991年，直銷：中國大陸政府一直提防「傳銷業」（尤其是多層次傳銷）變成「上線拉下線，賣商品賺佣金」的老鼠會，後來折衷下，要求直銷公司要開商店，才准營業。

2. 1999年，電子商務蓬勃發展：電子商務1996年便有，大家比較注意的是電子商務霸主阿里巴巴集團。

三、網路銷售的必要條件：宅配業

1990年代民營快遞公司崛起，隨著網路銷售成長，快遞業務快速成長，由右表可見。

1. 2010年全球第三，次於美日，年量36.5億件；2006年才10.6億件。

2. 2013年全球第二，次於美國，年量約91億件。

3. 2014年全球第一，年量140億件；2016年占全球48%。

4. 2018年狀況：全國鄉鎮快遞網點覆蓋率達92.4%，能滿足5.8億農村人口的快遞服務需求。

5. 地理分布：長江三角洲（江蘇省、浙江省、上海市）42%、珠江三角洲（廣東省）38%、環渤海（北京、天津市）12%。

中國大陸綜合零售業的發展進程

項目	1955 年	1981 年	1993 年	1996 年～
1. 經濟／人口				
(1) 人口數（億人）	6.09	9.94	11.78	12.18
(2) 人均總產值（元）				
・人民幣	150	492	2,998	5,841
・美元	57	277	520	703
2. 零售業 (1) 實體商店	百貨公司 ・1911年上海市先施百貨 ・1955年北京市王府井百貨	超市 ・1983年北京市京華自選	便利商店 ・1993年3月本土的百式便利店 ・1995年起日本羅森、陸企可的、聯華、良友、85818 ・2018年260家公司、10萬家店，日銷人民幣3.714萬元，年營收人民幣1,900億元	量販店 ・1996年美國沃爾瑪、法國家樂福 ・1997年高鑫零售公司，旗下大潤發
(2) 無店鋪販售			傳銷 ・1991年11月14日廣東省廣州市雅芳	電子商務 ・1999年浙江省杭州市阿里巴巴集團

057

中國大陸零售行業發展報告（2017 / 2018）

時：2018 年 10 月
地：中國大陸北京市
人：商務部流通發展司中國國際電子商務中心
事：這份報告是了解中國零售業的官方報告

Unit 3-3
中國大陸零售業 I：總體環境與行業

一、總體環境中的經濟／人口

1. 所得／所得分配

- 所得水準：中國大陸國家統計局估計2018年人均可支配所得約人民幣28,228元（成長率8.7%），消費率約34%。
- 所得分配：以人均所得人民幣28,228元為分水嶺，14億人中，有4億人（約占30%）中等收入以上，10億人（約占70%）在中等收入以下。

2. 人口／年齡結構

- 人口數目：2019年人口約14.118億人（美國商務部人口普查局預測），每年約增加700萬人。2016年廢止「都市居民一胎化政策」略有助於總生育率：2010～2015年1.054人，2016年～2020年1.25人，2020～2030年1.66人，這是聯合國的預估數，中國大陸政府預估1.7人，仍低於2.1人，少子女化使人口年齡中位數提高。
- 年齡結構，人口老化速度快，2019年老年人口占人口17.5%，預估2050年，老年（60歲以上）人口數4.87億人，占人口34.9%，老年人口吃少花少，不買車不買房，對消費成長不利。

二、零售業

由右表可見零售業大概資料。

本處說明「無收銀員（便利商店）」（cashierless store）的狀況，根據艾瑞諮詢的資料，2017年營收約人民幣0.039兆元，但預估2020、2022年數字太大，本書不予說明。

中國大陸居民人均消費結構

生活項目	人民幣元	%
食品菸酒	5,631	28.4
衣	1,289	6.5
住	4,647	23.4
行	2,675	13.5
育：醫療健保	1,685	8.5
樂：教育文化娛樂	2,226	11.2
生活用品服務	1,223	6.2
其他用品及服務	447	2.4
小計	19,853	100

中國大陸綜合零售業的發展進程

項目	總店數	門市數	員工數（萬人）	營業面積（萬平方米）	營收（人民幣億元）
* 總計	2,690	209,812	248.1	16,862.2	35,400
* 綜合零售業	843	68,534	138.5	7,774.2	13,027
1. 食 食品飲料	149	13,236	5.9	82.3	13,027
2. 衣 紡織服裝與日用品	165	9,699	6.8	282.6	463.3
3. 住 （1）家用電器及電子產品	205	6,897	25	1,479.6	3,651
（2）五金、家具及室內裝潢	17	201	0.7	35.2	57.7
4. 行 汽車、機車、燃料及配件	193	13,783	130	2,075.9	5,575.2
5. 育 醫療及醫療器材	690	45,062	24.6	566.3	988.9
6. 樂 文化、體育用品及器材	88	2,181	3.5	116.1	516.5
7. 其他 無店鋪及其他	9	650	0.3	5.4	7.6

Unit **3-4**
零售業市場結構與物流

一、市場結構（2018）

1. 中大型公司占30.9%

   營收人民幣10.1兆元，占商品零售金額人民幣32.66兆元的30.9%。

2. 零售百大公司占18.615%。

二、物流

　　零售業主要功能在於「貨暢其流」，這背後有個重要條件，即物流涵蓋面要廣、物流費用要低（以美國來說，約6%）。由下表可見，中國大陸運輸業產值占總產值比率，由2008年18.1%逐年下滑，2018年14.5%，仍然算高的原因在於高速公路的收費費率高，各省市等舊高速公路許多是由民營公司承攬，為了吸引公司承包，有保障營收，高速公路的里程費率會轉嫁給行經車輛。

中國大陸歷年總產值與物流產值						單位：人民幣兆元
項目	2008	2009	2010	2011	2012	2013
（1）總產值	31.95	34.91	41.30	48.93	54.03	59.52
（2）運輸業產值	5.783	6.319	7.3714	8.71	9.7254	10.06
（3）=（2）/（1）%	18.1	18.1	17.8	17.8	18	16.9
項目	2014	2015	2016	2017	2018	
（1）總產值	64.4	18.81	74.41	82.71	91.53	
（2）運輸業產值	10.69	11.37	11.09	12.1	13.27	
（3）=（2）/（1）%	16.6	16.5	14.9	14.6	14.5	

2015年中國大陸零售業基本情況：按業態

	總店數	門市數	員工數（萬人）	營業面積（萬平方米）	營收（人民幣億元）
1. 百貨公司	104	4,867	26.4	2,104.4	3,841.6
2. 便利商店	100	17,675	8.4	149.6	387.2
2016 年	260	98,000	--	--	1,343
3. 超市					
（1）大型超市	172	8,584	55.9	3,369.4	4,962.9
（2）超市	414	33,301	43.5	1,918.7	3,118.1
4. 量販店					
（1）儲會員店	5	128	1.5	69.7	250.3
（2）折扣店	3	410	0.2	18.9	33.5
5. 專業店	1,481	112,959	92.8	8,480.6	20,521
加油店	302	35,710	29	5,751.4	1,331.4
6. 專賣店	320	20,193	14.1	467.9	1,739.7
7. 家居建材	14	64	0.3	32.7	46.9
8. 公司直銷中心	9	306	0.3	2.8	17.7
9. 其他	68	10,425	4.6	247.7	483.5

中國大陸快遞（Courier）歷年狀況

項目	2014	2015	2016	2017	2018
1. 數量（億件）	140	206.7	313	400.6	500
2. 營收（人民幣億元）	2,045	2,770	3,975	4,957	5,429
3. 公司家數（萬）	—	1.4	—	—	—
4. 員工數（萬人）	—	120	—	—	—

資料來源：中國大陸前瞻產業研究院，2019.1.8。

Unit **3-5**
中國大陸百貨公司與便利商店業

一、百貨公司購物中心

1. 一線城市集中

中國大陸有四個舊一線城市；四個直轄市（北天上重，扣掉重慶市），加上廣東省深圳市，10大熱門購物中心有8個在此。另2個在四川省成都市、江蘇省南京市。

2. 商圈服務半徑

以營業地區半徑來說：北京市大（五府井商圈13.5公里）、上海市中（南京東路商圈11.5公里）、廣州市「小」（天河路商圈7.8公里）。

3. 地鐵站周邊 1,000 公尺內

在地鐵站周圍500公尺：

- 500公尺：上海市、深圳市占50%。
- 1,000公尺：四川省或都市占58%、廣東省廣州市與深圳市占65%以上。

二、便利商店業

　　由下表可見，中國大陸14億人口中，有10.6萬家便利商店，1家便利商店服務13,200人；臺灣2,370萬人，11,500家店，1家店服務2,061人。簡單的說，中國大陸便利商店數較少，有極大成長空間。但最大不利因素仍是店租太貴，而便利商店地點很重要，房租吃掉部分營收，這是便利商店不普及原因，正常水準3,000人1家店，應有46.6萬家便利商店的市場空間。

中國大陸便利商店業狀況			
	2016 年	2017 年	2018 年
店數（萬家）	9.1	9.4	10.6
年營收（人民幣億元）	1,181	1,503	1,905
日均營收（人民幣元）	3,576	4,504	4,903

資料來源：中國連鎖經營協會與波士頓諮詢公司，2018年5月27日。

2017年中國大陸四大行業十大品牌

排名	超市：量販店	便利店品牌	網路商場	熱門購物中心
1	美國沃爾瑪	中石化易捷 25,755 家	天貓 （TMALL.cn）	北京市： 朝陽大悅城
2	法國家樂福	昆侖好客 19,000 家	京東商城（jd. com）	廣州市： 正佳廣場
3	蘇寧	美宜佳： 東莞市糖酒集團 11,659家	蘇寧易購 （suning.com）	北京市： 藍色港灣
4	國美電器	天福： 廣東省東莞市 3,800家	唯品會 （vip.com）	廣東省深圳 市：海岸城
5	華潤萬家	紅旗： 四川省成都市 2,730家	淘寶網 （Taobao）	上海市： 大悅城
6	法國大潤發	全家： 頂新國際 2,181家	國美在線	北京市： 西單大悅城
7	百聯 （BAILIAN）	人本超市 2,003家	一號店 （yhd.com）	四川省成都市： 遠洋太古里
8	永輝	365超市 1,700家	噹噹網 （dangdang. com）	上海市： 日月光中心
9	銀座 （INZONE）	7-ELEVEN： 日本7-ELEVEN 公司 1,644家	亞馬遜中國 （amazon. cn）	江蘇省南京市： 萬達廣場建鄴店
10	物美 （WUMART）	快客便利： 聯華超市 1,474家	聚美優品	上海市： 月星環球港

資料來源：
・智研諮詢：2017～2022年，中國超市行業市場運營態勢及投資戰略諮詢研究報告。
・電商網站排名：來自搜店網，2017.11.15。
・購物中心資料：中國產業研究院，2017.8.16。
・便利商店：中國連鎖經營協會，2018.5.27。

Unit 3-6
中國大陸零售業 III：網路零售

一、政府政策

2016年11月，國務院辦公廳公布「關於推動實體零售創新轉型的意見」：
1. 調結構、創發展、促融合等16條意見。
2. 過程：發展新業態、新（經營）方式。
3. 目標：降成本、提效率、優服務。

二、消費型電子商務占商店零售業比重

以2018年來說，不含汽車的零售中，消費型電子商務占比率如下：
1. 全球11.50%：24.855兆美元中有2.86兆美元。
2. 陸18%：中國大陸的消費型電子商務金額全球第一0.9兆美元，是美國的1.8倍，上網人數8億人，占全國人口56.3%。
3. 美12.2%：4.16兆美元中有0.5兆美元，由於有亞馬遜公司等蠶食鯨吞，大打運費補貼，打得實體商店招架不住，節節敗退，最嚴重的是百貨公司。
4. 臺灣4.2%：這比率約只有中國大陸的0.25%，原因很簡單，都市化比率75%以上，人口密度高，走路去買東西方便。

三、實體商店的網路行銷滲透率

由表二可見，實體商店以「其人之道反治彼身」，紛紛推出網路行銷，2018年已近50%。但這數字並不重要，因為不知道占比重多少。

四、美國亞馬遜跟阿里巴巴比較

美陸的消費型電子商務約占全球的七成，兩國的龍頭公司常拿來對比，由表三可見，二者在營收，亞馬遜幾乎是阿里巴巴的五倍以上。原因很簡單，亞馬遜本質是網路商店，自己做生意；阿里巴巴是網路商城，向網路商店抽1.5%的仲介費，所以營收很小，以2018年度來說，亞馬遜公司與阿里巴巴比較：
1. 營收2,081比378億美元：5.5比1，或阿里巴巴只達亞馬遜的營收18%。
2. 淨利1比3：亞馬遜公司成本費用高，淨利金額只有阿里巴巴的三分之一。
3. 員工數9比1：亞馬遜公司員工人數61.3萬人，一半以上屬物流中心，這部分有一半是兼職人員，時薪15美元。
4. 股價10比1：亞馬遜公司的本益比一直很高，在100倍以上，2018年稍微下滑。阿里巴巴本益比中高，約37倍。

表一　中國大陸網路零售占商品零售比重

單位：人民幣兆元

項目	2013	2014	2015	2016	2017	2018	兆美元
(1) 社會消費（品）零售	23.44	26.24	30.09	33.23	36.626	39.18	5.7
(2) 消費品中商品零售	20.9	23.45	26.86	29.65	32.66	34.937	5.074
(3) 消費型電子商務	1.43	2.79	3.24	4.194	5.48	6.289	0.914
(4)＝(3)／(2)	6.84	11.9	12.07	14.15	16.78	18	—

表二　實體商店的網路行銷滲透率

年	2012	2013	2014	2015	2016	2017	2018
比率	25.3	23.5	24.7	32.6	45.3	—	—

表三　美國亞馬遜與大陸阿里巴巴經營績效比較

單位：億元

年度	2013	2014	2015	2016	2017	2018
一、美國亞馬遜						
• 營收（億美元）	745	890	1,070	1,360	1,779	2,084
• 淨利（億美元）	2.74	−2.41	5.96	23.71	30.23	—
• 每股淨利（美元）	0.59	−0.52	1.25	4.9	6.15	17.8
• 股價（美元）	399	310	676	750	1,169	1,700
• 員工數（萬人）	11	19.2	23.08	30.6	54.1	61.3
二、大陸阿里巴巴						
（一）營收						
• 人民幣	345	535	362	1,011	1,583	2,503
• 美元	54.95	85.76	123	157	235	378
（二）淨利						
• 人民幣	85.23	233	242	715	412	614
• 美元	—	38.08	39.16	112.36	64.91	96.55
• 每股盈餘（美元）	—	1.53	1.67	4.33	2.6	3.78
• 股價（美元）	—	—	107.94	87.81	172.4	139
（三）員工數	—	—	34,985	36,450	50,091	66,421
合計年度	亞馬遜公司曆年制、阿里巴巴公司今年4月迄明年3月					

Unit 3-7 中國大陸阿里巴巴集團：全球最大電子商務平臺

每個國家都有代表性企業家，像美國蘋果公司庫克、南韓三星集團李健熙、日本豐田汽車豐田章男，那麼講到中國大陸阿里巴巴集團的「創辦人」（2019年9月卸任董事會主席）馬雲，可能是全球耳熟能詳的。

一、經營者

公司靠創辦人訂下公司遠景，這在阿里巴巴集團特別鮮明。

1. 創辦人馬雲

馬雲是位中國大陸浙江省的高中英文老師，白手創業，一開始時，比較像美國亞馬遜的貝佐斯（Jeffrey Bezos），但2008年，其事業版圖等遠超過亞馬遜；馬雲的地位已拉升到中國大陸版美國蘋果公司創辦人史蒂夫‧賈伯斯。

2. 策略雄心

馬雲許下兩個宏願：電子商務取代實體商務，阿里巴巴集團「交易額」超越沃爾瑪。

二、阿里巴巴集團的事業版圖

阿里巴巴集團直轄與轉投資的公司多如牛毛，右表中依幾個分類指標分成大中小三層，依「80：20原則」，80%的營收、淨利來自電子商務中的商流部分，其餘大都是支援功能。

1. 第一層〈大分類〉：依電子商務與實體商務

阿里巴巴集團的事業版圖依電子商務與實體商務分成兩大類，1999年先設立阿里巴巴，再進軍「企業對消費者」的消費性電子商務。2010年起還進軍實體商務，許多是投資。

2. 第二層〈中分類〉：依交易層面

‧電子商務中分類：電子商務分成商流、資訊流、金流、物流等四方面。
‧實體商務：依食衣住行育樂等生活層面。

3. 第三層〈小分類〉：依交易的各方面

表中第三欄可見阿里巴巴集團的小分類，主體在電子商務中的商流、金流。

阿里巴巴集團 （Alibaba group holding limited）

成　　立：1999 年，2014 年 9 月，股票在美國紐約證券交易所上市
住　　址：中國大陸浙江省杭州市
董 事 長：張勇（2019 年 9 月起）
主要股東：（2018 年 3 月）日本軟銀集團 28.8%、美國雅虎 14.8%、馬雲 6.4%、蔡崇信 2.3%

阿里巴巴集團事業版圖

第一層：大分類	第二層：中分類	第三層：小分類

一、電子商務	（一）商流		B2B	B2C
		一、國際	阿里巴巴各國分、子公司	1. 淘寶海外、速賣通（Aliexpress） 2. 天貓國際
		二、國內	阿里巴巴	1. 淘寶網（Taobao.com） 2. 天貓商城 3. 聚划算
	（二）資訊流	阿里雲		
	（三）金流	螞蟻金融服務集團公司 1. 對網路商店：阿里巴巴小貸 2. 對消費者：餘額寶、淘寶保險、支付寶，另Alipay Pass是在海外使用螞蟻金服		
	（四）物流	日日順、步行天下、全峰快遞		
二、線上線下（OLOL）	（一）食	量販店：高鑫零售 超市：聯華超市、三江購物俱樂部、盒馬鮮生		
	（二）衣	銀泰百貨		
	（三）住	蘇寧雲商		
	（四）行	高德軟件、北斗導航、快的打車、阿里通訊		
	（五）育	淘寶醫藥館		
	（六）樂	阿里巴巴文化娛樂集團、阿里巴巴影業公司、飛豬（旅行社）		

知識補充站

· **天貓商場**：淘寶網比較偏小型網路商店商城，類似臺灣的雅虎拍賣；天貓商城比較偏大型網路商店，比較像臺灣的 PChome 網路家庭，因此淘寶網的假貨率較高。

· **天貓國際**：阿里巴巴集團把 2014 年定為全球化元年，2 月設立天貓國際，其一是引進國外商品至中國大陸銷售，主要商品、食品、化妝品、母嬰商品、生活日用品、小家電等。全球排名數一數二的保健品品牌，已齊聚天貓國際，包括全球最大保健品集團 Nature's Bounty from the US（自然之寶），澳大利亞與紐西蘭排名前 3 為保健品品牌、德國 Doppelherz（雙心）。（摘自《工商時報》，2014 年 12 月 31 日，A16 版，吳瑞達）

Unit **3-8**
中國大陸大型商場業經營

美陸都有很強的網路商場侵蝕實體商店業績，因此2015年起，紛紛傳出一年百家以上的百貨公司倒店。2008年起，日本人口衰退，許多百貨公司走上閉店一途，連有地利之便的「火車、捷運站前百貨」也難逃一劫。大陸的百貨公司經營困難，原因是全面性的，本單元說明之。

一、總體／個體經營環境

從總體、個體經營環境來看，百貨業「壞消息多於好消息」。

1. 總體經營環境

- 政治／法令：由右圖可見，「限制三公消費」（俗稱打貪）卡住百貨公司二成的生意。
- 高端消費：中國大陸對進口精品的稅率（關稅加消費稅17%）約22%，因此許多人民透過免稅店與跨境電商買精品，每年出國1.5億人次，更是暴買。2018年起，大幅降稅，國內精品消費大增。

2. 個體經營環境

- 購物中心大空間從上重擊百貨公司，客層偏向家庭。
- 百貨公司業：同業相殘，每家百貨公司主導營業地區的半徑大幅縮短。
- 網路商場：蠶食百貨公司的生意，客層偏向單身男女，一般稱2010年是所有實體商店的「反轉點」（陸稱拐點）。

二、大型商場

以營業面積1.5125萬坪（一坪等於3.30785平方公尺）的綜合商場來說，營業業種有購物中心、百貨公司、暢貨中心（outlets，陸音譯奧特萊斯）、一般（例如：臺灣的誠品）。由下圖可見，大陸商場家數年成長率11%，反映出人民對「購物（占29%）、餐飲（占46%）、休閒娛樂（占25%）（例如：看電影）」一次購足的需求。

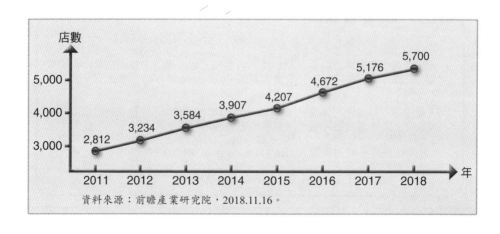

資料來源：前瞻產業研究院，2018.11.16。

中國大陸百貨業的總體／個體經營環境

總體經營環境

政治／法令
2012年12月4日起
限制三公消費
→中高端消費限流

三公消費
1. 食：公務招待費
2. 衣：因公出國經費
3. 行：公務汽車購置與使用

個體經營環境

購物中心
2012年大幅設店
→時間消費分流

百貨公司
大幅成長
→經營地區店

經濟／人口
1. 海外旅遊購物
2. 免稅店與跨境電商
→中高檔消費分流

網路商場
大幅成長
→大眾消費分流

以2018年來說，人民幣3兆元，占消費12%

資料來源：部分整理自億邦動力，「150家百貨集團開關店趨勢分析」，《財經周刊》，2016年4月6日。

中國大陸各省市大型百貨公司

單位：人民幣億元

排名	北京市	2015 年	2016 年	2017 年	各省市	2015 年	2016 年	2017 年
1	SKP（原新光天地）	78	96	125	河北省石家莊北國商場	36.1	34.5	—
2	國貿商場	41.1	56.5	79.6	哈爾濱遠大蘭崗	27.5	27.5	—
3	西單大悦城	40.4	41.1	41.4	山東省青島海信	21.8	25.8	—
4	燕茨奧特萊斯	41.1	36	—	大連市羅斯福廣場	—	20.4	
5	朝陽大悦城	27.3	35	42.4	瀋陽市中興城	31	30	31
6	三里屯太古星	22	34	—	長春卓展購物中心	30.9	30	
7	漢光	22.8	25.2	—	天津佛羅倫薩小鎮	26	28	—
8	新世界	25	24	—	西安市賽格購物中心	35	45	58.5
9	翠微大廈	23.9	21.5	—	杭州大廈	57	66	77.6
10	賽特奧特萊斯	20.5	20.5	—	南京市德基廣場	70.2	76.6	90

第 **4** 章

展店與物流

●●●●●●●●●●●●●●●●●●●●●●●●●● 章節體系架構 ▼

Unit **4-1**
展店策略與組織設計

零售公司的展店很像插旗占地盤，把整個市場（例如：臺灣）的大地圖掛在牆上，有設店的都市、縣、鄉鎮用小點標示，把對手用另一種顏色小點標示。

一、地點的重要性

有人認為商店成功條件有三：「地點，地點，地點」（location, location, location），同一件事說三次，代表這因素的重要性。這說法或許誇大了，但只是強調商店成功第一因素是地點。

地點的重要性來自人潮是不是平均分配，都市內有商圈、住宅區之分；縱使商圈內，依據人潮的動向也有人多的「陽面」與人少的「陰面」。只要地點對，人潮源源不斷來，這是商店成功的必要條件（即「無之則不然」），再加上商品力強等充分條件（即「有之則必然」）配合，成功就八九不離十。

二、目標導向的展店策略

就跟軍隊作戰一樣，兵力配置，作戰快慢節奏（例如：閃電戰vs.消耗戰），全操在三軍統帥手上。同樣的，零售公司展店「策略三大內容」：成長方向、速度、方式（即內部成長vs.公司併購），則是掌握在董事會手中。由右圖可見，影響零售公司展店策略的前「因」（即投入欄中的影響因素）、後「果」。底下詳細說明。

1. 目標

· 短中期衝市占率。

· 長期衝獲利。

2. 商機是最主要考量因素

商機是展店的必要條件，有錢賺才能生存，在下個單元中詳細說明。

三、展店各層級決定內容和相關人士

展店決策因影響層面不同，因此決策者、執行者也不同，由右表可見。

第一欄是大一管理學，大四策略管理書中，最常見的影響（或營收、淨利、重要性）層面來分類。第二欄則是展店相關決策。第四欄是各層級決策的決策者，董事會決定展店的大政指導原則；總經理決定展店政策，負責展店方針管理，開發部副總經理（或協理、處長）則負責開疆闢土。第五欄是展店決策執行者，上級負責決策，次一級就負執行成敗責任。

展店策略的目標與影響因素

投入（即影響因素）　　　　　**轉換**　　　　　　**產出**

外界（經營環境）

商機 1.地區經濟發展 2.地區內商圈	消費者 策略導向 （即藍海策略）

對手的 展店策略	競爭策略 導向 （即紅海策略）

展店策略
1.方向 城市vs.鄉村
2.速度 快vs.慢
3.方式 自行發展vs. 公司購併

執行 →

展店目標 里程碑績效

1.市占率 即營收 占行業 營收比 重
2.全國覆 蓋率

經營績效

1.獲利等

公司內

經營者（董事長）的策略雄心（俗稱經營理念）

限制

↑

1.公司財力
2.物流路線

展店各組織層及決策和相關人士

影響層面	展店決策	決策頻率	決策者	執行者
策略	展店策略 1. 展店地區順序 北→中→南→東部展店數目 2. 投資金額	1 年（以上）	董事長	總經理
戰術	展店政策 商圈、地段選擇	1 季（以上）	總經理	開發部副總
戰技	展店戰技：地段內的 A 級、B 級或 C 級店	1 週～1 個月	開發部副總	開發部經理

Unit **4-2** 預估營收

圖解零售業管理

在某一地區進行開店可行性研究（feasibility study），重點在於SWOT分析中的商機分析，這可分成兩個步驟。

- 市場潛量
  由現有店的營收可略窺市場大小，比較常見情況是自己作市場調查算一下。大部分的公式很簡單。

  商機＝人口數 × 年購買量 × 客單價

  本單元第一、二段說明這兩個數字如何估計。
- 本公司能吃到多少市場

一、人口數影響購買量

營業地區（business area）內包括二種人口。

1. 常住人口

住宅區的常住人口比較好查，可從各市民政局查到各行政區的人口數，扣除不在籍（即只設戶口，但卻在外地居住），再加上未設籍人口（常見的便是沒設戶口的租屋者）。

商業區的人口也不難查，遊樂區人口也可以透過賣票數目估算。

2. 流動人口

辦公商圈的流動人口比較多，一般都是透過市場調查方式，透過抽樣調查方式，以蒐集早中晚各時段的「人潮」有多少，以及其人口屬性（男或女、老或少等）。

總人口中只有一部分可作為本店的市場定位（即目標客層），如此便可得到「目標客層人數」。

二、家庭所得影響可接受的商品價格

以臺灣臺北市來說，12個行政區的家庭所得狀況可在市政府主計處查到。另外，行政院主計總處則有全國各縣市的資料。除非是精品，否則大部分的日用品，一般家庭都負擔得起。

三、市場可行性分析

以便利商店為例，如果2,000人可養活一家便利商店，低於此，則「獵物」不足，「便利商店」這隻掠食者可要餓肚子囉。大於此，則可能有其他便利商店覺得獵物豐美，也想來分一杯羹。

假設 i 商店營業地區內共有4,000人，j 商店評估設店，由右圖可見分析方式。

《找好店面的本事》一書

作　　者：日本人榎本篤史、楠木貴弘
出版公司：光現出版
出版時間：2017 年 7 月
內　　容：兩位作者任職 D. I. Consultant 公司，以科學方式，實例說明選擇店址

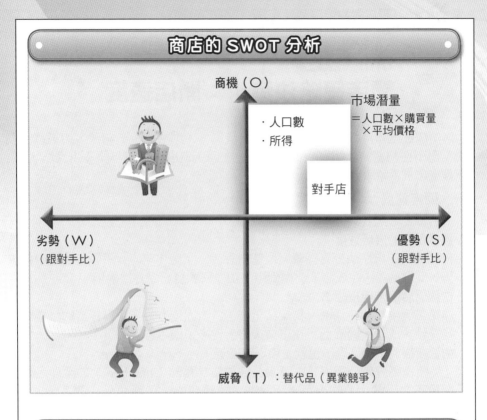

商店的 SWOT 分析

商機（O）

市場潛量
＝人口數×購買量
　　×平均價格

・人口數
・所得

對手店

劣勢（W）
（跟對手比）

優勢（S）
（跟對手比）

威脅（T）：替代品（異業競爭）

2,000 人口才夠養活一家便利商店，一社區 4,000 人呢？

1.
最簡單的想法：算數平均
「二一添作五」當有兩家店時，市場均分，4,000人除以2，剛好2,000人，二家店皆有大一經濟學上所稱的「正常利潤」。
一旦人口數低於4,000人，例如：3,000人，那麼 j 商店便不敢加入，因為屆時二家店都會因為獵物不足而餓肚子，直到有一家店先餓死，另一家店才能獨占。

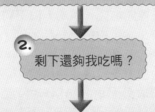

2.
剩下還夠我吃嗎？

3.
考慮各商店吸引力不同時
但是縱使人口少於4,000人，j 商店還是敢設店，這可能是商品力夠把 i 商店比下去。

Unit **4-3**
開店策略決策 I：開店速度

　　開店速度涉及很大金額的投資，一旦口袋（即財力）不夠深，如果擴展太快，耐不住初期的虧損將致倒閉。因此，開店速度（即每年開多少家店、5年開幾家店）是董事會決定的。

一、開店速度

　　由右表可見，開店速度可分為兩種極端。

1. 過度保守的展店速度

　　最謹慎的開店作法是要該營業地區夠養活一家店才開店，不願先進場卡位去等。簡單的說，每家店都要做到賺，頂多只願意忍受虧損半年。

2. 快速展店追求規模經濟

　　在第二章中提到在採購、物流甚至廣告各方面皆有最多規模經濟的水準，一旦達到，成本大幅降低；在事業策略上便多了成本優勢的選項，可進入中、中低所得的市場區隔，也就是市場範圍更大。

　　美國網路設備公司甲骨文董事長錢伯斯（John Chambers）的至理名言：「在電子業不是大魚吃小魚，而是快魚吃慢魚」，俗稱快魚法則（fast fish law）。快慢指的是推出新品的速度。但在零售業，快速擴充有助於成就大魚，可以去吃小魚。

　　那麼，在財力未逮情況，餐飲業的美食達人公司做了一個很好的示範，三個月開了三家直營店便開放加盟，用加盟金來成立中央工廠，採自動化生產，來降低烘焙（蛋糕、麵包）成本。只花了5年，便超越有統一集團富爸爸支持的統一星巴克。

二、店海戰術

　　日本7-ELEVEn採取「店海策略」（Dominant Strategy），許多連鎖零售公司也都採用，在同一地區密集展店，配送一日數次，該地區的市占率也隨之提高，更重要的是在自相殘殺下，篩選出最佳展店地點。

　　公司展店第一步，先攤開地圖，找尋7-ELEVEn仍未進駐的地區，把人潮與同業店的位置一併考慮後，選出最適合的地點。一旦決定了位置，新店就是第一優先，必要的話，不惜搬遷既有的店面。

　　如此一來，既有店的加盟主勢必受到衝擊。但7-ELEVEn堅持，這是為了追求直營與加盟店整體營收最大化。2014年2月底，東京都田端車站附近一家店開幕，但前方不到20公尺早有另一家店，兩家店加盟主都是同一人。最重要的理由，就是要圍堵同業，搶占車站前商機。（摘修自《商業周刊》，2014年6月，1389期，第126頁）

三、成長方式

　　公司成長方式以達到公司成長速度（主要是營收、市占率）目標，由右圖可見，有多少錢做多少事。

公司成長速度與成長方式的配合

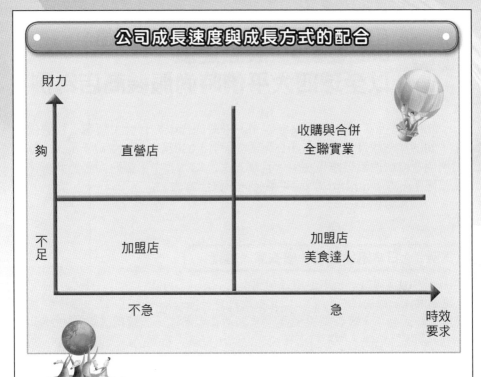

財力

夠　　直營店　　　　收購與合併
　　　　　　　　　全聯實業

不足　　加盟店　　　　加盟店
　　　　　　　　　美食達人

　　　不急　　　　　　　急　　　時效
　　　　　　　　　　　　　　　　要求

以快取勝的零售公司與餐飲公司

生活領域	對　　手	後起之秀以快取勝
一、食		
1. 咖啡店	1998 年，統一星巴克成立，主要是授權經營，母公司是統一超商，2018 年店數約 440 家，營收 100 億元、淨利 10 億元	2004 年 7 月，美食達人公司開設 85 度 C，9 月開放加盟，2009 年營收 62.83 億元、店數 320 家，超越統一星巴克 37 億元、224 家店
2. 超市	1987 年，香港牛奶集團在臺成立頂好惠康超市	1998 年，全聯實業接手 68 家福利中心，快速展店，2004 年成為超市一哥
3. 量販店	1996 年，大潤發成立，法國歐尚公司持股 66%，臺灣潤泰集團集團持股 33%。	1997 年，好市多進軍臺灣，2010 年營收超越大潤發，2014 年營收超越家樂福
二、衣	1999 阿瘦皮鞋，有 23 家店，市占率第二。	1997 年超市新秀老牛皮（La New）快速展店，2011 年 107 家店、營收 5.7 億元，只花 5 年超越阿瘦皮鞋
三、住	宜家家居	特力屋

Unit **4-4** 展店速度：
以全球四大平價時尚服裝商店為例

2008年7月，開放陸客來臺觀光，臺灣的國際觀光客人數進入快速成長年，2009年全球景氣衰退，2015年國外旅客1,030萬人，首次破千萬人。零售業展店速度的快慢，離現在較近且曝光率高的，其中平價時尚服裝商店符合此二條件。本單元以全球四大平價時尚服飾店為例。

案例1：日本迅銷公司：優衣庫、極優

2010年10月，日本迅銷公司旗下優衣庫（Uniqlo）先下手為強，由於是四大國際品牌的先行者，引起很大好奇，開幕前兩週在網路推廣的「虛擬排隊活動」，吸引超過63萬人次的消費者參加，開幕前排隊2,500人以上，創造話題性，成功打響首家店名號，更讓人看到網路行銷的威力。

1. 店數目標：迅銷公司來得早，且快速展店，2020年開店數目標100家店，標準是以日本九州人口數跟臺灣相近而設算的；平均每年開10家店，以百貨公司店內店占九成，街「邊」（或「面」）店占一成。
2. 副牌極優也來了：2014年，優衣庫的妹妹品牌極優服飾（GU）也進軍臺灣，市場定位在更年輕的客層。

案例2：西班牙印地紡公司：佐拉（Zara）

西班牙印地紡（IndiTex）公司比迅銷公司慢了一年，展店速度、廣告等算保守的。

1. 2015年8家店（含妹妹品牌）：只有臺北市忠孝店是街邊店，餘皆在百貨公司內。
2. 2013年姊妹品牌來臺：2013年年底，印地紡在臺開出八個品牌中的另二個，Zara Home（家飾品）與Pull & Bear（青少年服飾），2015年另一品牌Bershka登臺。

案例3：美國蓋璞（GAP）

2014年3月，美國蓋璞來臺設店，美國蓋璞在亞洲的發展算晚，2013年全球90國開了3,100家店，但2011年進軍中國大陸、香港，2013年大中華區總裁來臺，才發現臺灣市場夠大。似乎為了來得慢而在展店速度加緊腳步。

案例 4：瑞典 H&M

　　2015年2月13日，瑞典海恩斯莫里斯服飾（Hennes & Mauritz, H&M）首店開幕，工商時報新聞的標題是「來晚了」，其原因如下。

1. 能搶市場變少了：由下表可見，優衣庫58家店，已遍及二線城市。
2. 房租變貴：H&M第二家店在臺北市火車站前Nova賣場3個樓層，月租由500萬元升至650萬元。第三家店開在「西門町城品116，此店租約到期，2002年2月誠品以每月500萬元向中影公司承租，營業面積785坪。H&M搶租，出價月租1,500萬元。（整理自《工商時報》，2015年2月12日，A17版，李麗滿）

全球四大平價時尚品牌服飾公司在臺（臺北市）概況

年	2010年	2011年	2014年	2015年
月	10月	11月	3月	2月
首家店店址	統一時代臺北店	台北101購物中心	ATT 4 Fun	微風松高店
營業面積（坪）	450	700	460	877
公司	日本迅銷公司旗下優衣庫、極優服飾	西班牙印地紡公司旗下佐拉	美國蓋璞（GAP）	瑞典 H&M
服裝特色*	日本休閒風，強調機能和品味	全球潮流	美國國民服裝風	比較走搖滾風，具歐洲流行酷感
店數				
2015年	60	8	5	2
2017年	67	9	11	12
全球營收規模	第四	第一	第二	第三

*資料來源：部分整理自《經濟日報》，2015年2月12日，A16版，何香玲。

Unit **4-5**
便利商店加盟

　　99%以上的全國性零售公司都有二家店面以上，即連鎖店。由於店多，就可能有直營和加盟二種經營方式可供選擇。便利商店最流行加盟，因此本書以便利商店為例來說明。

一、直營vs.加盟

　　開零售公司究竟直營或開放加盟，重點在於品質是否能確保。

1. 直營連鎖商店（corporate chain或regular chain）

零售業以販售商品為主，比較沒有各店商品質差異問題。但是餐飲業，比較容易出現加盟主偷工減料情況，往往一次危機，可能就毀掉10年建立的公司形象。

2. 加盟連鎖店（franchised chain）

許多書針對甲理論、乙理論會寫出五、六個優點、缺點，讓學生背得很辛苦，我們不準備這麼做，我們比較喜歡「抓大放小」。以開放加盟為例，最主要的動機只有一個：即加盟主是老闆，會發揮創業家精神：一天工作12小時，而店長只是職員，上班8小時就下班；此外，加盟主會使出「小氣財神」的各種絕招，避免浪費。加盟的主要好處是加盟總部可以減少投入龐大資金，如此便可以借力使力快速展店。當1990年起，統一超商推動加盟時，統一集團財力雄厚，重點不在於錢；而是由試辦中得悉，加盟店比直營店營收多三成，純益率比較高。創業家精神很難用錢買到，只能透過加盟方式來維持。

二、加盟的型態

　　「加盟」有許多分類角度，本書依出現頻率，分為「常見」（頻率占80%）與少見（頻率占20%）兩種情況，詳見右表，底下針對前兩項詳細說明。

1. 店的所有權：特許 vs. 委託

統一超商5,250家店，90%是加盟店，委託加盟（authorized chain或lease chain）和特許加盟（voluntary chain）各占一半。

2. 加盟店店數：單店 vs. 複數店

各便利商店公司加強推動優質加盟主經營多家店，統一超商公共事務部經理說，公司希望優質因子擴散出去，也就是讓表現良好和公司理念相同的加盟店能夠經營複數店。有一套考核機制來挑選優質加盟主，包括經營績效、門市形象維持、顧客服務等方面，都必須表現優異，才能獲准經營複數店。以統一超商來說，複數店占加盟店比重達38%。

商店加盟的分類

加盟分類	少見	常見
一、加盟主是否有店面	沒有店面，委託加盟是加盟主「沒有自有店」，統一超商的加盟金也是 30 萬元（2017 年）	有店面，特許加盟是加盟主帶店加盟，統一超商加盟金為 30 萬元
二、加盟店數	複數店（即 2 家店以上，multiple franchise）	單店（unit franchise）
三、加盟主身分	公司，例如：麥當勞加盟主要以此	自然人，又分為夫妻、個人兩情況
四、授權期間	永久授權	期間授權（例如：25 年）

2018 年全球十大營收零售公司

單位：億美元

排名	國家	零售公司	業態	2016 年	2017 年	2018 年
1	法	家樂福	量販店	841	915	12,300
2	德	Schwarz-Gruppe	超市	993	967	10,000
3	美	CVS 健康公司	藥妝	811	884	9,778
4	美	沃爾格林	藥妝	971	1,182	7,980
5	美	沃爾瑪	超市	4,859	5,003.4	5,328
6	美	克羅格（Kroger）	超市	1,153	1,227	3,902
7	德	阿爾迪（Aldi）	超市	849	974.6	2,250
8	美	家得寶	五金建材	946	1,009	1,968
9	美	好市多	量販店	1,187	1,290	510
10	美	亞馬遜	網路商場	1,360	1,779	456

資料來源：德勤（Deloitte）。

Unit **4-6**
如何做個高瞻遠矚的加盟總部

電視新聞常會報導加盟店，總是以做吃的比較多；三不五時，會報導加盟主控訴加盟總部如何惡形惡狀「坑殺」加盟主的情況。在新聞臺眾多情況下，很容易引起跟風，對加盟總部很不利。本單元說明高瞻遠見的加盟總部存心想跟加盟主一起賺顧客的錢，作到「加盟總部、加盟主、顧客」三贏，獲利可長可久；短視近利的加盟總部只想賺加盟主的錢，只能撐幾年。

一、高瞻遠矚的加盟總部

有遠見的加盟總部董事長希望三、五年把連鎖體系做起來，如此，公司的股票上櫃（或上市），從資本市場去致富。上櫃的好處很多（籌措資金、股票本益比拉高），上櫃的條件很低。

・大利當前，不計較小利

加盟總部把加盟主視為事業夥伴，一同開疆闢土。加盟總部認為招牌、看家商品只是必要條件。所有盟主的勞心勞力，才是加盟體系成功的充分條件。

為了快速達到規模經濟所需店數（例如：100家店），加盟總部針對這一波加盟主會有優惠，常見的是「免加盟金」，「送招牌」等。

二、短視近利的加盟總部

有些加盟總部短期近利，把心思放在賺加盟主的錢；簡單的說，把加盟主看成顧客，因此想方設法要把人「哄」進來加盟，等到對方「誤上賊船」後，再巧立名目把加盟主榨乾。

1. **目光如豆的可能原因**：有些加盟總部董事長學歷只有國高中，靠一家店特殊商品做起來，有人希望加盟，或是自己也想推連鎖；想賺快錢比較容易眼光短淺。

2. **加盟總部坑殺加盟主**：常見的加盟總部跟加盟主間的衝突如右表第二欄所述。

3. **最大讓利：毛利保證**：一般認為加盟總部「財大」，對加盟主的「毛利保證」在景氣差的時候最容易「時窮節乃現」。有些加盟總部會犧牲一部分收入去實現承諾。

以統一超商來說，2018年起，作法如下：
・特許加盟：300萬元。
・委託加盟：260萬元。
當門市營運不佳時，統一超商提供補貼。

加盟簽約時，對加盟主最重要的便是「營業地區保障」，也就是在（鬧區）50公尺、（郊區）200公尺內不准再開其他店。一旦加盟總部違約，則恰如「一屋二賣」，事情鬧大了，會弄到加盟主人人自危，落跑（即解約）的可能用門板也擋不住。

行銷組合比較

行銷組合	短視近利的加盟總部	高瞻遠矚加盟總部

一 商品策略

1. 原料
2012年有一家當紅的甜品店，加盟總部中央廚房出料是市場價格的三倍，加盟主進貨貴，自然賺不到錢

大部分的農、工原料都有市場行情，加盟總部在達到規模店數之前，甚至可以負毛利操作、補貼加盟店

2. 商品
在零售業，加盟總部出商品給加盟主，價格偏高，以致無法跟同業相比，商品不好賣，加盟主可能是虧損

一般來說，給加盟有30%的毛利率，例如：零售價100元時，出貨價77.1元，而且這零售價在市場上很有競爭優勢

二 定價策略
加盟總部規定各加盟店自定售價，各店自相殘殺

加盟總部規定各加盟店售價相同，以免各店自己人打自己人

三 促銷策略

1. 加盟金
加盟總部找各種名目向加盟主要錢，包括下列要求很高

有些加盟總部只收加盟金這一次性費用

2. 裝潢設備費
比單店自己做還貴

統一超商的加盟金30萬元，詳見Unit 4-5。因店數多，因此店面工程費用較便宜

3. 促銷費
逢年過節就巧立名目收費說要打廣告、作促銷

一年有金額上限（例如：20萬元），而且帳目清楚

四 實體配置策略

1. 展店
1. 常是劃大餅
2. 給潛在加盟主看的示範店（常是直營店），人潮是做出來的（例如：職業顧客），損益表是灌水的

以統一超商來說，特許加盟每年最低毛利保證300萬元

2. 是否遵守經營地區保障原則
以100公尺內「保證獨家經營」來說，加盟總部有可能收了更多加盟金後，開放新加盟店進入，犧牲舊加盟店的權益

看加盟主「吃香喝辣」有時加盟總部會「揪心肝」，後悔讓其坐擁寶地，但這可能是事後聰明

3. 自己開直營店
最常碰到的糾紛是，加盟總部看到某加盟店大賺錢，便設法找碴，指責其違反那些加盟契約的重大條約，取消加盟店的授權，然後自己開加盟店

「與民爭利」是大忌，對於取消違約加盟主授權，該責任區宜開放由其他加盟主接手

Unit **4-7**
加盟總部的基本功

　　1940年時，美國麥當勞餐廳沒有發明漢堡，但卻經由生產、服務甚至經營的標準化，成為在全球120個國家、開了3.7萬家店；臺灣台積電董事長張忠謀（任期1985~2018.6）在說明「經營面創新」，總喜歡以麥當勞為例。

一、加盟連鎖成功必要條件──先自營，再加盟

　　統一企業創辦人高清愿說，統一超商剛開始開放加盟，績效不佳，「直到收回直營，自己好好經營，才開始賺錢。」由這個例子可見，加盟總部不必急著賺大錢，要先會走才會跑，必須致力於加強連鎖體系本身的管理能力，等到標準化經營漸上軌道後，再以「直營」店來進行「標準化」，進而透過加盟制度，來衝「量」，才使統一超商開創出現在的康莊大道。

二、日本便利商店的三大關鍵成功因素

　　日本便利商店業自認有三大系統以支撐連鎖商店無堅不摧，詳見表二，本單元以日本無印良品為例。這部分相關書籍相當多，本書篇幅有限，只能以一個單元來提綱挈領說明，另有人用3S（專業化、標準化、簡單化）來說明。

1. 店鋪系統

在臺灣，這是市場開發部（或加盟拓展部），以直營店來說，市場開發部依待展業的各縣市商圈的順序，去進行展店。店鋪系統是針對如何區別商圈的優先順序（分成1、2、3級），商圈內如何區分經營地區的優先順序（分成1、2、3級）。另一種情況是，先找到點，再作市場調查。

2. 綜合經營系統

其中比較重要的是電子訂貨（electronic order system, EOS）等資訊系統，把「進（貨）銷（貨）存（貨）」等其功能一役解決。

3. 物流系統

商店最怕缺貨，因此加盟總部的物流配送能力要提前到位。

表一 展店各組織層級決策和相關人士

階段	導入期	成長期	成熟期	衰退期
一、店數	100	100～1,000	1,001～5,000	5,000 家以上
二、管理重點	以直營店奠定經營制度	開放加盟設立區經理一人督導 10 家店	開出二代、三代店	開出四、五代店
1. 商品策略	全國品牌商品	同左	推出商店品牌商品	同左
2. 定價策略	跟隨市場龍頭定價	攻擊性定價	同左	比市場老二相同（或相近）
3. 促銷策略	沒廣告	開始打商店廣告	開始打商店名稱商品廣告	維持性廣告
4. 實體配置策略	外雇物流公司	外雇物流公司設立物流中心	擴展物流中心數目，自主物流車隊	同左

表二 展店各組織層級決策和相關人士

基本系統	說明	日本無印良品	負責部
一、店鋪系統	1. 店址選擇 2. 市場地位	2003 年展店作業基準書	市場開發部
二、綜合經營系統：使連鎖商店的經營展現經營標準化的優勢	專為加盟者編撰的經營手冊如下： 1. 開業前手冊（Pro-opening Manual） 2. 加盟者管理手冊（Franchisee Management Manual） 3. 營運手冊（Operation Manual） 4. 訓練手冊（Training Manual） 5. 訂貨系統	以統一超商為例，詳見 Unit 12-9	營業部
三、物流系統，詳見 Unit 4-12	1. 順向物流 　物流中心每日配送頻率（最多為一日三配）、時間、地點等 2. 逆向物流 　涉及瑕疵品、過期品、滯銷品如何退貨給物流中心	「MUJI Gram」共 13 冊，共 1,000 頁以上的標準作業程序 1. 商品陳列：各樓層、各品類貨架陳設 2. 結帳櫃檯：包括收銀員的收銀、找零等程序 3. 財務管理 4. 人事管理	物流部

Unit **4-8**
開店策略決策 II：展店地區決策

　　套用「由上往下」的股票投資組合公司、預算編製觀念，展店布局也是由大到小。在競爭策略方面，依零售公司市場地位（分為四種）不同，在地區布局方面有二種走向。

一、展店地區順位理論

　　如同財務管理中，針對公司募資有學者歸納出「融資順位理論」（pecking order theory），英文字源自於雞有順序啄玉米，同樣的現象也出現在零售公司展店順序，可稱之為展店地區順位理論（location pecking order theory）。由實務歸納出下圖的結論，一般來說（尤其是市場領導者、跟隨者），大抵採取下列展店布局。

1. **Y軸**：臺灣地圖可見地理位置是南北向，因此在座標圖上以Y軸來表示。
2. **X軸**：地區細分為院轄市（俗稱六都）、省轄市（基隆、新竹與嘉義市或院轄市的區）與縣轄市。為了連同座標圖的第一、第二象限觀念，用以表示設店的地區順序，所以X軸隱含人口數，院（或省轄市）的市中心在右，院轄市（例如：新北市的貢寮區、金山區、三重區）等在左邊。

二、北中南東的地區發展順序

　　由右圖可見，大部分零售業展店順序大抵依此四步驟，先把基本、核心地區布局後；再進軍中部；之所以採取這樣順序是基於購買力與物流的考慮。以物流來說，大部分的店都會先開在國道、省道旁，以方便每日的物流配送。

1. **第一步**：先占北部。先占一線地區，在臺灣是指北部（基隆市到新竹縣市），尤其是指大臺北（即雙北市），臺灣五成消費力集中於此處。在北部，展店順位則依X軸（即地區內的地段）的順序來展店，由上到下先挑市中心（downtown，或商業區，俗稱鬧區），快開滿了，再往住商混合區去開店，最後再往住宅區去開店。縱使在同一地段，展店也有順序，即先挑大馬路十字路口、三角窗的A級店，接著再開B級店，最後「沒魚蝦嘛好」的開C級店，這是採取「ABC管理」，依店「地點」好壞把店址分級。
2. **第二步**：再占中部。行有餘力，則往中部進軍。
3. **第三步**：接著占南部。
4. **第四步**：東部到外島。再收割剩下一成（80：20原則中）市場，在臺灣是指東部（宜蘭、花蓮、臺東縣），最後才是外島（先澎湖、後金馬），主要是物流費用太兇了；能做到這一步驟的也只有財大的統一超和全家。2019年，統一超商啟用「花蓮物流中心」。2018年10月，統一超食代花蓮鮮食廠投產，就近供應花蓮、臺東二縣220店，由二日配變一日配。

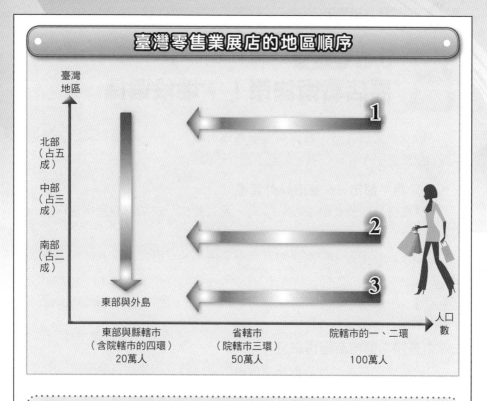

臺灣零售業展店的地區順序

- 臺灣地區
- 北部（占五成）
- 中部（占三成）
- 南部（占二成）
- 東部與外島

1
2
3

東部與縣轄市（含院轄市的四環）20萬人

省轄市（院轄市三環）50萬人

院轄市的一、二環 100萬人

人口數

第四章 展店與物流

高瞻遠矚的加盟總部典範：昌平炸雞王

時：2017年12月3日

地：臺灣臺中市

人：「昌平炸雞王」老闆（第二代）柯仁揚

事：該炸雞店2013年開放加盟迄2017年52家店，加盟金48萬元以內，主要是炸雞設備（含風管設備）加上12天員工訓練。

選店址原則：經營地區人口15萬人，已開57家店，撤店5家，開店成功率90%以上。商品力強以外，不收每月的權利金。此外，以加盟總部供應食材等原物料給加盟店來說，柯仁揚認為「總部賺愈少，加盟主就賺愈多」。（摘自：《壹週刊》，2017.12.1）

Unit 4-9
展店戰術決策 I：地段選擇

一般在決定店址時，會依商店適地性，依大、中、小分類展店去篩選，本單元依序說明，詳見右表。以臺灣臺北市為例。

一、大分類：都市 vs. 都市以外商圈

一般在區分商圈（trade area）時，常二分法分成都市商圈與都市以外商圈。

以都市以外商圈中的觀光地區商圈為例，其有明顯的季節性，這包括兩類。

1. 季節性：一般北半球國家的觀光旺季在5到9月，此指夏秋，氣候較溫暖。
2. 國內觀光客偏重週末與假日。

二、中分類：都市商圈再細分

由於都市內有都市計畫把住商地區稍做分離，因此都市商圈可以分成兩中類。

1. 商業區商圈

商業區商圈又可分成兩小類：精品（百貨）商圈與其他，以精品商圈來說，臺北市較有名的有信義、忠孝與中山北路（晶華酒店附近）。

2. 住宅區商圈

住宅區常因有大學、夜市而形成住宅區商圈，有三個大學型夜市：銘傳與文化大學旁的士林夜市、臺灣師範大學的師大夜市、世新大學的景美夜市。

三、小分類：經營地區

一個商圈常指東西南北四條馬路的一塊街廓（street block），面積很大，90%以上商店（百貨公司、量販店等超級大店除外）皆只在此商圈內吃一小片市場，稱為此商店的營業地區（business district），像洋蔥般分為三層。

1. 主要經營地區（primary business district）。
2. 次要經營地區（secondary business district）。
3. 邊緣經營地區（fringe business district）。

商圈的分類

大分類	中分類	小分類	舉　例
都市	商業區	1. 精品商圈 2. 其他	**臺北市三大商圈** • 忠孝（包括遠東崇光忠孝與復興店、明曜百貨） • 信義，二者稱為東門町 • 西門町
	住宅區	1. 夜市商圈 2. 大學校園型商圈	
其他	鄉鎮		
	觀光區		• 新北市淡水區的淡水老街 • 宜蘭縣礁溪鄉礁溪路 • 屏東縣墾丁的墾丁大街

臺灣臺北市信義區之信義計畫區（153 公頃）

忠孝東路五段

邊緣經營地區
（fringe）

統一時代百貨

寶麗廣場

誠品
信義店

新光三越
信義新天地

ATT
4 Fun

信義
威秀影城

基隆路一段

松德路

台北 101
購物中心

次要經營地區
（secondary business district）

信義路五段

Unit **4-10** 店址的決定：以日本無印良品的作法為例

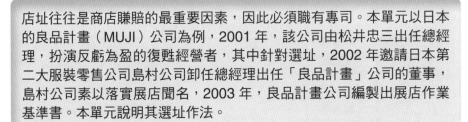

店址往往是商店賺賠的最重要因素，因此必須職有專司。本單元以日本的良品計畫（MUJI）公司為例，2001 年，該公司由松井忠三出任總經理，扮演反虧為盈的復甦經營者，其中針對選址，2002 年邀請日本第二大服裝零售公司島村公司卸任總經理出任「良品計畫」公司的董事，島村公司素以落實展店聞名，2003 年，良品計畫公司編製出展店作業基準書。本單元說明其選址作法。

一、步驟一：五選一

在全日本730個商圈中，挑選出150個都市商圈來設店。

二、步驟二：市場與財務可行性分析

在每個商圈內，針對一些可租店面，進行下列兩項可行性分析。

1. 市場可行性評估

店址評分表共有25個項目（主要是人流、所得等），由店鋪開發部會議依資料回答。

2. 財務可行性評估

設定房租上限標準，一般常見的是房租占營收比率，例如：小於4%。房租太高，利潤會被房租吃光，等於替房東賺錢。

三、步驟三：實地履勘

實地履勘花不少錢，其中之一是確認「人流」，必須一週分週間、週末去算人流，而且一天還須分成早中晚去測。

四、步驟四：決策

松井忠三接受獨立董事藤原秀次的建議，減少出席店址決策會議的人數，開會效率大幅提升。

按照開店基準書去做，店營收跟開店前預估相近。

日本良品計畫公司的開店準則

步驟 1	全日本 730 個商圈中，篩選出 150 個都市商圈	組織層級：董事會
步驟 2	・評分表（25 個項目） ・$\dfrac{房租}{預估營收} \leq 4\%$	開發部
步驟 3	現場勘查確認	開發部
步驟 4	決策	決策會議：總經理、營業主管、門市主管

日本良品計畫（MUJI）

成　　立：1979年5月18日，公司英文名稱Ryohin Keikaku Co.

地　　址：日本東京都豐島區東池袋

資 本 額：400.9億日圓

董事長（會長）：金井政明（Masaaki Kanai）

總經理（社長）：松崎曉（Satoru Matsuzaki）

營　　收：3,796億（＋4.88%）日圓（2018年度），65%來自日本，2020
　　　　　年目標5,000億日圓、淨利600億日圓，51%來自日本

淨　　利：（2018年度）301億日圓（＋19.19%）

日本公司年度：今年3月到翌年2月

員 工 數：8,200人（2018.2）

店　　數：2018年2月，1,000家店（日本483家、海外517家）

Unit 4-11
開店戰術決策 II：衝擊分析

　　店址評估時，比較困難的是對於營收的估計，其中之一可以從現有店嘴裡搶走多少商機，此稱為衝擊分析，本單元以臺北市士林區天母商圈三家百貨公司的店為對象。

　　衝擊分析（impact analysis）可說是事前的損害估計，不論是新來（new comer）或在地店都會進行知己知彼的衡量，以了解商機的嚴重程度。商機不在大小，而在於自己吃得到多少？人多的地方，商店也多，可能很多商店都吃不飽，但是外行開店的老闆只會看熱鬧，內行的人還會看門道。選址的第二步便是分析市場空間夠嗎？如果已經飽和了，縱使藝高人膽大，英雄最好不要吃跟前虧，等別人不支倒地後再介入，對於未飽和的營業地區，則宜快速介入卡位。本單元主要是SWOT分析中的優劣勢分析（SW分析），知己知彼的掂掂斤兩，看看自己能在市場中占有幾席之地。

　　已知 i 商店，j 商店擬在此營業地區設點，假設其地點稍差（即對顧客來說，地點吸引力只有 i 商店打八折），但是商品（例如：衣服）佳、價格便宜，總的來說，j 商店比 i 商店更有吸引力，所以競爭優勢比 i 商店高15.2%。

一、如何衡量j商店吸引力

　　商店競爭優勢＝地點吸引力×商品吸引力×價格吸引力　　　　　　　〈4-1〉

　　$1.152x = 0.8 \times 1.2 \times 1.2$（x代表「倍」，multiplies）

　　商店吸引力原理（Law of Store Gravity）取材自二顆行星，各自吸引它的衛星，甚至有可能彗星經過，有可能也被行星的引力吸走。只有引力夠強，有可能吸走其他行星的衛星。商店是行星，顧客就是衛星，圍繞著行星打轉。

1. **替吸引力打分數**：以焦點團體法，找30位目標顧客來替兩家店各項吸引力因素評分，有點像銀行對貸款授信的評分表。

2. **以實用BCG模式來圖示說明**：套用實用BCG模式（詳見伍忠賢著，《策略管理》，三民書局，2002年6月，第51頁），商店位於「問題兒童」階段，有商品優勢，但是地點確處於劣勢，看似前景不明，所幸物美救了它。

二、市占率如何預估

　　計算出 j 商店的吸引力（或競爭優勢）後，便可以套用市占率公式，據以計算理論上的市占率，當然，實際上或許略有誤差，但是誤差率不高，一如抽樣調查時一樣。以此例來說，二家商店的市占率如下：

　　i 商店市占率 = 1 /（1+1.152）= 46.47%

　　j 商店市占率 = 1.52 /（1+1.152）= 53.53%

三、衝擊分析電腦軟體

　　日本麥當勞（McDonald's）導入美國麥當勞的可獲利最佳市場（profitable optimize market, POM）電腦軟體系統，以分析新設店及既有店移轉、結束或追加投資的效益，確保某地區內新設店跟既有店都能有足夠的市場規模，而共存共榮，而不是彼此競爭以致造成店面增加，營收卻1＋1＜2 的自相殘殺現象。

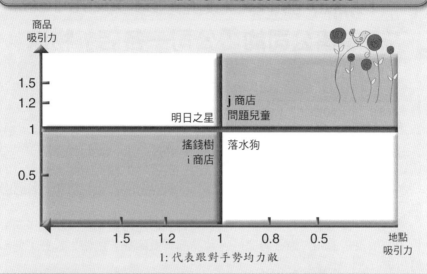

以實用 BCG 模式來說明商店吸引力

商品
吸引力

1.5
1.2
1

明日之星

j 商店
問題兒童

搖錢樹
i 商店

落水狗

0.5

1.5　1.2　1　0.8　0.5　地點
吸引力

1: 代表跟對手勢均力敵

臺北市士林區天母商圈的百貨爭霸戰 ··········

1. 大葉高島屋百貨	2. 新光三越百貨 聞香下馬	3. 遠東崇光百貨 天母店加入戰局
1999 年，臺灣的大葉公司跟日本的百貨業龍頭高島屋百貨，在天母地區設立大葉高島屋百貨公司，店內裝潢最大賣點是中庭一個三層樓高的水族箱，讓顧客仿若到了水族館。總經理由日籍人士出任，以日本商品等為主要訴求。在獨霸一方時，2004 年營收 63 億元	2004 年，新光三越眼見大葉高島屋吃香喝辣，於是開了天母店；但是營業面積小	2007 年，遠東崇光百貨在天母設店。該店後來居上，經過 10 年的競爭，由下表可見，2016、2018 年的營收

臺北市士林區三家百貨公司的經營績效 ··········

項目	新光三越天母店	大葉高島屋	遠東崇光
成立時間	2004 年 12 月 24 日，是公司的第 12 家店	1999 年	2007 年
坪數			
營收（億元）	下述含誠品天母店 *		
2016 年 *	20	49	50
2018 年	20	40	—

資料來源：《工商時報》，2014 年 6 月 22 日，B1 版，李麗滿。
* 2015 年 12 月誠品天母店租約到期閉店。
註：2016 年 5 月 17 日，大葉高島屋百貨，日方撤資，把持股 50% 股權全賣給大葉集團。

Unit 4-12
零售公司的「公司─各店」物流

　　單店經營在倉儲空間問題比較簡單，大部分是「前店後倉」，以便就近補貨。連鎖商店的物流問題比較複雜，本單元依物流方向分別討論。

一、順向物流

　　由公司的物流中心送貨到各店，稱為順向物流（forward logistics），這是各店商品主要來源。另外，有些品牌公司（與各縣市的經銷商）有自己的車隊，會在責任區內自行送貨到各店；最常見的是地區派報社會送報到各商店。

1. 為了省時，只點配送箱數目

　　一般物流的貨車配送數家商店，為了省時，各店驗貨人員只點配送箱的數目，並檢查箱上的封條是否完好。至於高單價商品（例如：香菸）會單獨打包驗收。

2. 品牌公司自行送貨

　　品牌公司的小貨車也是在約定時間送貨到各店。

二、逆向物流

　　各店遇到瑕疵商品（例如：擠扁的牙膏）、過期品等，會等物流車送貨時，順便回送到物流中心，稱為「逆向物流」（reverse logistics），再由物流中心向品牌公司去結帳，由品牌公司回收，品牌公司的會計在記帳時，針對這退貨統一放在一起，各縣市稅捐稽徵處在驗營業稅時，有時會盤點。

　　一般針對易腐敗的生鮮商品，一旦有瑕疵，則由各店主管驗證後丟棄到指定廢棄箱，以防店員回收拿回家用。

三、零售公司統倉的選址

　　全面市場布局的零售公司，為了降低物流費用，往往會在北中南東部各設置一個「物流中心」（distribution center），業界俗稱統一倉庫，簡稱統倉，詳見右圖。

　　以北部物流中心常設在桃園市八德區為例，瀕臨2號國道（即橫向），往東可接二高，往西可接一高，可兼顧北部山線、海線的物流需求。以棒球守備來說，比較像游擊手的位置，可兼顧二、三壘。

　　大部分的品牌公司會設法把商品送到零售公司的物流中心。

《物流致勝》

作　　者：日本人角井亮一
出版公司：商業周刊
出版時間：2017年10月12日
內　　容：主要是針對美國亞馬遜公司1994年成立以來的提升物流技術的歷程。

臺灣的零售公司在四地區的物流中心

物流中心

一、北部
  1. 新北市五股區
  2. 桃園市八德區

品牌公司物流配送

二、中部
  1. 臺中市烏日區
  2. 彰化市
  3. 雲林縣北斗鎮

三、南部
  1. 高雄市路竹區或
     岡山區
  2. 其他

四、東部
  1. 花蓮
  2. 其他

從基隆市到新竹市

商店

商店

商店

從苗栗縣到嘉義縣

商店

商店

商店

從臺南市到屏東縣

商店

商店

商店

從花蓮縣到臺東縣

商店

商店

商店

Unit 4-13
商店的宅配物流

圖解零售業管理

在網路商店宅配到府的競爭壓力下，再加上顧客（尤其是銀髮族）等的需求下，商店也逐步推出網路銷售業務，甚至只是商店內電話下單的外送服務。在本單元中，我們把商店的宅配（home-delivery service）業務依訂單的多寡分成三種情況，由少到多，由不同單位負責，詳見右表，底下簡單說明。

一、商店自營

2018 年日本銀髮族占人口約 27%，約 3,382 萬人，連便利商店都必須送貨到府。以 7-ELEVEn 為例，針對送餐業務「7 Meal」，2014 年 7 月，事業部「7 Meal Service」把外送餐點範圍由各店的 500 公尺延伸到 3 公里。

二、地區責任店

當宅配訂單「量中」時，此時逐漸有規模經濟，一般是由某縣市業績較差的店專攻「撿貨」工作，以充分利用其人力、倉儲等，此店如同幕後英雄，默默為鄰近數店撿貨，因此稱為「幕後店」（dark store，直譯為影子倉庫）。

三、地區物流中心

當網路銷售量大時，早已超越幕後店的人工處理能量，只好由公司物流中心換手，分成兩種情況。

1. 由公司對各店物流中心接手

　公司到各店的「企業對企業」（B2B）物流，再額外加上「企業對消費者」（B2C）物流業務，著眼點在於物盡其用的降低倉儲等成本。

2. 另成立網路銷售的物流中心

　在「一日配」到府的目標下，往往在大都會區交通樞紐（hub）地點成立中小型物流中心，以節省宅配時間。

臺灣五大宅配公司

公司	品牌	時間／技術合作
統一速達	黑貓宅急便	2000年10月，跟日本大和運輸
新竹物流	孫悟空	2000 年，跟日本佐川急便
嘉里大榮物流	Kerry	2008 年 11 月 21 日，跟香港嘉里物流
臺灣宅配通	大鳥	2000 年 8 月，跟日本通運合作 2013 年 12 月股票上市
中華郵政	—	—

零售公司、商店的宅配活動

適用情況	量少	量中	量大
一、撿貨			
1. 收單	由公司的網購部收單	同左	同左
2. 撿貨	由宅配送達地的商店負責 	在各地區設立「幕後店」（dark store，直譯影子倉庫），2009 年英國量販店特易購（Tesco）採此方式，2014 年有 7 家店	2016 年 1 月，日本迅銷公司在東京澀谷的物流中心投入營運，兼具公司對各店、公司宅配顧客的雙重功能
二、宅配業者			
1. 商店	v, 例如：量販店愛買、3C量販店燦坤	v	v
2. 零售公司車隊		v	v
3. 物流公司	v	v, 例如：嘉里大榮、新竹貨運	v, 例如：黑貓宅急便、宅配通
三、宅配地點			
1. 店面取貨	v	v	v
2. 顧客家中	v	v	v

宅配（home-delivery service）

時：1976年
地：日本
人：大和運輸
事：提出「宅急便」一詞，指送貨到府

第 **5** 章

商店吸引力I：
硬體篇

●●●●●●●●●●●●●●●●●●●●●●●●●●●●● 章節體系架構

Unit **5-1**
顧客對商店的決策程序

當你在家中（或辦公室），考慮要出門購物時，你的腦袋會進行一連串的思考，決定出門後究竟是「往左轉，還是往右轉」。要是一夥人（例如：夫妻、朋友），過程會更複雜，有時可用「人多嘴雜」來形容。本單元說明消費者怎麼下決策。

消費者的消費行為，零售公司的經營管理等人類行為的本質都是問題解決，涉及右圖中三步驟。

一、目標：滿足消費動機

你想花錢去進行消費，消費動機可依數量分為兩種。

1.單一動機：購物

買東西是常見的購物動機，又急又不在乎價格的便利品，往往挑一家便利商店就買了，不急又在乎價格的可能上網購買。

2.多重動機：逛街、購物、約會、看電影、吃飯

「逛街購物」是兩個動機，「逛街」包括看人看櫥窗（了解新商品），可買可不買，這部分是網路商店無法滿足的。「購物」也很複雜，例如：實體商店中衣服可以試穿，穿了才知道合不合。

二、尋找可行方案：發現可行性

針對選購品或多種消費動機，可能會特別出門一趟，接著便是決定去哪個地區、哪些商店。

1.時間可行性

每個人考慮去哪裡買，這是因為出門需要花錢（走路不需花錢）、花時間，綜合考量後，會選出比較可行的地區；例如：臺灣臺北市A、B、C三區。

2.商店可行性

在上述三區中，你會根據零售公司的企業形象去縮小商店可行範圍。

三、決策：決定前往地點、商店

最後你可能決定搭臺北捷運板南線，先去信義商圈的新光三越信義店逛，如果找不到合適商品／餐廳，再找附近其他百貨公司。

對於青少年來說，可能選擇西門町，南韓衣服、化妝品與小吃店比較多。

此即「商店選擇」（store choice）的課題，只是把商店當成商品，因此可以準用任何商品選擇模式。也因此，許多學者的商店選擇模式都大同小異。

消費者對於消費據點的選擇

投入 ➔ 轉換 ➔ 產出

目標問題	尋找可行方案	決策

消費動機
1. 多重動機，例如：吃飯（朋友聚餐）、購物。
2. 單一動機，例如：購物。

地點可行性
1. 旅行時間。
2. 旅行成本（例如：搭捷運或開車、停車費）。

商店可行性
1. 是否能一站購足（one-stop shopping）
2. （零售公司）企業形象（business image）

態度
購物傾向
例如：惠顧偏好（patronage preference）

行為
購物行為
- 量、金額（how much）
- 頻率（how often）

零售公司政策投入

機構形象
chap 5 ➔
1. 公司形象
➔ 2. 商店形象

功能形象
chap 6 ➔ ➔ 1. 服務形象
2. 價格形象
chap 8 ➔ 3. 促銷形象

商品形象
Unit 7-1~7-3 ➔ ➔ 1. 商品形象
2. 品牌形象
3. 品牌線形象

Unit **5-2**
商店軟硬體對顧客消費行為的影響

　　深入了解消費行為，有助於零售公司透過商店硬體、軟體的設計，以讓顧客近悅遠來。

一、實體商店對顧客的重要性

　　顧客購物過程追求的是種樂趣（帶來愉悅的體驗），不只是簡單的「買東西」罷了，如果只是想買東西，那麼購物網站上有4,000萬種商品，是任何百貨公司（4萬樣商品）的1,000倍，可說網站會塞到爆。人們對於去那裡（商圈、商店）買東西，也常常取決於我們對那一家店有好感，願意一去再去。因此商店本身有自己的店格，對顧客來說，不再只是個「買東西的地方」。

　　如同吃東西時「色香味」俱全所形容的一樣，賣相好（即「色」）才會令你我食指大動，否則一旦看了覺得噁心，那自然胃口全無。「逛街」（shopping）本身具有多種功能，包括紓壓、增長見聞、社會親和（尤其是老主顧跟店員間的感情）、自尊（即被店員備受禮遇），也就是比「購物」（逛街的結果）更廣。因此，商店處心積慮，就是要讓顧客樂於逛街，因為「有看才會買」。

二、理論架構

　　圖中的大架構則歸功於 Albert Mehrabian & James Russell （1974）《環境心理學》書中的「愉悅－激發－支配」（pleasure, arousal, dominance, PAD）理論架構，引用次數6,800次，後續的研究大抵是在這房屋架構上，去加扇門、添加個窗罷了！

三、投入：商品與零售環境

　　由第一欄「投入」可見，消費者選擇去那家商店「逛街」（至少是看櫥窗，window shopping）、涉及兩大項。依據流程圖的邏輯，也就是「先上後下」、「由左至右」。其中「先上後下」的邏輯中，商品是顧客購買的核心、基礎，所以放在最下面。把零售環境或環境刺激擺在商品之上，背後有錦上「添」花的涵義。

1.**商品**：詳見第五章（商品的陳列）、第七章（商品品項）。
2.**零售環境**：零售環境 （retail environment或setting）、服務環境（service scopes） 中可以二分為兩中類：（1）硬體（即實體環境，physical environment）；心理學旗下的消費心理學中有一分支環境心理學，以研究購物環境對顧客的消費行為的影響。（2）軟體（即店員的服務）。

四、轉換：心路歷程。

五、產出：消費行為。
這包括下列兩項：1.購物傾向。2.購物行為。站在商店來說，老顧客經常上門光顧，可說對商店很忠誠，這涉及購買頻率（how often）、購買量 （how much）二個結果。

商店硬軟體對顧客的消費行為的影響

投入 ⟶ 轉換 ⟶ 產出

| 心理學領域 | 刺激 | 態度，稱為完形評價、對情緒性反應對商品的評價，尤其是店內評價，甚至是購物經驗 | 行為 |

消費心理學：零售環境，即環境刺激

服務面
1 服務

環境心理學
2 實體環境

以塑造氣氛，稱為店內氣氛。

色彩心理學 ⟶

1. 色（視覺，color）
- 空間布置：包括賣場樓層別、高度、走道寬度、廁所位置
- 光線（亮度、顏色）
- 顏色（背景顏色、店員制服）
2. 香：味道（scent或odors）
例如：鼓勵或放鬆的味道
3. 聽（聽覺）音樂（即背景音樂）
- 熟悉的音樂
- 音樂的節奏（快vs.慢）

音樂心理學 ⟶

愉悅：跟自己情緒期望相比
1. 在店內多停留一些時間
2. 多買一些

激發購買情緒
1. 在店內停留時間，此稱為喚起水準影響
2. 衝動購買，受喚起密度
3. 喚起品質

消費行為
消費行為
1. 滿意水準
2. 正面vs.負面消費反應

對商品有美學上的補強效果

商品
1. 商品分區
2. 貨架展示

資料來源：整理自Mettila & Wirtz（2001），pp.273-276。

＊為了避免雜亂，本圖上不標示各主要貢獻學者。

完形（gestalt）：三位德國心理學者提出，人腦運作是形體的。

Unit 5-3
對零售公司的涵義

　　走在顧客要求之前是「遠見」，走在顧客要求之後，可說是「應付」。顧客對零售環境的眼界隨著資料與國界（網路等）、出國（一年臺灣出國1,600萬人次）等而逐漸提高，再加上同業等的競爭壓力，零售公司對零售環境的塑造愈來愈重視。

一、環境行銷

　　商店總是想盡各種辦法要讓顧客「一來再來」，即商店寵顧性（store patronage）或商店忠誠（store loyalty）。環境心理學者主張採取環境行銷（environment marketing）方式，透過軟硬體環境讓顧客有個好心情，以便顧客願意掏腰包消費。

　　感性廣告（emotional advertising）是常見的環境行銷方式，此外，對店員實施感性訓練（affective training），以培養他們的社會性和喜好性，透過跟顧客互動，以撩起顧客的購物心情。

二、最佳刺激

　　針對服務業（或者擴大到零售業的服務水準），公司該採取多少的刺激才不會「過猶不及」或「少一味」呢？也就是最佳刺激理論（optimal stimulation theories）的主要精神，新加坡大學Jochen Wirtz等三位教授（2000）主張應該注意下列二點。

1.目標導向

　　每一位顧客都會「因時、因地、因事」（situation-specific，情境）而有不同的消費滿意程度目標（target）或「目標－激發狀態」（target-arousal states），所以公司應傾聽消費者聲音，才能一舉中的，詳見右圖。也就是最佳刺激理論，不會下手太重以致浪費資源或用力不夠以至功虧一簣。

2.「激發」所扮演的角色

　　依據「唯樂原則」（pleasure principle），顧客「趨」（approach）吉（pleasure）「避」（avoidance）凶（unplasure）。至於「激發」是愉快的放大器（amplifier）。由右圖可見，不同行業的激發的水準必須跟愉快程度適當搭配，否則弄巧成拙；例如：精緻餐廳適合「低激發、高愉悅」的環境。

三、以新光三越百貨為例

　　1997年，現任新光三越百貨總經理吳昕達加入公司，他認為百貨公司不應只是商品的販售地方，要提升百貨公司的環境，例如：右表中所示。

Arousal

中文：覺醒、激勵
心理學：激發，陸稱喚醒，例如：arousal theory；例如：emotional arousal 情緒激發。

從顧客行為模式來說明零售公司的政策工具

 投入 →  轉換 → 產出

投入	轉換	產出
零售、 依據最佳刺激理論 （optimal stimulation theories）去設計	顧客個人 （即黑箱）	顧客反應 因時（time-specific） 因地（place-specific） 因事（situation-specific） 而決定消費目標 （goal或purpose）

主要偏重
零售環境中的
硬體環境 → 顧客認知 → 消費滿意程度：
顧客採取分類方式，
把商品服務的
滿意程度分級

資料來源：Wirtz, Jochen etc., "*The Moderating Role of Target-Arousal on the Impact on Satisfaction.*" Journal of Retailing, Vol. 76, No. 3, 2000, pp.347~365。

新光三越百貨提升賣場環境的作法

零售環境	說　　明
一、服務 （一）店內氣氛 1. 塑造百貨賣場 　　為藝術館	2015年2月8日迄3月5日，新光三越百貨邀請洪易，結合經典作品與全新創作共32件作品推出「洪易羊年藝術雕塑展」，在臺北信義新天地、臺中中港店、臺南新天地聯合展出，希望讓民眾逛街購物可如同走進美術館般，呈現藝企合作的風貌。
2. 戲劇 （二）活動	新光三越信義店推出定目劇。 2014年全臺13家新光三越「豐收」，一年超過600場活動與27個樓層改裝，共吸引1.22億人次，年增一成。
二、實體環境	店內設噴水池、大型水晶吊燈，百貨公司很像五星級飯店，俗稱「購物中心化」。

Unit **5-4**
零售公司形象的各個構面

　　2013年起，臺灣流行語之一是「社會觀感」，例如：針對一些對員工較惡劣的公司稱為「黑心企業」。2013~2014年四波假油風暴，2014年9月，縣市政府、民眾發起「滅頂行動」（主要是針對味全公司），連不相干的牛奶、布丁也波及。

一、零售公司形象

　　Charles G. Walters（1974）在《消費者行為：理論與實務》書中主張零售公司形象由大到小分成三個層次。

1. **公司形象**：對於規模較小、只有一家店的公司來說，法人形象跟商店形象兩者在本質上是相同的；但是對於規模較大或是連鎖店來說，兩者則不同。對很多不打廣告的零售公司，消費者對其認識大都來自各地的商店。本書依序討論（除了公司形象外），本章重點著重在商店形象。

2. **功能形象**：商店本身所提供的服務功能，以女性為主顧客的商店（主要是百貨公司）尤其特別重視洗手間，有些女生對廁所清潔程度要求很高，台北101購物中心特別強調五星級飯店的清潔程序，甚至清潔人員就常駐在洗手間內。有許多顧客到此還特別去驗證。

3. **商品形象**：商品形象最簡單的說法便是消費者對商品廣度、深度與品質的看法。

二、零售公司企業形象的衡量

　　「形象」的認知是主觀的，顧客針對零售公司的三個層次形象的認知，往往是以問卷的方式，請顧客在店內填寫；對於潛在顧客，則比較仔細隨機抽樣，以了解他（她）們對本公司形象的看法。

三、商店形象

1. **意義**：Barry Berman和Joel Evans《零售管理－策略方法》（第13版，2017）書中（2017）綜合各學者的定義後指出，商店形象（store image）是由功能的（實體的）和心理的（情感的）因素所組成的。這些因素被消費者加以組合後，納入其知覺架構，此知覺架構決定了消費者對某商店的態度，包括二項因素：（1）商店屬性的知覺性；（2）商店屬性的重要性。

2. **重要性**：商店形象是消費者對於商店是否具備能滿足消費者需求的能力所抱持的態度，建立在消費者過去的經驗上，並且跟公司的商品、服務、政策、服務人員、價格、商店地點、商店設計、商品分類、商店名稱和商品品質……等因素有關，而商店名稱常被當作商店形象的線索，提供消費者相當多的資料。

一家量販店企業形象的內容與本書相關章節

機構形象

1. 公司形象
2. 商店形象
   - （1）商店地點
     - 離家近
     - 離公司（或工廠）近
     - 上下班會經過
     - 離市區近
   - （2）營業便利性
     - 可以零買（非大量包裝）
     - 不須出入證
     - 可用信用卡簽帳、刷卡
     - 營業時間長、方便購物
     - 商品不缺貨
   - （3）實體設備
     - 有足夠的停車空間（含汽、機車）
     - 有安全設備（例如：逃生、消防）
     - 有兒童遊戲區
     - 外觀漂亮、明顯
   - （4）賣場環境及氣氛
     - 賣場亮麗、舒適、寬敞
     - 賣場乾淨、整齊
     - 廁所乾淨
     - 賣場空氣清新、氣氛良好
     - 人多、買氣旺、商品流動快

功能形象

1. 服務形象
   - （1）必備服務
     - 服務親切
     - 有良好的售後服務
     - 服務人員具備充足的專業知識
     - 有方便的退貨制度
     - 結帳迅速
     - 結帳正確
   - （2）輔助設備
     - 停車場有人員交通指揮
     - 有附設餐飲部
     - 有汽車保養或換胎服務
     - 有免費服務（例如：改褲長、服務臺）

2. 、3. 價格及促銷
   - 價格便宜
   - 促銷活動多（例如：打折、特價、抽獎）詳見
   - 有廣告宣傳（例如：特價品宣傳單）

商品形象

1. 商品種類
   - 商品種類齊全、多樣化
   - 同類商品有多種品牌可供選擇
2. 商品品質
   - 商品的品質好（例如：新鮮、耐用）
   - 可靠的商品來源（例如：供貨公司）
   - 商品本身的標示清楚（例如：製造公司）
3. 布置陳列
   - 商品分類和陳列位置指引清楚
   - 易找到想買的東西
   - 出入口通暢
   - 動線設計好
   - 商品規格和價格在貨架上標示清楚
   - 通道寬敞

註：有部分消費者認為「商店形象好」是重要提詞。

資料來源：重新整理自丁學勤、陳正男（2002），〈內容分析建構量販店商店形象決定因素之研究〉，《管理評論》21卷1期，第85~113頁；原名為量販店商店形象。

Unit 5-5
店面設計

　　一般人穿衣都不喜有穿制服的感覺，喜歡穿出特色，突顯自己的品味（常是名牌一身）、格調。同樣的，零售公司一般皆很重視店面設計，從外觀搶眼，希望你「走過，路過，不要錯過」。由右表可見，由商店外觀到櫥窗逐一說明。

一、建築

　　零售公司對自有土地或長期土地租約的店，比較會依自己的意思去蓋房子，以中華賓士的臺中市AH800展示中心為例。

1. 地點：臺中七期商貿特區，文心路上。
2. 建築：2000坪，地上七層、地下二層。
3. 建築設計：斥資10億元，打造為全臺首座「Glass Box Design」精品櫥窗式建築，地下2層、地上7層。利用基地區位的特殊性，面臺灣大道一側，以「通透玻璃盒」設計，把賞車與眺望七期都市景觀相結合；鄰文心路一側，展示廳高度特別設計跟捷運軌道同高，讓民眾在搭捷運的同時，可透視汽車展示廳與展示車。

二、外觀

1. 招牌與霓虹燈。
2. 櫥窗：窗明几淨的大格局陳列對百貨公司來說，就跟彩色玻璃對教堂一樣重要。人們「踟躕」（駐足）於展示窗前觀賞後不久，極可能掏出錢包入內血拼。百貨公司最捨得花錢蓋櫥窗，在組織設計上，至少會以二級單位來負責，以表中第二欄來說，西班牙印地紡公司設有店面設計部，以負責全球7,300店的櫥窗。

　　一般櫥窗的設計都偏向「生活提案」，即以生活情境，向路人溝通「我們的商品可以讓你這樣過生活」。美國百貨公司龍頭梅西百貨（Macy's Inc.，659家店），每年11月底的聖誕節櫥窗設計最花錢，有時一家大店花250萬美元。

3. 汽車展示間：高檔汽車公司的經銷中心採取展示間（show room）方式，簡單的說，便是櫥窗擴大，路人經過，從大片落地玻璃窗便可看見展示汽車。

三、旗艦店

　　在行銷管理書中，有大船帶小船的旗艦策略（flagship strategy）；在連鎖商店便是旗艦品牌店（flagship brand store），一般來說，其特色如下：

1. 主要功能：塑造本零售公司的公司形象，如果是品牌公司也有如此做；
2. 地點：全球一線都市的一線商圈，例如：美國紐約市曼哈頓區第五大道（蘋果公司、西班牙佐拉、瑞典H&M 2000年3月31日也在此設點）、日本東京都的六本木、中國大陸上海市外灘新天地、臺灣臺北市信義商圈；為了打形象，往往不計較坪數。
3. 商品組合：商品最全。

零售商店的店面設計

建築	其他	服裝店、百貨公司
一、建築	偏向旗艦店	以西班牙佐拉（Zara，陸稱颯拉）為例，由店面設計部負責，共 40 人，包括下列人士： ・建築師 ・室內設計師
（一）外觀		包括櫥窗設計、家具燈光、衣服擺設等。
（二）建築品味		先在公司內嘗試後定稿，再推至全球 7,300 家店，以統一形象商店
二、外觀與門面等		
（一）外觀		全球統一的企業識別體系（CIS），招牌字、顏色等皆是標準體
1. 招牌	正面、側邊招牌	主要是 LED 塑造「燈明」
2. 燈光	日光色燈光為主，仿白天，電費不能省	
（二）櫥窗	店頭小型海報（point-of-purchase display），重點一、二張而且要是新品或促銷訊息	櫥窗設計以季節區分 1. 春夏 2. 秋冬
（三）內裝	1. 顏色：尤其是牆壁、貨架的顏色 2. 地板材質、顏色	平均每兩年，店就會歇業一個月，來一次大改裝

Unit **5-6**
美國蘋果公司的直營商店

　　全球公司中，美國蘋果公司可說是推出最多殺手級產品公司，包括硬體產品的iPod、iPhone、iPad、Apple Watch，線上音樂商店iTunes、App商店。創辦人史蒂夫‧賈伯斯在2001年推出蘋果商店，做什麼都特立獨行，本個案說明其成功之道。臺灣是101購物中心蘋果商店在臺第一家店（2017.7.1開幕）。

一、從形象店出發

　　2001年5月19日，蘋果公司開設第一家「直營店」（Apple Retail Store, 加盟店apple Store），主要功能是形象店，第一家店在美國維吉尼亞州泰森角（Tysons orner）購物中心。「形象店」的功能顧名思義就是做「形象」，因此地點一定是一線城市的一線商圈，跟精品店一樣；而且店內裝潢格調高，以突顯產品的價值，如此商品高定價才有道理。2006年以後，從形象店轉型為一般商店。

二、硬體建設夠炫

　　蘋果商店在建築、內部裝潢上花費心思，其中以室內樓梯為例，為了強調科技感，樓梯是由玻璃做的，但材料等有專門訂做，因此玻璃樓梯還申請專利，可見賈伯斯「與眾不同」的產品思想落實在許多方面，詳見右表。商店的改變是逐年進行的，2007年的改變較多，包括下列三者。
1. 門口「迎賓人員」：新增「迎賓人員」在門口招呼顧客並協助他們前往欲購產品所在區域去找到可提供他們諮詢服務的人員。
2. 快速購物區：特闢「快速購物」（express shopping）專區讓顧客可直接買走現場備妥的大量商品，而不必像以前一樣要等店員去後場倉庫取貨。
3. 使用服務：在加強服務方面，蘋果商店的天才吧檯（genius bar）推出「一對一」個人教學服務獲得良好口碑。消費者一年只要花99美元，就可享受蘋果商店提供每週一小時、為其量身打造的學習課程，內容從如何設定電腦、製作電影到架設網站，包羅萬象。蘋果公司零售部主管說，蘋果商店是蘋果公司的門面，而且產品持續推陳出新的蘋果公司有這麼多新顧客，真的有必要幫助這些顧客了解蘋果公司的服務。

三、第二版蘋果商店

　　2016年，第二版蘋果商店，主要特色如下：
1. 綠化設計。
2. 6K電視牆、電子螢幕（Video Wall）。
3. Feature Bay（顧客試用區），The Avenue，The Forum。

四、經營績效

　　蘋果商店的貢獻（詳見下一單元知識補充站）很大，從高層來說，2018年506家店，美國約271家店；員工數13.2萬人，其中有9.1萬人是蘋果商店店員（另1萬人是兼職），人均產值約70萬美元，人均年薪約3.01（存貨管理員）~11（商品店員）萬美元，換算成時薪14.50~16.43美元。

店面設計	說　明	補充說明
一、建築	2000～2001年：賈伯斯指導門市規劃時挑戰更具雄心的嘗試，蘋果商店從空間設計到店員訓練，賈伯斯都親力親為	蘋果商店的設計在美國2013年1月22日申請到專利，申請文件122頁，詳見中國大陸雷鋒網，2016.4.28.
二、店內裝潢 （一）樓梯 （二）布置	蘋果公司零售部主管強森（Ron Johnson）指出，「我們試圖營造五星級飯店的感覺。」蘋果商店主功能不是為了要賣東西，而是蘋果公司希望創造出一個讓人有歸屬感的場所 2004年，蘋果商店新型的迷你店問世，約20坪大，簡單是其特色：矩形空間兩旁陳設著產品，筆記型電腦置於一張小桌子上，店內大部分是開放空間，也設有「天才吧檯」（Genius Bar）	商店設計由美國加州舊金山市Eight公司負責，平均每店面積：719平方公尺（217坪）、75名員工 
三、店員 （一）銷售服務人員	賈伯斯著手創造出最有可能讓博物館參觀者變成真的顧客的條件，這些條件會讓這些顧客感覺，是在被款待很久以後才做出消費的。賈伯斯明白，蘋果商店賣的不會只是產品，更賣滿足感。他在2001年告訴商業雜誌Chain Store Age Executive（連鎖店時代主管）記者說：「當我帶東西回家給孩子，我希望看到他們微笑。我不希望是送快遞的人看到微笑。」 在開張第一天就呈現天才吧檯，這是由一群診斷專家所組成的單位，免費提供一對一諮詢	蘋果商店最成功的一點就是店員對自家產品的熟悉度高，而天才吧檯是用戶最好的幫手，造訪天才吧檯的每位顧客都被奉為貴賓，享受一對一的服務。天才吧檯店員都是在蘋果公司受過訓練的員工，不管顧客有任何關於產品軟硬體的疑難雜症，都可以在天才吧檯獲得免費的諮詢服務。另有提供產品教學的工作室（studio）
（二）結帳 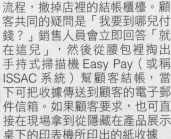	2006年，蘋果商店為加速交易流程，撤掉店裡的結帳櫃檯。顧客共同的疑問是「我要到哪兒付錢？」銷售人員會立即回答「就在這兒」，然後從腰包裡掏出手持式掃描機Easy Pay（或稱ISSAC系統）幫顧客結帳，當下可把收據傳送到顧客的電子郵件信箱。如果顧客要求，也可直接在現場拿到從隱藏在產品展示桌下的印表機所印出的紙收據	大部分的商店櫃檯都擺著體積龐大的收銀機，由店員操作著。雖然有些商店自助結帳區和快速掃描通道是創新項目，但其目標主要是節省勞力成本，而不是誘發購物者更好的體驗

Unit **5-7**
店內布置 I：顧客動線研究

如果把商店視為人類採集、狩獵的場所，人類從遺傳基因中「本能」的會採取一些適應環境的措施，把人類學應用於零售業，稱為零售人類學（retail anthropology），這是店面設計和內部空間規劃的理論基礎，至於美學的考量，反倒是屬於戰術層級。

一、商店布置的重要性

商店布置至少發揮三大功能，前二項是站在顧客角度，第三項是站在零售公司立場。

1.影響商店形象

商店布置（store layout，陸稱布置）是創造商店形象很重要的一個因素，從外觀（招牌到展示櫥窗）的商店設計（store design），到內部的裝飾、貨架排列。

零售公司把商品跟具有吸引力的生活方式結合，主要還是在激發顧客情感需求的買氣。這種焦點轉移蔚為風潮後，很多零售公司急於聘請「氣氛營造師」（atmosphere creator），苦心發展出合宜的「環境策略」。

例如：以商店空氣味道為主的顧問公司奧羅曼（Aromatic Air Management, AAM），由Ed Pinaud成立，以香氣科學研究切入，提供香氣（fragrance）行銷顧問。

2.影響店內氣氛、動線

店內賣場布置（selling floor layout）強調影響顧客動線（in-store traffic patterns）、購物氣氛（例如：寧靜vs.擁擠、公開vs.私密），這些都影響顧客購物行為。

3.影響營運效率

包括需要店員數目、商品上架時間等。

二、科技的運用

21世紀起，對於顧客在店內的行進路線，眼睛注意焦點等，零售公司運用科技方法蒐集顧客在店內相關資料，由右表可見，分成二個範圍（第一列），依顧客是否自願配合（第一欄）分成二類。

1.顧客自願配合

顧客帶著類似谷歌眼鏡、蘋果眼鏡，藉由鎖定顧客的眼角膜對焦方向以對應到顧客看到貨架的位置等等。

2.不需顧客配合

不需顧客配合的常是商店的店內監視器，詳見右表內說明。

以科技運用於顧客消費行為

顧客人數	單一顧客	顧客群聚
需要 顧客配合	1.消費者眼界攝影機利用美國太空總署（NASA）運用於太空人的設備，稱為消費者眼鏡攝影機（eye-mark camera），追蹤顧客眼角膜移動方向、位置，其結論詳見Unit5-8	2. 信號浮標（Beacon，簡稱信標）系統 例如：德國Mook Group在餐廳裡部署iBeacons（由蘋果公司推出）的顧客管理系統，以蒐集顧客在店內資料，例如：喜歡的位置、在餐廳中用餐以及喜歡的菜餚等。信標系統的優點是成本低、用電少、快速傳輸等
不需要 顧客配合	1.導航式掃描 顧客走進超市等商店先會左顧右盼的進行導航式掃描，不見得會乖乖的照店家安排的「遊園」動線去走 布朗鞋業公司 ・成立：1927年 ・地址：美國康乃迪克州格林威治市 ・產品：女鞋	2.店內安全監視器 透過監視器拍下在同一貨架區中，每位顧客行進路線、在每一貨架、品類停留時間長短等，得到以下結論 例如：美國布朗鞋業分析商店內的監控錄影畫面而應用影像分析技術，從顧客進門開始，在店內哪些熱點停留、翻看過哪些商品、花費多少時間以及是否順利完成交易，皆能夠藉由影像擷取進行分析，協助優化店鋪設計（例如：動線優化、櫃位設計）以及行銷方案

知識補充站

2018 年度（2017.10.1～2018.9.30）蘋果公司損益表

營收2,656億美元（＋15.86%）、淨利595億美元（＋23.1%）
四大事業部占營收比重如下（2018年7～9月）：
・iPhone 59.12%。
・服務15.87%（主要是蘋果商店）。
・Mac 11.78%。
・iPad 6.5%，其他6.7%。

Unit 5-8
店內布置 II：商店布置

　　商店布置方式（store layout type）大同小異，只有三種基本型，詳見右圖，其餘方式大抵可用「萬變不離其宗」來形容，只是其中二種基本型的組合。

　　由下表可見，三種基本型各有其適用商店。

一、書架式布置

　　「書架式」這個用詞便了解其源自於書店，圖書館的書架，看過1999年美國電影「神鬼傳奇」（The Mummy）有被女主角瑞秋・懷茲（Rachel Weisz）在開場時，把埃及博物館的書架像骨牌一般的弄倒的場景。

　　便利商店、超市、量販店等顧客自助式商店，大都採取書架式布置（grid layout），同業稱為島狀布置，之所以稱為「島狀」，是把一個貨架區比喻成一個小島。超市、量販店有太多小島，所以在每個貨架前面上方會掛標示牌，上面有號碼、商品品類（例如：汽車用品、飲料），方便顧客記憶、尋找。

二、自由式布置方式

　　自由式布置（free form layout）有點像原野，讓顧客可以任意走動。

三、挖寶式：賽車跑道式

　　賽車跑道式布置（racetrack layout）或服飾店式布置（boutique layout）有點像森林，讓顧客有「峰迴路轉又一村」的驚奇。常用於百貨公司、購物中心，強調遊玩閒逛性（簡稱遊逛性）。

　　在英國，綠洲服飾店（註：有點像臺灣的Net）透過顏色、圖案、燈光，塑造出「遠景」大有看頭，讓顧客覺得前面還有更多更好東西可看，因此會一直移動腳步，去尋幽訪勝。

四、走道寬度

　　商品的陳列動線也影響著顧客對商品的觀感，首先必須注意走道的寬度，走道太窄給人凌亂擁擠的感覺，走道太寬又與人冷清的負面印象。一般來說，店內走道應維持在120~180公分，依每一家商店的大小來做調整。

表　店內色彩對顧客的注意

色彩	連　　結	感　　受
紅	跟「刺激、有力的、憤怒、愛意」字連接	愛、溫暖、情緒，適合情人節、聖誕節
黃	陽光、黃金	明亮、友善、愉快、幸福
藍	冷靜、沈靜、天空藍、海洋，是大多人喜歡的顏色	幸福，但有可能跟憂鬱連結
綠	如同植物有生機（活力、成長）、春天、夏天	美國St. Patrick節
白	無瑕、希望、純潔、天使	適合小間的店
黑	夜晚、黑暗、死亡、葬禮	專業、優雅

資料來源：部分整理自Nell and Wild, 2014。

商店布置三大方式

格子式布置方式

```
            出口
收銀 ┌──┬──┬──┐
櫃檯 │            │
  ┌──────蔬菜──────┐
  冷          餅乾       乾
  藏、                   貨
  冷          調味       架
  凍                    （衛
  區          麵        生
  └──────────────紙）
            入口
```

自由式布置方式

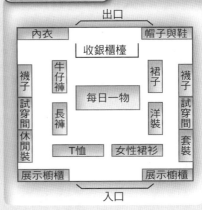

```
            出口
  內衣              帽子與鞋
  ┌────收銀櫃檯────┐
  襪   牛仔褲         裙   襪
  子              子   子
  試   每日一物         試
  穿   長褲      洋裝    穿
  間              間
  休              套
  閒   T恤   女性裙衫    裝
  裝
  展示櫥櫃        展示櫥櫃
            入口
```

賽車跑道式布置方式

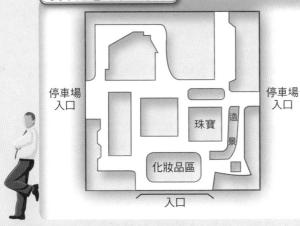

```
停車場              停車場
入口                 入口
              珠寶  造
                    景
       化妝品區
            入口
```

三種常見的商店布置方式

商店布置	書架式	自由式	賽車跑道式、服飾店式
商品展示	方便尋找	方便顧客瀏覽	依商品主題分區
顧客動線	循線快速前進	任何方向都可以走動	不明顯，想像走迷宮
適用商店	便利商店（店內3排貨架）超市、量販店	流行商品商店例如：百貨公司	婦女服飾店、禮品店等高級商品專門店和高級百貨公司（例如：購物中心）
優點	適合便利品，快點買到	有利於顧客待在店內久一點	顧客有如逛遊樂園，充滿著發現新大陸的驚奇，即有趣的購物經驗
店員需求	很少	中間	最多，每區都要有店員解說商品，服務顧客等

第五章

商店吸引力……硬體篇

115

Unit **5-9** 店內布置Ⅲ：貨架，以微風松高店 H&M 為例

　　商品陳列方式逐漸講究技巧、更貼近消費者，電視牆早已被落地的玻璃窗所取代，消費者站在店外就可以清楚看見店內陳列的各式商品。不論店裡布置多炫目、店內活動有多精彩，商品本身才是最終的主角。如何把商品品質、特色和陳列方式巧妙的相互配合，才是邁向成功銷售的不二法門。

一、顧客眼界攝影機的研究結果

　　Unit 5-7表中顧客眼界攝影機研究得到的結論如下：

1.貨架中段才是主要購買地區

　　顧客推著購物車，在轉進下一個貨架時，轉角處幾乎變成死角，要來到新貨架的中段才會眼界大開，所以應該把暢銷品類擺在此處。

2.誰買的

　　乳製品中的優格有25%情況是由兒童拿到父母親推的購物車中，所以店家會把優格放在冷藏櫃中的較低處，以便兒童去拿。

3.比視平線低

　　顧客以比視平線（eye level）低15~30度角度，往下看貨架；也就是「高處不勝寒」是成立的，擺在視平線上方的商品，只好享受「打入冷宮」的待遇。

　　商品陳列的目的就是要讓消費者看得到並看得清楚，因此陳列高度就顯得格外重要。一般來說，最佳的視覺高度在130~150公分，在這個範圍內，商品的能見度最高，消費者對商品的感知力也最強，因此有人稱為「黃金位置」。品牌公司知道這道理，會想方設法說服商店把自己的商品放在貨架中段的黃金位置。

二、以臺灣臺北市信義區微風松高店H&M為例

　　在Unit 4-4中提到瑞典H&M首店在2015年2月13日臺北市微風松高店開幕，2月9日18：45中天新聞臺先報導其店面與內裝，以1至3樓的布置如下，營業面積877坪。

1.一樓與店面櫥窗

　　此店是臺灣的首家店，扮演旗艦店，一樓櫥窗由展示部負責，編制15人、設經理一名，二週換新設計一次。店中央設計中空，放置「燈光雨」藝術裝置，營造出活潑的時尚氛圍。

2.一至三樓商品

　　室內商品陳列，詳見右表。

H&M 在臺北市微風松高店的店內布置

樓層	服　裝	説　明
三樓	• 男裝 • 家居 H&M Home	• 偏重基本款 • 臥房和浴室用品
二樓	• 童裝（50~164 公分高） • 女裝，孕婦裝、配飾	• 占 2 樓營業面積三分之一 • 偏種基本款，例如：T 恤、外套
一樓	• 櫥裝 • 女裝，有女鞋、女性服飾	• 服裝模特兒男女比率 　4：6 • 偏重攻擊款（即新上市）

瑞典 H&M 公司

成立時間：1947 年，Hennes & Mauritz（維基百科：海恩斯莫里斯服飾），
　　　　　由 Erling Persson 創辦

公司住址：瑞典斯德哥爾摩市

董 事 長：史特芬・皮爾森（Stefan Person，第二代）

總 經 理：Karl-Johan Pesson（2009 年上任，第三代）

營　　收：（2018 年度）282 億美元，成長率 4%（年度，12 月迄翌年11 月）

淨　　利：（2018 年度）19.69 億美元，成長率 –13.16%

店　　數：（2017 年 11 月）4,739 店，成長率 8.92%，全球 69 國，員工（2017 年 11 月）12.3 萬人

品　　牌：COS（Collection of Style）和 Other stories 等

第 **6** 章

商店吸引力 II：
軟性面

章節體系架構 ▼

Unit **6-1**
店內氣氛的營造

圖解零售業管理

　　吃飯不只是嘴巴吃而已，許多人願意花大錢到高檔餐廳（例如：米其林三星餐廳），很可能「醉翁之意不在酒」，而是衝著特殊的環境而來的，這也是一般顧客付高價時自我解嘲的「吃裝潢」、「買氣氛」。旅館、餐廳、娛樂場所的氣氛固然重要，在零售業也一樣重要，尤其是需要好整以暇精挑細選的選購品，或是想讓你意亂情迷的衝動性購買；也就是只有在便利品時才不那麼重要。

一、店內氣氛的重要性

　　美國許多購物中心皆強調購物過程（俗稱逛街）對消費者也是一種享受，也就是上購物中心不只是像光顧電視購物、網路商店一樣「買東西」而已！縱使商店銷售的是標準品（例如：家電），但是透過零售環境的塑造，對消費者也足以造成差異化。這具有下列雙重意義。

1. **針對無店鋪零售**：實體商店對付無店鋪零售最大的武器或許就在於「有形」，包括商品、零售環境皆是看得到、感受得到。
2. **針對實體商店**：縱使針對同業等實體商店，各商店透過氣氛（atmosphere）的營造，也會吸引更多顧客「聞香下馬」！

二、店內氣氛的相關理論、研究

　　由右表大抵可見1970～1990年學者對店內氣氛的實證研究，1990年代以後，零售期刊上的文章，更是採用了「棲息地適合性」、「生態研究」和「遷徙」等術語，來描述商店對促進消費者行為的用心。

三、情緒：店內氣氛佳會對顧客有二階段的影響

1. **愉快**：顧客覺得店內環境舒服，會不由自主的多停留一些時間，甚至「衝動」購買（impulse buying，即不按購物清單採購）。
2. **心動**：行動前提是心動，也就是激發顧客的購買情緒（mood），否則顧客只是袖手旁觀，人潮還是無法變成錢潮，百貨業者稱為「提袋率低」。

　　這二個由店面所引發的就稱為「店面引發的情緒」（store-induced emotions），心動引發行動則稱為「店面引發的消費行為」（store-induced behaviors）；有別於商品引發的。

四、店內氣氛對顧客的影響

　　不同氣氛的購物環境會勾起消費者不同的心理感受，由右圖可見，情感環境至少可分為四大類。其中更難的挑戰在於例行採購中，例如：去銀行存提款、甚至去醫院看病，如何注入愉快（injecting fun）以讓顧客不會覺得採購過程索然無味，以致視為畏途。

情感環境（affect circumplex）的分類

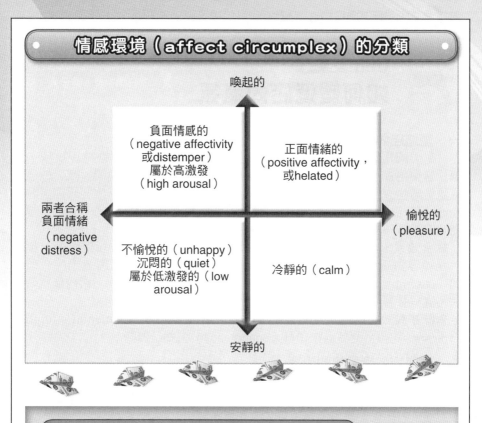

喚起的

負面情感的
（negative affectivity
或distemper）
屬於高激發
（high arousal）

正面情緒的
（positive affectivity，
或helated）

兩者合稱
負面情緒
（negative
distress）

愉悅的
（pleasure）

不愉悅的（unhappy）
沉悶的（quiet）
屬於低激發的（low
arousal）

冷靜的（calm）

安靜的

有關店內氣氛對顧客影響的早期研究

年	學者	主　張
1973 年	科特勒 （Philip Kotler）	美國西北大學行銷學教授科特勒在《零售期刊》（Journal of Retailing）上發表一系列前瞻性論文，宣稱店內氣氛（store atmosphere）是一種「無聲溝通語言」，會對進入店內的任何人進行刺激並引發無意識反應，可以提高購買傾向
	格魯恩 （Victor Gruen）	奧地利建築師格魯恩認為，零售業者必須努力施展能力來操控陷於恍惚的顧客，也就是把賣場設計成能讓原本只想購買某種商品的顧客，轉而成為無特定目標的衝動購買，又稱為「格魯恩遷移」（Gruen transfer）
1982 年	R. J. Donovan 4 人	以「刺激—個人—反應」（S-O-R）模型為研究架構，請顧客在商店中評量店內氣氛跟自己的心情，結果發現當顧客覺得店內氣氛愈好時，他們愈會產生愉快心情
1994 年	Donovan 等	延續 1982 年的研究，在百貨公司內，也發現店內氣氛跟顧客心情具有正向關係。這篇引用次數 1,614 次
1997 年	K. Spies 等	店內良好氣氛會讓顧客勾起美好的回憶（例如：旅行中發生的趣事），因而顧客會產生正向心情

Unit **6-2**
如何塑造店內氣氛

一、塑造店內氣氛大原則

在美國電影中，常常會看到要追女友的男人，透過口香糖、玫瑰、香檳、音樂再加上柔美燈光，以塑造出談情說愛的氣氛。同樣的，商店的店內氣氛營造也該面面俱到，以免美中不足。美國賓州州立大學休閒研究所教授Anna Mattila & Jochen Wirtz（2001）的整理做得很好（即右圖），除了眾所周知的常識外，她們有二項推論值得特別注意。

1. 綜合效果：各項刺激除了有個別效果外，也跟其他刺激互相作用，也就是顧客對店內氣氛的感覺是綜合評分的，各種刺激共同創造出綜合效果（ensemble或global configurations effects）。因此，在營造店內氣氛時，不宜只盯著一項因素來看。

2. 對味才有效：店內氣氛塑造時，各項環境因素（environmental stimuli或factor）的組合應該氣味相符（congruency）也就是對味。

二、味道對商品風格的影響

近年來，氣氛在旅館和連鎖零售商店愈來愈流行，研究顯示，氣味跟大腦掌管情緒、記憶和動機的邊緣系統關係密切。有些專家認為氣味能增強顧客對商店的印象，使他們逗留更久並花更多錢。

1. 依商店而改變：Scent Air科技公司發言人柏克說，若有似無的香氣最有效；旅館偏好用茶香，老人安養院則多半用肉桂等家常味。（摘自經濟日報，2014年5月22日，A8版，莊雅婷）

2. 依顧客而改變：利用氣味建立商店的特色，美國華盛頓大學艾利克·史潘根柏格教授（2004）現場實驗的結果值得參考：男性顧客比較喜歡花香味；女性顧客比較喜歡香草味。

三、音樂的影響

許多商店愈來愈重視音樂對顧客的微妙影響，2001年5月，專家針對英國的商店內播放音樂的影響進行研究，結果顯示特定的音樂會影響顧客聽從店員建議的程度、排隊結帳的等待時間、購物金額，以及瀏覽商品所花的時間；最重要的是，音樂可以加強品牌的形象和「個性」。

1. 依商店而改變
   · 家電專賣店等新潮商品適用流行音樂。
   · 超市適用輕音樂甚至慢音樂，希望顧客待久一點，買多一點。
   · 酒吧、餐廳中，慢節奏音樂，有助於酒類商品的銷售。

2. 依顧客而改變
   · 唱片公司針對某品牌的核心顧客層進行徹底研究，包括其年齡、職業、社交活動、音樂喜好和居住地區，然後才進行編曲。
   · 零售公司最終目的是透過音樂引發品牌跟顧客間關聯。店內背景音樂加以編輯，甚至音量也根據顧客的特性加以調整。

愉悅—激發的關係

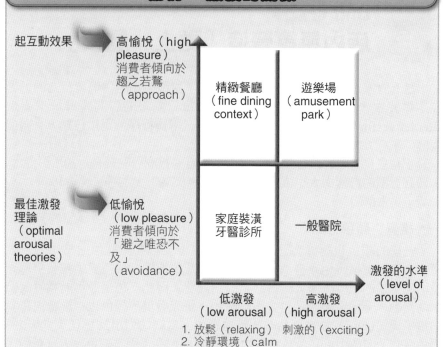

起互動效果　　高愉悅（high pleasure）
消費者傾向於趨之若鶩（approach）

最佳激發理論（optimal arousal theories）　　低愉悅（low pleasure）
消費者傾向於「避之唯恐不及」（avoidance）

精緻餐廳（fine dining context）	遊樂場（amusement park）
家庭裝潢牙醫診所	一般醫院

激發的水準（level of arousal）

低激發（low arousal）　　高激發（high arousal）

1. 放鬆（relaxing）　刺激的（exciting）
2. 冷靜環境（calm setting）

資料來源：整理自Mattila, A.S. & J. Wirtz, "*Conqruency of Scent and Music as a Driver of In-Store Evaluations and Behavior*", Journal of Ratailing, 2001, pp.273~289。

全球氣味行銷的著名公司

公司：學雅科技公司（Scent Air Technologies）

成立：1994 年

住址：美國北卡羅萊納州夏洛特（Charlotte）市

服務範圍：109 國，在陸（上海市、港澳）、西班牙（馬德里市）、英（倫敦市）皆有據點

Unit **6-3**
店內氣氛營造「更上一層樓」

在上個單元，我們簡單說明「色香味」對顧客在店內消費行為的影響。在本單元中，我們更上一層樓，以英國每日郵報的新聞報導，主要來自alternativesfinder.com網站，本書以AIDA《購買程序》予以分類，有兩個數字值得注意：

· 真正有主見的顧客只有5%，另外95%很容易被商店的感官行銷所影響；
· 感官行銷的影響力大小依序為「色」（占93%），「香」（占1%），「觸覺」（占6%）。

一、視覺：顏色行銷

店裡的顏色也對顧客買什麼東西產生重要影響。紅色通常用於「大拍賣」，因為這種暖色系會令人聯想到危險及急迫性。顏色變動會吸引目光，並引起急迫的感覺，讓人覺得必須立刻就買。因此紅色是最可能激發人們的購物衝動。上網買東西就也會衝動購物。研究發現，顏色也會影響消費者走訪電子灣（ebay）拍賣網站時的購物意願。當網站列出28種任天堂Wii遊戲機拍賣時，圖像中以紅色為背景的Wii拍賣價較高；因為紅色令人聯想到「進攻」，能夠炒熱競價的氛圍。

二、嗅覺：氣味行銷

由於大腦在感受氣味時，也能觸發人們的記憶與情緒，在不同的百貨公司裡利用不同的氣味，來引誘不同的目標消費者，例如：美國的布魯明戴爾百貨公司（Blooming dale's）。在賣泳衣的店裡，椰子香可以觸發人們對海灘假期的回憶，促使消費者購買比基尼，並預訂假期旅遊。爽身粉的香味也會引發父母或祖父母的懷舊情緒，使他們購買一些東西。

2012年，美國華盛頓州大學一項研究發現，在瀰漫著柑橘類香味的店裡，消費者會多花20%的錢。柑橘香味是一種「簡單的香味」，人們無須用太多腦力就能感受到，讓大腦能專注於購物；聖誕節之前的商店內松樹氣味也有同樣作用。

三、聽覺：音樂行銷

店裡播放的歌曲節拍也能影響一些人的購物態度，慢歌能讓顧客放鬆，在店裡多待些時間。美國博德斯（Borders，有意譯為疆界）書店用慢板、輕柔的音樂，營造舒適悠閒的氛圍，邀請漫步逛書店的顧客多翻閱架上的書籍，並且待久一點。

四、其他

「舒適感」如何影響人們購物慾的研究發現，當顧客對一輛新車討價還價時，坐硬板椅子的顧客所出的價格要比坐軟墊椅的顧客低28%。

新光三越百貨提升賣場環境的作法

注意（aweness）	興趣（interest）	欲求（desire）	行動（action）
占 93%	占 1%	－	占 6%
用五顏六色吸引購物	用氣味引誘購物	播放音樂操縱心情	要你一碰成顧客
消費者易受暖色系吸引，但偏好冷色系	用於感知氣味的腦嗅球接收氣味後，透過神經傳遞到大腦處理情緒與記憶的邊緣系統，影響購物行為	音樂會影響心跳、腦波，並刺激多巴胺（一種腎上腺分泌之荷爾蒙）分泌，左右你的心情	觸感也可能是決定交易成敗的一大關鍵
顏色可能挑起的情緒如下： 1. 暖色系 ・強烈感 ・吸引衝動型購物者 ・折價特賣，暖色令人聯想到「進取」，能炒熱競價氣氛 ・紅色血液隱含危險急迫 ・金黃陽光隱含快樂 2. 冷色系 ・平靜感 ・吸引擬有購買計畫、謹慎購物的顧客 ・適合保險商品（Insurance） ・藍色天空隱含歡迎 ・綠色草木隱含天然	常見氣味的影響如下： 1. 花香：使你瀏覽更久、多花錢 2. 蘋果與黃瓜：覺得空間變大 3. 南瓜派配薰衣草：使男性亢奮 4. 皮革與松木：聯想起昂貴家具 5. 烤肉煙味：覺得空間變小 6. 鮮烤食物：使人想買房 7. 母親哺乳氣味：使女性亢奮	1. 快節奏音樂：顧客加快吞食速度、早點離開。適合速食店 2. 古典音樂：對商店有提高品質感。適合茶館、酒窖等 3. 慢歌：顧客增加逗留時間與花費。適合超市、書店、百貨公司	溫暖的觸覺讓人產生安全感與信任感，有助遊說購買房屋、汽車等高價品。蘋果商店刻意把筆電打開 70 度角，角度大得足以挑逗顧客好奇心，卻又不能一眼瞄見內部，用意在引誘顧客前來親手觸摸筆電

資料來源：整理自《經濟日報》，2015年2月14日，第6、7版，任中原、黃智勤。

Unit 6-4
服務

「胸襟千萬里，心思細如絲」這句中華航空傳用二十年以上的廣告詞，貼切說明零售業「retail is detail」的關鍵成功因素之一服務的精髓。零售業是九大服務業之一，商品為主，服務為次，因此零售公司的服務只是服務業的一部分。

一、商店內服務的重要性

美國臉書董事長佐克柏（Mark Zuckerberg，陸稱祖克柏）相信，只要提供有用的服務，顧客會願意從口袋掏出錢來。英國維京集團（Virgin，從維京航空到維京唱片等數十個公司的龐大英國品牌）的創辦人兼董事長理查·布蘭森（Richard Branson）說：「商品和服務只有在滲透深刻價值，足以轉換為事實以及員工可以投射，顧客可以擁抱的感覺同時，才能成為真正的品牌。」英國倫敦商學院教授提姆·安伯樂（Tim Ambler）說：「品牌因為值得信賴而贏得聲譽，不單是靠溝通上面的快速投資就可達成，它需要多年來持續提供令人滿意的服務」。服務是軟性商品，以紅花綠葉來舉例，如果商品是紅花，那麼服務就是綠葉。由右圖可見，商店提供服務（in-store service）以創造服務價值（service value）（消費者需求種類），消費者喊爽（即消費者滿意程度），心動自然會行動，即反應在消費頻率、金額等消費行為上。

二、商店服務的架構

書的貢獻之一在於「見林」，要做到「化繁為簡」，商店服務品質對顧客消費行為的影響相關文獻很多，見右圖。

1. **服務品質的影響途徑**：針對服務品質對消費行為的影響途徑也是各執一詞，本書針對有前因後果的架構圖一向一以貫之以「投入（即「因」）－轉換－產出（即果）」來呈現。

2. **服務投入的五項構面**：我們採取美國學者田納西大學Pratibha A. Dabholkar等（1996）的分類，即圖中投入欄的五項構面。
    - 由前到後：由上往下，即由商店政策（store policy）到解決問題，便是顧客消費的程序，例如：商店政策主要指停車位、營業時間，這是顧客是否「得其門而入」的分水嶺。
    - 由硬到軟：商店政策（例如：停車位）、硬體措施（例如：店外觀、便利性）比較偏硬體，可靠度、個人關照（personal caring）、解決問題三項比較偏重軟性面。因此，投入一欄有個隱含Y軸，即硬體程度高低。
    - 硬體設施：購物是種感官經驗，人們在潛意識中會記下商店外觀、燈光、走道是否亂七八糟、標價是否清楚、商品是否好找這些事情。因此，硬體環境（physical surroundings，或實體環境）或硬體設施必須詳加設計與維護。

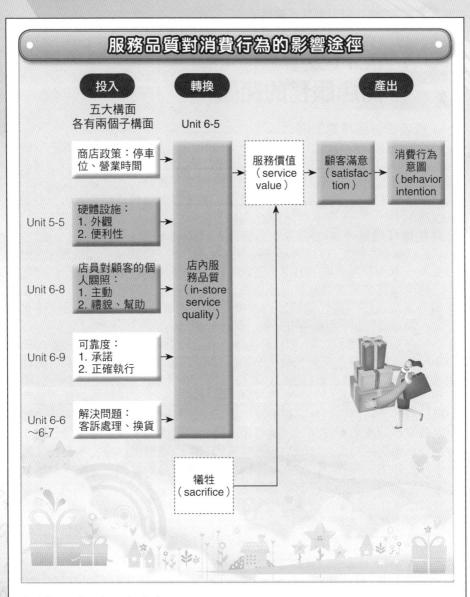

服務品質對消費行為的影響途徑

投入　　　　轉換　　　　　　　　　產出

五大構面
各有兩個子構面　　Unit 6-5

商店政策：停車
位、營業時間

Unit 5-5　　硬體設施：
　　　　　1. 外觀
　　　　　2. 便利性

　　　　　　店內服
Unit 6-8　店員對顧客的個　務品質
　　　　　人關照：　　　（in-store
　　　　　1. 主動　　　service
　　　　　2. 禮貌、幫助　quality）

Unit 6-9　可靠度：
　　　　　1. 承諾
　　　　　2. 正確執行

Unit 6-6　解決問題：
～6-7　　客訴處理、換貨

服務價值
（service
value）

顧客滿意
（satisfac-
tion）

消費行為
意圖
（behavior
intention）

犧牲
（sacrifice）

資料來源：整理自下列三個來源

1. 投入迄結果來自Practibha A. Dabholkar etc.（2000），"*A Comprehensive Framework for Service Quality*", Journal of Retailing, 2000, p.139。此文引用次數1,650次。

2. 服務品質的階層分類來自Dabholkar etc.（1996），"*A Measure of Service Quality for Retail Stores: Scale Development and relation*", Journal of the Academy of Marketing Science,1996 Winter,p.36。這篇論文被引用次數2,584次。

3. 虛線框來自J.J. Cronin etc.（2000），"*Assessing the Effects of Quality, Value and Customer Satisfaction on Consumer Behavioral Intentions in Service Environments*", Journal of Retailing, 2000, p.193。此文引用次數7,000次。

Unit 6-5
商店服務的範圍

一、商店提供服務的原則

美國貝恩管理顧問公司（Bain & Company）全球零售食物業務主管的雷格比（Darrell Rigby）2005年說，「要跟沃爾瑪百貨有所不同的方法是提供沃爾瑪不曾給過的絕佳服務。」「提供服務是零售公司差異化的良方。」該公司歸納出零售公司提供服務四項重點，我們以英國特易購量販店為例來輔助說明。

1. **跳脫價格競爭**：2005年3月，刊登在《哈佛商業評論》上，一篇名為〈比沃爾瑪聰明〉（*Out-smarting Wal-Mart*）的文章顯示，如果想在沃爾瑪獨霸一方的零售市場中生存，祕訣不是只想要超越它，而是要迂迴前進。沃爾瑪以其規模優勢，讓商品價格低於同業、甚至接近底價，而且還能獲利。沃爾瑪很明顯在價格上占優勢，其次則是商品種類，但是也僅止於此，因為價格並不是顧客在乎的一切。

   該文作者雷格比和哈斯（Dan Haas）指出，消費性電子業百思買（Best Buy）、藥店業者沃爾格林（Walgreen）、沃爾瑪的主要對手目標公司（Target）、寵物食品零售公司寵物主義（PetSmart）公司和便利商店HEB和大眾超市（Publix），都是在競爭中生存下來、甚至蓬勃發展的零售公司。這些公司仍能生存下來的原因如下：迅速收購獲利不佳的同業、提供品質更好的商品和服務、訓練各店經理的議價能力、以及盡量降低成本、減少供應鏈的浪費。以寵物主義店為例，該公司提供的寵物商品比沃爾瑪多，寵物主人或許也比較喜歡寵物可以帶進店裡的作法，這點沃爾瑪當然不可能做到。三分之二的顧客發現沃爾瑪的品項、商品品質普通、店內服務有限，相形之下並沒有比較便宜。這代表儘管沃爾瑪店就在附近，許多消費者仍在找尋其他選擇。

2. **了解顧客需求**：了解顧客需求，適當訂定服務收費，以服務口碑爭取顧客買更多。以英國最大量販店特易購為例，每家店每季都會針對顧客舉辦顧客問題時間（customer question time）座談會，從顧客的角度發現服務的問題；每家店內都有顧客意見卡讓消費者表達心聲，平均一個月就會收到4,000張左右。特易購強調服務的企業文化，以及落實「傾聽顧客」精神的制度。

3. **服務只有錦上添花，少有雪中送炭功能**。以服務強化暢銷商品，可收相乘效果，而不要以服務去補強冷門商品不足之處。

4. **不要把製造業的經驗硬套在服務業上**。零售業公司為了提供服務所進行的組織設計常有漏洞，雷格比說，「他們不是讓顧客服務部太過獨立，且沒有跟核心商品結合，不然就是交由外行的商品部來監督，對顧客服務部多所掣肘。」

二、實用的三階段、二狀況

不過，學者的分類不見得實用，我們依採購前、中、後三階段，以及「正常」、「異常」二種情況，來把商店服務分類見右圖，如此才可釐定出具體的服務措施。

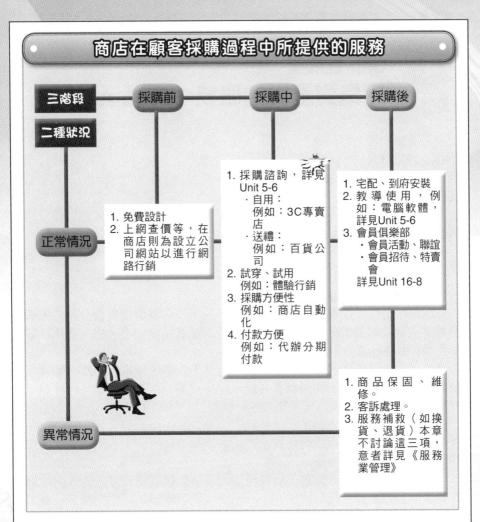

商店在顧客採購過程中所提供的服務

三階段　採購前　　採購中　　採購後

二種狀況

正常情況

1. 免費設計
2. 上網查價等，在商店則為設立公司網站以進行網路行銷

1. 採購諮詢，詳見Unit 5-6
　・自用：
　　例如：3C專賣店
　・送禮：
　　例如：百貨公司
2. 試穿、試用
　例如：體驗行銷
3. 採購方便性
　例如：商店自動化
4. 付款方便
　例如：代辦分期付款

1. 宅配、到府安裝
2. 教導使用，例如：電腦軟體，詳見Unit 5-6
3. 會員俱樂部
　・會員活動、聯誼
　・會員招待、特賣會
　詳見Unit 16-8

異常情況

1. 商品保固、維修。
2. 客訴處理。
3. 服務補救（如換貨、退貨）本章不討論這三項，意者詳見《服務業管理》

英國特易購公司（TESCO）

成　　立：1919年，陸稱樂購，僅次於美國沃爾瑪、法國家樂福，由Jack Cohen創立。
住　　址：英國赫特福德郡
資　　產：458.53億英鎊
董 事 長：John Allan　　總　　裁：Dave Lewis
營　　收（2018年度）：575億英鎊（年度：今年2月～翌年1月）
淨　　利（2018年度）：12.08億英鎊（2017年度～0.54億英鎊）
店數：7,000家，超市、量販店、Superstore
主要客戶：消費者
員 工 數：50萬

Unit **6-6**
店員對顧客的服務：美國沃爾瑪 I

　　店員對顧客的服務兼具「成事不足，敗事有餘」的必要條件，和「錦上添花」的充分條件，至於是否具備「雪中送炭」（即商品力差，卻靠店員服務補救過來）則缺乏強有力的普遍實證。不過，至少可以看出店員對顧客服務的重要性。

　　沃爾瑪以價格低、價值高、服務好而聞名，沃爾瑪的高階主管體會顧客服務對增加公司營收和獲利能力的重要性，因此本單元以沃爾瑪為例。

　　在此之前，右表先指出商店店員對顧客服務的四階段，本單元依此架構進行，以全球最大零售公司美國沃爾瑪（Wal-Mart）為例。

一、心態要正確─顧客永遠是對的

　　沃爾瑪創辦人山姆・沃爾頓深受康乃狄克州史戴雷納雜貨公司的影響，史戴雷納是全球最大的乳品商店，以創新的顧客服務聞名，率先推出以客為尊會議和顧客建議方案。

　　山姆・沃爾頓常引用史戴雷納的一句話：「顧客守則第一條，顧客永遠是對的。守則第二條，如果顧客有錯，請參照第一條守則。」每位經理受訓時都學過這句名言，也是沃爾瑪的客服精神。

　　追本溯源的說，「顧客永遠是對的」（The customer is always right.）是英國塞爾福里基百貨公司創辦人塞爾福里基（Harry G. Selfridge, 1858～1947）的名言。

　　沃爾瑪保證讓顧客滿意，公司相信大多數的顧客都是誠實的，所以每當有顧客抱怨時，員工總是問顧客：「你要我們怎麼解決這個問題？」員工獲得充分授權去解決問題。

二、迎賓臺詞

　　沃爾瑪客服標準最重要的企業文化靠山就是公司的歡呼口號，員工們盡情熱烈地高呼口號，而且往往是站在椅子上！

　　山姆・沃爾頓對於沃爾瑪迎賓口號的看法是：「我覺得因為我們都很努力工作，所以沒必要整天板著臉孔，而是應該在當下好好快樂工作。這就像邊吹口哨邊工作一樣，不但可以讓工作的時候比較好過，還能因此而增加工作效率。他們喜歡好玩的事情，他們也的確努力工作，而且他們永遠記得服務的對象：顧客。」沃爾瑪的口號最後總是「誰最重要？」然後員工齊聲高唱「顧客！」

　　隨便進一家沃爾瑪的店，都可以體驗用八種語言所高喊沃爾瑪口號。因為大多數的店面都是一年365天、一天24小時營業，所以店長只能天天在人來人往的門口進行小組會議。因此沃爾瑪的口號正好公開展示沃爾瑪對顧客服務的承諾。直到今天，這些口號依然是沃爾瑪對新進員工溝通服務哲學的方法，沃爾瑪店員最重要的對象──那就是顧客！

店員對顧客服務四階段

階段	迎賓	接客	結帳	客訴處理
活動	大門口	1. 10呎原則 2. 服務：即商品解說、試用、結帳、包裝等	1. 店員結帳 2. 顧客自助結帳	1. 速度 2. 態度

美國沃爾瑪公司（Wal-Mart Store, Inc.）

成立時間：1962年7月2日
創 辦 人：山姆・沃爾頓（Sam Walton）
公司住址：美國阿肯色州本頓維爾鎮
董 事 長：Greg Penner
總 經 理：Doug McMillon
資 本 額：29.3億美元，但保留淨利893億美元
營　　收：（2018年度）5,003.4億美元，全球營收最大公司，年度：今年11月1日～翌年10月31日
淨　　利：（2018年度）51.6億美元（高峰2011年167億美元）
標語口號：省錢，生活變更好（Save Money, Live Better.）
　　　　　陸：省錢省心好生活
營業範圍：美國員工數150萬人，是美國雇用勞工最多公司，七成是兼職人員；全球220萬人
主要產品：食品20%，家庭娛樂商品14%
店　　數：11,277家（2018.10.31）

Unit **6-7**
店員對顧客的服務：美國沃爾瑪 II

三、接客準則

「接客」是指店員在店內接觸到顧客，「準則」指的是行為的標準。

1. **商品說明的重要性**：曾有統計顯示，如果門市人員不曉得介紹商品，那麼90%的交易會失敗；反之，有店員解說時，成交率高達75%。

2. **十呎法則**：沃爾瑪有一種來自企業文化的服務標準，也就是「十呎法則」（即3公尺），員工無論何時看到方圓3公尺內的顧客，必須馬上報以微笑，並保持目光接觸，，問候顧客並詢問是否有需要幫忙的地方。他必須立刻放下手邊的工作，專心對待顧客。

3. 另一個顧客服務的支柱就是「**日落條款**」，也就是「今日事，今日畢」。要求所有員工收到同仁或顧客的要求，當天就要把事情處理好。

四、內部客服高標準

沃爾瑪的顧客服務標準分為內部和外部顧客。

1. **內部顧客**：內部顧客服務（internal customer service）是以同樣的高標準，對待第一線員工。建立內部顧客服務的高標準，對很多公司來說，是陌生的概念，有些公司甚至有雙重標準，對顧客很好，對員工則馬馬虎虎，沃爾瑪可不這樣做。

2. **外部顧客**：外部顧客服務（external customer service）指的是照顧走進沃爾瑪店門的顧客。沃爾瑪內部和外部顧客服務哲學可以壓縮到一個動作，就是為了顧客拋下一切。這種拋下一切的哲學是沃爾瑪顧客服務的基礎，也存在於員工、部門間、甚至供貨公司之間的內部顧客服務關係。公司、物流中心和賣場的每位員工每天都有忙不完的工作，他們願意立刻放下手邊的工作來幫忙，這就是內部客服的精神。沃爾瑪員工全心全意地投入彼此間的內部客服關係，不只是口頭上說說而已。而是天天落實的實例。

五、360度績效評量

在大多數公司裡，如果請別的部門同事幫你解決只有對方能解決的問題，很可能聽到對方一堆藉口，就是沒辦法幫忙，在沃爾瑪絕不會發生這種事。如果你需要別的部門協助，只要你開口，對方就會立刻放下手邊的工作來幫你，無論他有多忙。每當有人要自己幫忙時，自己總是立刻放下手邊最重要的工作，義不容辭跑去幫忙。之後為了及時完成手邊未完成的工作，只好留下加班。

該如何讓自己的員工許下承諾，願意用這種水準服務內部和外部顧客？沃爾瑪評量顧客服務狀況，還用評量結果調整薪資。透過360度績效評量制度，從主管、部屬和平行部門同事的角度，全方位評量一位員工的內部客服和外部客服表現。

沃爾瑪經營七大定律是兩大管理觀念的拼湊 .....

企業成功七要素（7S）	行銷組合（4Ps）
1. 策略（strategy）	1. 商品策略
2. 組織設計（structure）	・營運（operations）
3. 獎勵制度（system）	2. 定價策略
4. 企業文化（shared value）	・價格（price）
＊文化（culture）	・費用（expense）
5. 用人（staffing）	3. 促銷策略
＊人才（talent）	・重點商品促銷（key item）
6. 領導型態（style）	・服務（service）
7. 領導技術（skill）	4. 實體配置策略

企業成功七要素

（7 major elements of a successful business）

時：1987年

地：美國

人：彼得斯（Thomas J. Peters）與華特曼（Robert H. Waterman）

事：在《追求卓越》（*In Search of Excellence*）書（1983）中，把麥
　　肯錫顧問公司的實證結果，寫成書，歸納出七項，各以英文字母s開
　　頭，簡稱7s。

沃爾瑪：《沃爾瑪經營的七大定律》

作　　者：麥可・柏格道，曾任沃爾瑪高階主管

出版公司：梅霖文化事業公司

出版時間：2010年10月

內　　容：以內行人角度，詳細整理沃爾瑪的店面管理之道

Unit 6-8
個人關照

在顧客關係管理中，最常見的主題便是顧客跟店員間的關係（customer-sale person relationship），尤其是像服飾（具有量身搭配的個人色彩）等選購品。

一、高涉入商品最需要店員服務

百貨公司、專賣店（例如：3C商品、汽車）等高涉入商品（high-involvement product）常需要店員服務。

> **高涉入商品（high-involvement product）**
>
> 當所想買的東西牽涉到自我的形象、成本或商品的功用時，消費者就會願意花更多時間。車子、房子、設備完善的廚房、高檔音響和套裝旅遊假期都是高涉入商品的例子。
>
> 消費者會花時間來決定要不要買的商品，他（或她）們會為了這種商品貨比三家，比較價格和付款方式；所以又稱為選購品。

二、理論架構

右圖中，雖然是美國兩所大學教授Krispy E. Reynolds & Sharon E. Beatly（1991）實證研究的結果，不過，用邏輯（甚至常識）也可以得到這些推論。他們覺得其貢獻在於找出哪些性質的顧客比較重視「顧客跟店員間關係」，零售公司便可以精準鎖定這些市場區隔，去跟他們「搏感情」。

三、落實個人關照的二大措施

1. 禮貌：樂於協助顧客以及有禮貌的員工、規劃良好且乾淨整齊的店面，是美國奧勒岡州波特蘭市BIG市場研究公司策略副總瑞斯特認為可以贏得顧客芳心的良方。該市場研究公司每年6月初、7月初訪問近9,000名顧客，選出顧客認為心目中最好和最差的商店。

2. 幫助顧客解決問題：最有效的「軟性效益」（soft benefits）就是解決顧客的問題，當顧客有問題需要企業解決時，表示他們還想跟公司往來，當他們的負面情緒得到正面回應時，往往會對公司產生更好的印象。臺灣的百貨公司往往在公司設立顧客服務處，專門管理各店的顧客服務事宜，從詢問櫃檯到各樓層的商品諮詢櫃檯，甚至專門設立貴賓服務課，以特別因應貴客。商品諮詢的客服專員必須具備商品知識、賣場經驗和待客技巧，以日本三越百貨公司東京都日本橋總店為例，男裝部配置客服專員，15人分駐五個櫃檯，針對服裝搭配、保養皮鞋方法等提供建議。這種作法能排除賣場的無形障礙，因為專員可以建議顧客穿A專櫃的襯衫、B專櫃的長褲，搭配C專櫃的外套。

店員對顧客的服務，對經營績效的影響

投入	轉換	產出

投入

顧客跟店員關係（customer-sale person relationship）

店員具備專業知識，使其扮演代購者（surrogate shoppers）角色

轉換

對於缺乏時間（time poverty）的顧客：店員可以避免顧客東奔西跑的浪費時間

對於缺乏商品專業知識的顧客：店員可以降低顧客買錯東西與買貴的風險。
即提高顧客的購物信心（shopping confidence）

產出

零售結果（retail consequences）
1. 消費者滿意程度
2. 購買
3. 對店忠誠度
4. 口碑（words-of-mouth）
5. 效益、附加價值（顧客跟店員關係）

代購者

Surrogate: replacement，例如：職務代理人stand-in

Surrogate shoppers

1. 常見的行業，例如：網路上的個人代購業（surrogate shopping）此業人士稱為代購人士（surrogate shoppers）。

2. 在印度等，有專門為富人買禮去送禮（包括婚禮），有些忙碌的夫妻上班族也是。

論文：S. C. Hollander, *"Shopping With Other People's Money: The Marketing Management Implications of Surrogate-Mediated Consumer Making"*, Journal of Marketing, April 1999, pp. 102~118.

Unit **6-9**
商品、服務可靠度：以蘋果公司為例

　　透過服務以提高商品的可靠度，依照消費流程順序，各舉一些實際案例來具體說明。

一、百貨公司的包裝服務

　　一般百貨公司是由各專櫃店員來包裝商品，但是日本高島屋百貨為體恤店員辛苦，以及向顧客傳達服務的心，會在4個節慶（情人節、母親節、耶誕節和農曆新年）檔期特設大型包裝中心，提供顧客購物包裝禮品的服務。在人力動員上，當然是由高島屋員工服務，從幹部到職員都需要進行「禮品包裝」訓練。

　　這項服務是高島屋的傳統，也是「心意」所在，有不少人本來只是逛街，卻在包裝刺激下，激起購買禮品的慾望，例如：一顆籃球如果包起來，就讓受禮者有很多想像空間。

二、退貨：以美國沃爾瑪為例

　　網路購物是「無條件退貨」的典範，影響所及，連實體商店也跟進。2013年，美國沃爾瑪推出一個新的退貨保證：顧客要退生鮮食品，完全不用把爛掉的蔬菜或水果拿到店裡，只憑收據就可以退。

三、售後服務：以蘋果公司為例

　　2017年9月22日，蘋果公司iPhone 8手機上市，售價高（64GB 25,500元、256GB 30,900元），這款手機亮點之一是玻璃機身。玻璃機身易碎易裂，一不小心就壞，由右表可見蘋果公司的售後服務。

臺灣好市多（Costco）的包退服務

1. 好市多有「退貨天堂」之稱，大型家電購買後90天內可退貨。

2. 不可退貨商品

   ・超過保存期限的食物

   ・客製化商品：公司只能提供維持、保固服務。

3. 奧客管理：2016年11月20日，在批踢踢實業坊上，有某網友表示因在好市多退貨率86%，好市多中和店把會員退卡。

蘋果公司 iPhone 手機的售後服務 ....

管道	支援服務	維護／修理
一、店面	1. 蘋果商店（直營店） ・Today at Apple ・天才吧檯（Genius Bar） ・課外活動（Field Trip） ・蘋果公司夏令營 2. 蘋果公司授權經銷商	蘋果公司服務步驟 A（approach）：接觸。店員用自己親切態度接觸顧客 P（probe）：探詢。禮貌性的了解顧客的需求 P（present）：介紹一個解決之道。 L（listen）：聆聽。傾聽顧客的看法等 E（end）：結尾。店員親切道別並歡迎再光臨
二、電話	電話服務 1. 直營店 8726-3500 / 　0800-095-988 2. 技術支援 0800-095-988 3. 耳機與揚聲器 　美國（0800）442-4000 　各國請查各國電話	以 iPhone 的螢幕等維修來說，定價如下： 單位：臺幣元
三、上網	線上支援 1. Apple 支援網站 /Apple 　Store App 2. 針對耳機與揚聲器 　・Beats（by Dr.Dre） 　　支援服務 　・Beats Music 支援服務	

單位：臺幣元

機型	螢幕	螢幕以外
X	9,188	17,900
8 plus	5,549	13,000
8	4,900	11,490
7 plus	5,549	10,500
7	4,900	10,790

第 **7** 章

商品與定價策略

●●●●●●●●●●●●●●●●●●●●●●●●●●●●● 章節體系架構 ▼

Unit **7-1**
商品力快易通

商店的本職是銷售商品，商品要有吸引力才能吸引顧客上門，這就是日本零售業重視的商品力，零售業關鍵成功因素中最重要的一項。本章專注討論如何提高商品力，本單元是導論，Unit7-2~7-5 是規劃，Unit7-6、7-7 是專論，即零售公司自創品牌，公司夠大，才會這麼做。

一、從小到大：品類、品項與品牌

就近取譬比較容易了解，由右下表可見，股票投資時由大到小成分成「三大產業」（電子、傳產與金融）、行業、公司。同樣的，零售公司的產品廣度可分為「品類→品項→品牌」，詳見圖一。

1. **品類**：品類（category）是指消費者認定相關性或／和替代性很高的商品，像量販店的商品分區，例如：飲料區、汽車用品區等。
2. **商品族分析**：在同一品類內，又有許多商品族，例如：調味區內的醬油、醋、鹽、糖等，哪些商品族該擺在附近，這種貨架上的布置稱為商品族分析（affinity analysis）。
3. **品項**：在每一品類中還可細分為幾個品項（specific style），英文稱為SKU（stock keeping unit），在英文中，stock 跟 style 混著用，例如：流行商店「褪流行」可說out of style或out of stock。

二、品類數：決定你在哪一行

商品的寬度（breadth）決定零售公司的行業別，例如：5 個品類以上的稱為綜合零售業，它可以小至於 30 坪的便利商店，也可以大到 4 萬坪的購物中心。五類以內商品的商店屬於專賣店，可用「術業有專攻」來形容；又可依下列二個變數來細分，詳見圖二。

1. **品質**：走高品質路線的大都高價位，例如：歐美日系化妝品；走中低品質路線的大都中低價位，例如：國產品（像自然美、台鹽）。
2. **品牌**：依品牌廣度來分，以賣全國品牌為主的化妝品店像屈臣氏，商品深度比較深；以賣商店品牌為主的像香港公司莎莎（2018年3月退出臺灣市場），可說是淺盤式商品。

圖一　品類、品項圖示

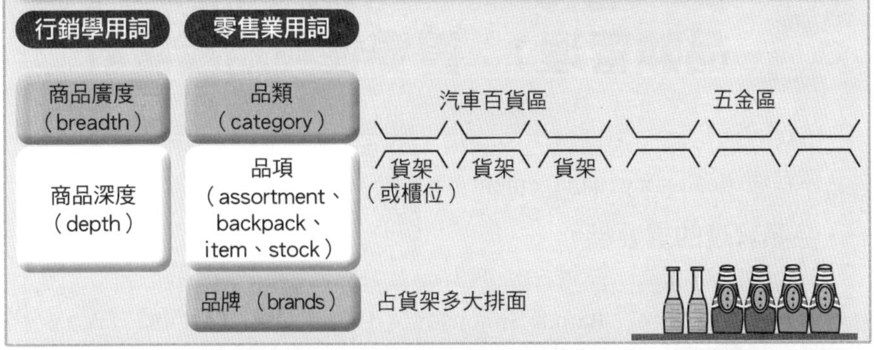

行銷學用詞	零售業用詞

商品廣度（breadth）— 品類（category）

汽車百貨區　　　　五金區

貨架　貨架　貨架
（或櫃位）

商品深度（depth）— 品項（assortment、backpack、item、stock）

品牌（brands）　占貨架多大排面

圖二　以商品的寬度與深度來定義商店種類

品牌深度（depth）

品質
1. 高品質
2. 低品質

品牌
1. 全國品牌（national brands）
2. 商店品牌（store brands）

深（deep）

淺（shallow）

專賣店或利基型商店

綜合賣場

商品類寬度（breadth）

窄（narrow）　寬（wide）

零售公司品類、品項和品牌的空間管理 ‥‥‥‥

股票	舉例	商品分類	舉例與空間管理
產業（industry）	電子業	品類（category）	沐浴用品往往占一區
行業（sector）	半導體 1. 晶片設計 2. 晶片製造 　‧光罩 　‧DRAM、晶圓代工 　‧封裝測試	品項（item 或 assortment）	沐浴用品往往占三個貨架 1. 沐浴乳 2. 香皂 3. 其他
公司（company）	晶圓代工中的 1. 台積電 2. 聯華電子	品牌（brand）	沐浴乳中往往占一個貨架 1. 耐斯澎澎 2. 寶僑系列 3. 其他

Unit **7-2**
品類管理 I：重要性與組織設計

　　由於立地條件（地點與店內面積）不同，每家商品必須決定品類數，稱為品類管理（category management）。

一、品類管理的重要性

　　不同的商品廣度、深度和排列方式，對顧客的吸引力也不同。美國加州史丹佛大學商研所教授 Itamar Simonson（1999）採取文獻回顧方式，得到下列結論，詳見右圖，詳細說明於下。

1. 顛覆個體經濟學對消費者的假設

　　大一經濟學中個體經濟部分的核心觀念：消費者能事先知道每件商品對其效用「值」（或高低）。1991年以來，行銷學的實證研究推翻上述過度簡化的假設，由於資料的不完整（例如：貨架上有些同類商品位置比較明顯、有些不明顯），再加上價值、促銷等，構成消費者認知的可選擇的範圍，進而影響消費者的偏好。尤有甚者，顧客針對不熟悉的商品、品牌，有可能「買一點試試看」的冒險，這情況下，消費者根本無法事先準確評估該商品的效用（或價值）。

2. 消費內容效果

　　其中，貨架上商品的組合（composition）、外型（configuration）也會影響消費者的偏好，這稱為消費集合效果（choice set effects）或消費內容效果（choice context effects）。因此，零售公司可以採用這二個因素，即品項設計（assortment design）以影響消費者對品項的認知（considered assortment或considered options）。

　　品項的貨架排列會影響顧客偏好，主要心理機制有三。

- 易於證實：顧客傾向於不看貨架上的便宜貨，比較會去注意中間價位品項（middle或compromise options），甚至價位略高品項。不過，當同一貨架上有幾個品項都很有吸引力時，顧客因為「三心二意」，反而會踟躕不前。
- 易於處理：這包括易於同時貨比三家（即同時比較多種類同類商品）。
- 啟動決策準則：在同一次採購行為中，顧客會選擇「一路走來，始終如一」的商品（例如：高價位、高愉悅商品）。在一次買多樣商品時，同一貨架展示同一類商品，讓顧客可以迅速選擇多個品牌。

二、組織設計

　　在零售公司商品部裡往往依品類予以分工，稱為「品類管理者」（category managers），例如：專門管飲料類、生鮮類食品的課長；遠東百貨甚至可以大到處長的編制，例如：女裝處。

品類、品項空間安排對消費者行為的影響

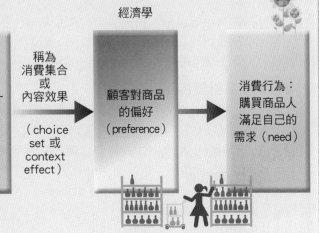

1993年以來
行銷學者的
研究結論

品項的
1. 貨架排列
(1) 規模（商品數）
(2) 組合（composi-
tion）
(3) 外型
(configuration)
2. 價位
3. 促銷

稱為
消費集合
或
內容效果

（choice
set 或
context
effect）

經濟學

顧客對商品
的偏好
（preference）

消費行為：
購買商品人
滿足自己的
需求（need）

知識補充站

量販店的品類管理

　　一次購足是量販店的重要訴求，為了滿足這個需求，量販店賣場的面積動輒三、五千坪，來容納數萬項商品。如何讓消費者在賣場內用最快、最容易的方法找到想要的商品，成為量販店賣場規劃的挑戰。

　　採用區塊化的店中店方式，以及利用色彩來區隔不同的商品區，是常用的手法。

　　水產類區服務人員的制服或看板，大都是讓人聯想到海水的藍色，到了麵包烘焙區，則改穿稻麥黃的制服。

　　以「用色」最徹底的家樂福為例，通常按照食衣住行育樂各項需求，採取人性化的商品陳列分類方式，從指引牌、牆面、柱子，甚至是貨架等，都用色彩輔助區分，並大量採用柔色或是粉色系列。有時，更在地板的顏色或是材質也有所區別。

由樂購蝦皮（網路商城）在 104 人力銀行徵人啟事來看品類管理

徵　　　人：品類管理專員
職務種類：產品企劃開發人員、產品管理、產品行銷人員
工作內容：如品類企業案之規劃、執行等

Unit 7-3
品類管理 II：品類組合

臺灣人喜歡拿手機自拍，拍一個人有黃金角度，拍三個人有最佳排列。在商店內，哪種品類商品該占賣場面積幾成，看似抽象或者得嘗試錯誤後才能理出頭緒。讀書的作用便是運用前人的知識，創造自己的智慧。

一、各品類商品對零售公司的涵義

賣場內可能陳列了二、三十類商品，但是如同蜂巢內的蜜蜂各有其分工一樣，美國范德比（Vanderbilt）大學企研所教授 R. N. Bolton & V. Shankar（2003）透過資料分析和專家訪談得到右圖的結論。對商品來說，一如電影中的主角、配角、其他角色，店內商品也一樣，分成四類。

- 當家主角是理想角色（ideal role）。
- 配角是目標角色（destination role）。
- 花旦、丑角是偏好角色（preferred role）。
- 跑龍套的是支援角色（support role）。
- 量販店拿目標角色的衛生紙或是偏好角色的洗衣粉，進行負毛益操作，即賠本賣，作為吸引顧客的「帶路貨」，哄顧客來買理想角色、支援角色商品；「賠少賺多」。

二、三類綜合商店的品類組合

每個商品的商品品類皆有其對商品營收、淨利的貢獻，套用「80：20」原則，與股票投資組合管理的三個用詞（右下表中第一欄），詳細說明於下，表中以三大零售業來舉例。

1. **基本商品（primary products）占營收50%**
   如同埃及金字塔的基底，占總面積的五成，便利商店本質是「吃、喝、菸」，都是為了滿足口腹之慾。百貨公司本質是「衣」，即「人要衣裝」中的衣；這包括一樓的精品區或美妝區，二、三樓的女裝區，四樓的男裝區，愈重要品類放在顧客最容易到的地方。

2. **核心商品（core products）占營收30%**
   金字塔中的中層占總面積三成，便利商店中主要是零食，百貨公司的餐飲都屬於此類。

3. **攻擊性商品（aggressive products）占營收20%**
   金字塔頂層占總面積二成，在商品內的某些季節性商品等屬於攻擊性商品，有些商店會拿來做降價促銷。

商品品類對零售公司的涵義

獲利貢獻

高	偏好角色（preferred role）：保健類的漱口水（mouth-wash）➔核心商品	調味品類（condiment）中的蕃茄醬	理想角色（ideal role）：麵糰類（pastry）的義大利麵醬（spaghetti sauce）➔基本商品
低	支援角色（support role）：冷凍食品類的鬆餅（waffles）➔攻擊性商品	清潔用品類（launch care）中的漂白水（bleach）	目標角色（destination role）：紙品類的衛生紙（bathroom tissue）營收貢獻➔核心商品
	低	中	高

營收貢獻

資料來源：修改自Bolton & Shankar（2003），*"An Empirical Derived Taxonomy of Retailer Pricing and Promotion Strategies"*，零售期刊，p.216 Table 1。➔的類比，是本書所加。

三類綜合商店的品類管理

股票	商品	便利商店	量販店	百貨公司
一、攻擊性持股，占20%	攻擊性商品	1. 服務性業務 2. 霜淇淋	1. 季節性商品：泰國節 2. 節慶商品：聖誕節、開學等	1. 特色超市 2. 烘焙坊 3. 精品家電
二、核心持股，占30%	核心商品	1. 食物、零食 2. 書等	日用品 1. 衛浴用品 2. 生活雜貨	餐廳 1. 高樓層的中大餐廳 2. 各樓層咖啡店等 3. B2美食街
三、基本持股，占50%	基本商品	1. 食物 　・熟食 　・麵包等 2. 飲料 3. 菸酒	生鮮食品（取代菜市場） 1. 肉菜水果 2. 烘焙 　・麵包 　・糕點 3. 飲料乳品等	精品服飾 1. 1樓的美妝區或精品區 2. 2樓輕熟女服飾區 3. 3樓少女服裝區 4. 4樓男裝區

Unit **7-4**
品類管理III：品類的空間分配

　　不管賣場多大，空間永遠是有限的，唯有找到最佳商品廣度（即品類數）和深度（即品項數）和位置，商店才能賺最多。賣場空間配置（floor-space allocation 或 shelf-space allocation）是個成熟的課題，由大到小包括三個層次：

1. 每類（category）商品該占多少面積，即每個品類該擺幾個貨架？
2. 某類商品中的某品項該占該類商品櫃多大排面？
3. 某品牌在貨架上的位置。

　　這類問題已成為作業研究課程中的主題之一，可以用數學模式予以求解，以達到利潤極大化目標。

一、目標

　　品類管理的目標是零售公司透過適當的行銷組合，以追求品類利潤極大。狹義一點說，品類管理是指什麼品類該擺在貨架上。

二、限制條件

　　由於貨架空間（shelf space，或櫃位）有限，所以必須慎選商品的廣度和深度，以進行賣場空間配置。

三、求解方式

　　品類規模、陳列位置的決策，依社會科學研究方法，至少有二種時效性資料，詳見右表。接著我們只說明與零售業有關的內容。

　　菜籃（或購物車）分析（market basket analysis）是指一位消費者每次去採買（shopping trip），最後是哪些東西放在菜籃子（market basket，或購物袋）中。學者針對商品品類間的三種關係（互補、獨立、替代），建立菜籃模式（market basket model）來分析消費者的菜籃選擇（market basket choice）。

　　2014年起，大數據分析興起，主要便是在進行菜籃分析。

四、決策結果

　　品類數（或商品廣度）的決策可以用上述計量模型精細分析，有些則採取經驗法則；本段則簡單說明兩項決策結果。

1. 分區大小

哪一類商品該占賣場多少空間，大抵是依其占營收比重而定，除非下列二種情況。

- 策略性商品類，以突顯本店特色。
- 來店貨區，主要功能是集客；在百貨公司即為花車的「每日一物」特價區。在量販店是在入口區，每週換一次品類。

2. 商品分區和位置

商品分區時，主要是依（大一經濟學中）互補性為主，例如：

- 飲料和休閒食物。
- 生鮮食品（含蔬果）、麵包和冷藏乳品。

品類、品項、陳列聯立方程式

時間	事前（ex ante）	事後（ex post）
資料	行為實驗室實驗資料	歷史資料
求解方式	以實驗室內的貨架，觀察顧客的動線	菜籃（或購物車）分析，或菜籃模式（market basket model）
		鹿特丹模式（Rotterdam model）：每一品類用一條方程式來表達，所有品類成為聯立方程式，聯立求解。

美國亞馬遜公司的兩種品類管理

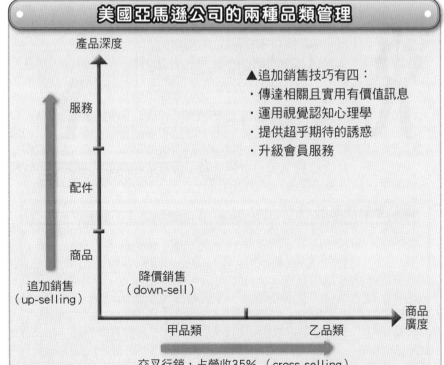

▲追加銷售技巧有四：
· 傳達相關且實用有價值訊息
· 運用視覺認知心理學
· 提供超乎期待的誘惑
· 升級會員服務

產品深度

服務

配件

商品

追加銷售（up-selling）

降價銷售（down-sell）

甲品類　　　　乙品類　　商品廣度

交叉行銷，占營收35%（cross-selling）

Unit **7-5**
品項管理

　　量販店營業面積比較大，一個品類占一區，一個品項占一個（以上）貨架，一個大品牌商品可能會占貨架三個排面。問題來了：品項數多少比較恰當、各品牌占貨架多少排面比較合適呢？

一、品項管理

　　在行銷學中的商品深度，在零售業稱為品項管理（assortment management），其中第一步驟稱為品項規劃（assortment planning）。

1. **品項選擇**：每類商品（例如：茶、飲料）內也有百千樣品牌（backpacks或items）可供挑選。
2. **品項貨架距離**：有些人主張貨架距離或者是消費者在店內行進方式（store traffic patterns），甚至比品類間的互賴關係還重要。

二、品牌占比

　　空間管理（space management）這題目可以細到以品牌為對象，以清潔用品品類占一區為例，又可以繼續區分洗衣粉、洗衣乳、漂白水、潔領精品項，這些各占一個貨架。

1. **品類帶頭大哥**：各品類中的帶頭大哥（例如：咖啡中的麥斯威爾）可說是「品類隊長」（category captain），功能有點像艦隊中的旗艦，有此相助，零售公司可藉此突顯其商品力，甚至商店風格。
2. **商品下架**：日本的便利商店平均每家營業面積30坪左右，陳列商品約3,000種，每家商店都是週二更換商品，此時約有200種新商品問世，並且有同樣數量的商品下架。讓人目不暇給的商品推陳出新中，3,000種商品能留在架上超過一年不到三成。正因為對上架商品要求嚴格，便利商店才能有驚人的集客力。消費者不只是因為方便才到便利商店購物，而是因為那裡有自己想買的商品。便利商店講究商品、地點和吸引顧客的技巧，以占營收12%的飲料為例，標準的冷藏飲料櫃約陳列190瓶飲料，如果某一飲料一週賣20瓶以下，就會遭到下架的命運。為了留在便利商店的貨架上，飲料公司會採用促銷降價去衡量，以免被下架。

三、商品重疊該怎麼辦？

　　零售業不僅要跟同行競爭（例如：超市間），同時也面對其他行業（例如：量販店、便利商店）。傳統智慧建議，為了避免顧客「貨比三家」的撿便宜貨，所以最好是進獨特、不重疊的商品，讓顧客無從比價。然而事實上，好賣的商品就是那幾樣（例如：可口可樂、穩潔等），你無從選擇，不得不進貨；能夠調整的空間並不大。美國哈佛大學商學院M. J. Gourville & Y. Moon二位教授（2004）在零售期刊的論文「透過產品重疊以影響（消費者）價格期望」，倒是獨排眾議，他們認為金字塔高位的零售業（higher end retailing，例如：百貨公司）可以透過相同商品，只要定價不要高太多，便可以傳達「價格公平」（pricing fairness）的形象，接著消費者便會比較不怕當冤大頭的去購買店內其他商品。

兩種同時購買商品的連結分析方法 ....

項目	菜籃分析 （market basket analysis）	鹿特丹模式 （Rotterdam model）
一、源頭	資料「分析」或「探勘」技術之一，稱為連結分析（affinity 分析）	1966 年 A. M. Barten, 與 1965 年 H. Theil 所提出
二、分析觀念	品類間的「關聯分析」（association analysis） · 經常購買品項採勘（frequent intem set mining）	在《計量經濟》期刊上提出鹿特丹模型，用以分析消費者對各品類的需求涵數
三、軟體	1. Excel 中的 XLMINER · item set 是指同時買麵包與果醬（花生醬） · 次數（support count） · 信賴機率：某品項會被顧客買的條件機率 · 及軟體的先驗（apriori）演算法中的Arules package	著名行銷學者，例如：西澳大利亞大學 Kenneth W. Clements 教授 另一種方法是「幾乎最佳需求系統」（Almost ideal demand system）
四、運用	美國亞馬遜公司運用此向顧客買了 A 商品後，推薦買 B 商品，即交叉行銷（cross-selling）	例如：美國三位教授 Norm Borin （1994）的論文「決定品類與貨架空間配置」，在 Journal of Marketing 期刊上，引用次數 13 次

鹿特丹模型的重點

$C = \alpha_0 + \alpha_1 P + \alpha_2 Y + \alpha_3 Pre$

P：代表物價

Y：代表家庭所得（一年幾萬元）

Preference 偏好：包括消費經驗、廣告、家庭狀況（人口數等）

受限於：預算

Unit **7-6**
商店品牌 I：導論

　　任何公司都能自創品牌，表示在微笑曲線（或策略大師波特的價值鏈）的右邊想尋求嘴角上揚，也就是想提高本身的附加價值。以零售公司為例，表示「有為者，亦若是」，不想只靠全國品牌公司賺錢，自己也想賺品牌利潤，這在零售公司商品力課題中，可說是大型零售公司才有能力思考的事。

一、商店品牌的定義

　　「腳踏車」、「孔明車」、「鐵馬」都是指同一件交通工具。同樣的，在零售業中，英文用詞最多采多姿的可說是全國品牌（national brand）、商店品牌（private brand），其他中英文用詞，詳見表一。

二、全國品牌 vs. 商店品牌

　　商店品牌起源於美國Great Altantic & Pacific Tea公司（2016年8月破產拍賣）（A & P）超市 1990年代初期在南非大量種植咖啡，商店品牌的演進需要許多外在條件的配合。零售公司在推出商店品牌時，進行優劣勢分析，發現零售公司比較具有成本優勢，詳見表二，因此會把顧客較在意價格的商品品項先攻，詳見表三。

三、品牌策略：從全國品牌到自創品牌

　　任何零售業在商品力的發展歷程，大都採取下列步驟。

1. 借力使力

　　一開始時，藉由幾個全國大品牌來撐場面，讓貨架顯得充實。

2. 羽翼豐滿，部分走自己的路

　　接著是推出商店品牌，目的有二：

　　‧走利基市場：填補市場真空區隔。

　　‧低價以吸引價格敏感顧客。

　　零售公司挾其知名度，可以用較低廣告費打響商店品牌，因此商店品牌大都是便宜貨，足以吸引「斤斤計較」的顧客。

　　商店品牌的主要目的是為了落實成本領導策略、牽制全國品牌，因此零售公司很少推出市場獨一無二的新商品，也很少推出現有商品中的高檔商品。

3. 消費者擔心「便宜沒好貨」

　　2016年，市調公司AC尼爾遜調查，雖然所得成長慢，有50%的受訪者願意購買優質的商店品牌商品，57%受訪者不會轉而買便宜貨。

表一　二種品牌的中英文名詞

英文	National Brand（NB）	Private Brand（PB）
我們的譯詞	全國品牌	商店品牌
其他書譯詞	全國（性）品牌 製造商品牌（manufacturer brand）	自有品牌、自營品牌 通路品牌（channel brand） 零售品牌（retail brand）

表二　全國品牌 vs. 商店品牌商品優劣勢比較

損益表	全國品牌	商店品牌
營收 • 單價 • 數量 ＝製造成本 • 原料 • 直接人工 • 製造費用	顧客認為商品品質較高（來自專業、廣告）	比全國品牌售價低二成左右 在同類商品市占率 20% 勝，幾乎全都委外代工，找尋範圍寬（選擇性多）
＝毛利 • 管理費用 • 行銷費用 • 物流費用		較高 低 低，尤其是委外運送 低，便利商店的車隊自行運送
＝營業淨利		較高

表三　商店品牌國外、臺灣發展

外國情況	臺灣情況
消費者每花3塊錢在消費品市場，就約有1塊錢是購買商店品牌，商店品牌的市占率維持在10%左右 世界各地的商店品牌銷量及市占，在大宗商品、多次購買的品類，以及消費者認知差異性不大的品類表現最強，例如紙類商品、牛奶及某些藥品（例如：阿斯匹靈）。但各國對於「大宗」的定義各異 在工業國家，如美國、歐洲及澳大利亞，這些產品包括牛奶、麵包及雞蛋。在印度，大宗商品是指酥油、米及麵粉等當地產品 商店品牌的銷售金額占比，在歐洲、北美地區及太平洋地區達15%，但在中國大陸、印度及巴西的市占率為5%以下	2014 年，便利商店商店品牌市占率2.8% 臺灣尼爾森零售通路服務總監康德蘭表示，市調整理如下： • 商店品牌對一般知名品牌的替代能力（45%） • 某些商店品牌產品品質比全國品牌還好（46%） • 36% 受訪者願意為喜愛的商品支付同等甚至更高的價格 • 56% 受訪者打算在信賴的商店買其商店品牌產品

Unit **7-7** 商店品牌 II：
量販店、便利商店的商店品牌

　　商店品牌以低價商品為主，比較適合強調每日最低價的零售業（主要是量販店、超市、3C量販店），由於有規模經濟效果，所以必須是大型零售公司。符合這兩個條件的公司屈指可數，在臺灣，主要集中在量販業、便利商店業，詳見表一。

一、量販店的商店品牌商品

　　兩家法國量販店在臺灣皆推出其全球統一的商店品牌，簡述於下：
1. 家樂福：服飾與寢飾Harmonie，家電BLUE SKY（1990）。
2. 大潤發：日用品「FP大姆指」、RT-Mart等。
　　由下圖可見兩家量販店品牌商品的市場定位。

二、便利商店品牌商品

　　強調商品差異化、提高毛利率，2007年起，便利商店業大舉推出商店品牌商品。其中統一超商於下段詳細說明。

1. 統一超商的商店品牌市場重定位
　　2016年市場調查公司AC尼爾森的調查，促使8月16日統一超商店品牌市場重定位，詳見表二。
2. 全家
　　全家早已推出生活巧品、全家蜜餞、果蔬莊園（註：蔬果汁）等商品，2103年10月，日本全家在全球9個國家及12個地區的負責人齊聚臺北市，召開一年一度的全球高峰會議，在商店品牌發展達成共識，朝向以Family Mart Collection作為品牌、共同開發與共同採購的形式，各國全家攜手合作。
3. 萊爾富
　　商店品牌商品主要也是食、衣（主要還是機能服飾）。

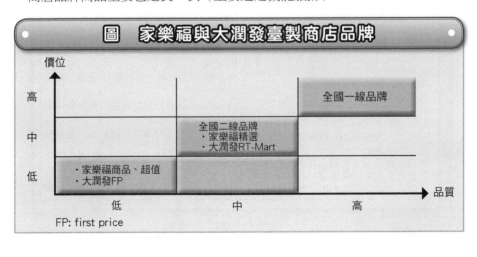

圖　家樂福與大潤發臺製商店品牌

表一　便利商店與量販店的商品品牌商品

公司	推出時間	品牌名稱	品項數	營收
一、便利商店				
1.統一超商	2007年 2009年 2016年	7-ELEVEN 7-seLect Unidesign iseLect	約300項 120項 180項 120項	2014年72億元 2項100億元
2. 全家	2010年 2013年 11月	適量化、適價化 商品 Family Mart Collection	200至250項	25億元
3. 萊爾富		● 食 北海道麵包 Hi-kitchen是食 品、點心 ● 衣 荷蘭風，即涼 爽衣、發熱衣	約200項	占整體營收5%
二、量販店				
1. 家樂福	1985年	（1）超值商品（紅字）衛生紙等		
2. 大潤發		（2）商品（藍底白字）：油、水產、衛生紙 （3）精選商品（黑底黃字）		

表二　統一超商的兩類商店品牌商品　　市場重定位

	2007～2016.8.14	2016.8.15
一、市場定位	年輕人等	上班族等
二、行銷組合 （1）商品策略	平價商品300項	1. iseLect：拆開來I select， 主要是飲料、零食五大類 2. UNIDESIGN：個人用品 八大類
（2）定價策略	低價位	中價位

三、代工公司*	股號	公司	代工品項
	1201	味全	茶飲料
	1218	泰山	仙草奶茶、仙草冬瓜等飲料
	1215	卜蜂	雞肉相關微波冷凍食品、下酒菜系列
	1258	F- 其祥	微波義大利麵系列
	1477	聚陽	發熱衣、涼感衣
	1907	永豐餘	衛生紙

* 資料來源：整理自《工商時報》，2013年11月27日，D1版，林秋菁；《經濟日報》，2013年4月17日，C6版，李呈和。

Unit **7-8**
零售公司定價策略導論

　　零售公司對商品的定價是個很複雜的問題，當然本單元如其名，不會重新說明行銷學中定價策略一章，只會聚焦在零售公司如何定價。

　　針對寄賣、百貨公司專櫃這二種情況的商品定價，零售公司幾乎沒有置喙餘地，零售公司唯一能做的便是「慎始」，挑選價位水準跟店格相稱的品項。

一、第一層（大分類）：消費者 vs. 競爭者策略

　　在第一欄中二分法把定價策略分為二種。

1. 消費者策略，又稱拉策略。
2. 競爭者策略，又稱推策略。下一段詳細說明。

二、競爭者策略的定價

1. 中分類 I：攻擊性定價

　　市場挑戰者往往會採取攻擊性廣告，來突顯自家商品品質較好或價格較低，明目張膽的指名道姓向對手挑戰，也有用公司英文字母第一個字（例如：汽車業中T，速食業中的M）來隱喻。

　　為了避免雙方陷於無限制攻防，有些零售公司可採取快閃式（pop-up）方式限時限量，甚至現地推攻擊性定價。

2. 中分類 II：保證最低價

　　加拿大多倫多大學行銷學教授穆爾西（Sridhar Moorthy）分析，當公司推出最低價保證時，消費者會視之為某種保險，比較不會去比價。

　　跟退貨保證一樣，很少顧客會真的使用無條件退貨。美國明尼蘇達州《星辰論壇報》報導，2013年3月，美國百思買（Best Buy，美國版的燦坤3C）推出最低價保證；一般來說，相同的商品，該公司比亞馬遜賣得貴，但實際上，只有5%的人會動用到最低價保證。

　　行銷教授布瑞南（Dave Brennan）評論百思買的最低價保證指出，這個作法對顧客來說，觀感更甚於實質，最重要的是向顧客明顯地展示善意。

三、適配的定價方法

　　美國愛荷華大學行銷學教授 G. T. Tellis（1986）在《行銷期刊》上的論文「定價多個面向－定價策略的整合」（引用次數 466 次）認為定價有五種方法，我們把它運用在零售業，並且跟零售業定價策略大、中分類配合，詳見右表第三欄。

定價策略分類與定價方法

大分類	中分類	定價方法
一、消費者策略	（一）正常情況 • 商品線定價（product line pricing），包括下列4種情況： 1. 形象定價（image pricing） 2. 建立價格（price building） 3. 優勢定價（premium pricing） 4. 互補品定價（complementary pricing） （二）權變情況 • 差異化定價（differential pricing） 1. 因人制宜 　市場區隔 2. 因時制宜 　（1）替代品 　（2）節慶行銷 　（3）廣告品牌 　（4）品牌公司的衝刺品 　　（temporal deals） 3. 因地制宜 　（1）差別取價 　（2）溫度不同	1. 獨家定價（exclusive pricing） 偏重形象定價（image pricing） 適合專賣店 2. 優勢定價 溫和促銷性定價（moderately promotional pricing） 3. 高低定價（high low pricing,hi-low） 平常定價較高，但是一打折就打很多 適用百貨公司 此時主要是由品牌公司制定價格，往往是「限量銷售」，一、二天就結束了，宜提防「向隅」的消費者遷怒
二、競爭者策略 競爭性定價（competitive pricing）	（一）攻擊性定價 最常見的是隨機折扣（random discounting）：例如限時特價，突襲對手 （二）保證最低價 這有「條件」，例如：該店1公里半徑內同類商店且不含促銷商品	4. 攻擊性定價（aggressive pricing） 燦坤與全國電子特別喜歡互槓 5. 每日最低價（every day low price, EDLP） 以吸引價格敏感的顧客，適用量販店、藥妝店

Unit **7-9**
消費者策略定價 I：正常情況

　　商品是賣給顧客的，所以光打敗對手並不見得會撈到生意，本單元以討論零售公司正常情況下的三種定價方式。

一、定價老實程度
　　大部分工業國家的商店都實施「不二價」，縱使如此，有些商店定價不老實，往往是在招牌、廣告上定價低，以引君入甕。

1. 不老實定價
　　如右圖可見，X軸把商品分成消費品、耐久品，不老實定價方式略有不同。消費品的不老實定價最常見的是隱藏定價（hidden pricing），最常見的糾紛在於廉價航空、廉價旅行團，強調費用全包、全程免加費。

2. 誠實是最佳政策
　　「誠實是最佳政策」，這句話看似老掉牙，但是卻可長可久，美國哈佛大學Ian Agens & Barry J. Nalebuff 二位教授（2003）認為下列二種方式具有價格透明效果，不會讓消費者被蒙在鼓裡，如此才會放心消費。

・單一定價
有些海港邊的海鮮餐廳標價不老實，常見的是「時價」、「每兩多少元」等，顧客吃完後便貴了，餐廳的託辭是「顧客沒問清楚」。

・商品生命週期成本明示
詳見右圖中以汽車為例說明。

二、尾數9的定價方式
　　世界各國商品定價大都以9為尾數，連三歲孩童都朗朗上口的「399元吃到飽」。背後的想法是假設顧客有個「價格門檻」（price thresholds），例如：399元可以美化成三百多元，但是401元就算是四百元以上，基本上只差2元，顧客可能會有差一百元的幻覺。此稱為「左邊數字效果」（left-digit effect）。

　　尾數9的定價（9-Ending prices）是否真的可以唬到顧客？這方面實證研究很多，例如：2017年5月3日，美國Ecommerce上一篇短文Jason Kiwaluk寫的「尾數9的定價力量：有用嘛？」例如：威廉・龐茲托（William Poundstone）的書 *Priceless* 指出多賣24%。這稱為「心理定價」（Psychologic Pricing）。

三、均一價定價的資料內涵
　　1970年代起，美國超市業常挑選一些商品放在同一區，稱為均一價區（unit prices zones），稱為「均一定價法」（unit pricing）。對於錙銖必較的消費者，當然會有撿便宜的心理，因此會「柿子挑軟的吃」，盡量去買低價品，但是又怕商品資訊不全而買到「爛蘋果」。美國三家大學Antony D. Miyazaki等三位教授（2000）在《零售期刊》上的論文「零售（商店貨架上均一價標籤）資訊顯著性的評估」的實驗研究，得到均一價有很顯著的資料內容（information prominence），也就是顧客會很注意均一價商品的相關資料；因此零售公司宜注意商品標籤（shelf labels）上資料的呈現方式（presentation style或format），包括品名、重量等。

定價老實程度分類

定價老實
程度

老實

不老實

消費品　　　　　　　耐久品　　　　商品
性質

明列出商品生命週期成本（total-cost-of-ownership），日本豐田汽車售價便宜，維修成本低；耐用期間長，2009年起，成為全球第一大汽車公司。

有些歐洲平價汽車強調汽車售價低，但顧客購買後維護、修理（換零件）成本極高，甚至耐用期間短，從商品生命週期成本來看，「便宜貨反而更貴」。

157

知識補充站

美國寵物店的定價實驗

　　2014 年 12 月，美國《哈佛商業評論》第 101 頁，以一個定價實驗設計說明資訊比直覺重要。

- 實驗公司：寵物用品店培菓幸福寵物（Petco）1965年成立，加州聖地牙哥市，1,400店。
- 實驗對象：每份飼料 100 公克，價格尾數0.25美元（註：傳統智慧是 0.49 或 0.99 美元）。
- 實驗結果：實驗 6 個月後，商品營收增加24%。

Unit **7-10**
消費者策略定價 II：特定情況

圖解零售業管理

一、因人定價

「見人說人話」看似是對人的一種諷刺，但商店在商品定價時確實如此。

1. **貴客vs.一般顧客**：針對大量購買者（heavy user），這是商店重要衣食父母，除了熱情款待外，在定價方面往往會打95折。這在百貨公司特別明顯，即貴客經營。

2. **付款方式**：由於商店憑顧客信用卡簽帳單向銀行申請消費款項付1.5%以上的手續費，且還有一些程序、時間。所以在日本、臺灣加油站，顧客付現金時會有2%的折扣，此即現金（付款）折扣。

二、因時制宜的定價

因時間的不同而更改商品的定價，至少有兩種情況：

1. **節慶時促銷價**：逢年過節採取打折方式來促銷已成常態，此屬於定期折扣（periodic discounting），例如：週年慶。

2. **商品生命週期定價**：同一種商品，隨著「人老珠黃」，一般來說，會愈來愈不值錢，尤其是流行商品，這就是跨時定價（pricing across time）的課題。由右圖可見二階段定價的名稱。
   - 新品上市定價（initial pricing）。
   - 折扣（markdown），可說是連續降價（dynamic price cut），屬於價格促銷（price promotion），這又包括下列二種情況：
   - 節慶行銷時的降價。
   - 流行商品逐步降價，但是顧客從過去累積經驗，以致延遲消費，即不在新品上市時買，而在打折時才撿便宜貨，商店也占不到多少便宜。

三、因地制宜定價

此稱為地區基礎定價（geographic pricing），常見的方式有二：

1. **依所得差異定價**：在美國，可以依地區所得的差異，而實施差別定價（differential pricing），在臺灣400家麥當勞（90%是直營店）2008年8月1日分北中南區實施三種價格，由於各店有一段距離，屏東縣的顧客很少為了5元差價跋山涉水撿便宜。

2. **依氣候定價**：在美國新英格蘭地區（東北）跟南方州（例如：德州）汗衫打折時間、幅度宜不同。

3. **中央集權vs.地方分權**：在同一零售公司各店自主經營情況下，各店有定價自主權，那麼定價會變得非常複雜。商店店員需先對各品牌予以定價，再進而針對該品項下各品牌商品再定價。對公司來說，可用「一公司多價（指同一品牌商品）」來形容，看似混亂，但實則是「因地制宜」（或稱為本土化）前提下的結果。

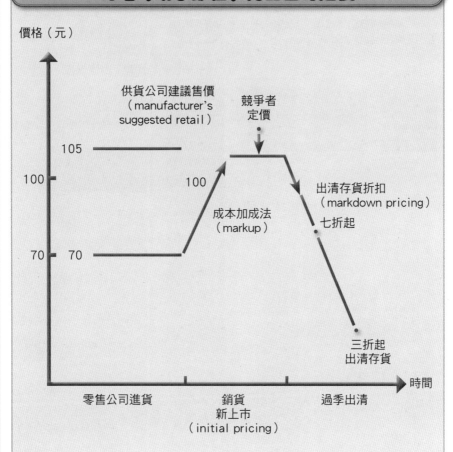

時髦（或季節性）商品因時定價

價格（元）

供貨公司建議售價
（manufacturer's
suggested retail）

競爭者
定價

105

100   100

70   70

成本加成法
（markup）

出清存貨折扣
（markdown pricing）

七折起

三折起
出清存貨

時間

零售公司進貨

銷貨
新上市
（initial pricing）

過季出清

知識補充站

不要輕易、隨便打折

美國的百貨公司比較堅守定價紀律（pricing discipline），這是有道理的。2015年1月，美國《哈佛商業評論》刊出一篇短文。

- 研究機構：Vantage Partners公司。
- 研究對象：美國〈財星雜誌〉全球500大企業中，11個行業的數位業務主管，偏重企業對企業的公司。
- 研究結論：售價折扣短期內有各種好理由，但是時間一拉長（例如：三個月），折扣價（例如：9折）會變成新的正常價。

第 **8** 章
零售業促銷管理

●●●●●●●●●●●●●●●●●●●●●●●●●● 章節體系架構 ▼

Unit **8-1**
行銷企劃的效益

　　「心動不如馬上行動」，促銷活動主要功能便是讓顧客心動甚至行動，在各零售公司店址、商品、定價大同小異情況下，可以看見零售公司卯起勁來促銷，足見促銷的重要性。

一、多算勝，少算不勝，而況不算

　　臺灣二人女子歌唱組合錦繡二重唱有一條著名歌「明天還是要繼續」，美國二位教授J. S. Conant & C. J. White（1999），在〈零售〉期刊上論文「行銷計畫規劃，過程效益，和商店經營績效」，認為這道理也適用於小、獨立零售公司；也就是進行行銷方案規劃（marketing program planning）看似「多此一舉」，至少短期、直接會帶來二個效益，詳見右圖。

1. 流程效益

　　流程效益（process benefits）比較偏重「書中自有顏如玉」、「開卷有益」的市場知識（market knowledge）的了解。

2. 行銷方案效果

　　行銷方案效果（marketing program effectiveness）主要是指行銷企劃能力的提升。自古無場外的舉人，《孫子兵法》〈始計篇〉第一「多算勝，少算不勝，而況無算乎」，行銷企劃中期效果在於「書中自有黃金屋」的經營績效（尤其是財務績效）。雖然小公司會以每天忙著救火來形容「行無餘力」，但是許多研究指出「三思而後行」比較好。這個看似屬於大四策略管理課程（參見伍忠賢著《策略管理》第一章第三節策略無用？規劃與否的抉擇，三民書局），在零售業管理中還是適用的！

二、促銷活動快易通

　　報紙的報導常是片段的，令讀者有瞎子摸象的感覺。相形之下，教科書以有意義的架構（詳見Unit 8-2表），以單一零售公司的某一檔促銷活動為例，便很容易抓得住零售公司促銷的精髓。

1. 橫軸：消費過程

　　在Unit8-2表中第一列（橫軸），我們套用顧客消費決策過程四個階段，這是零售公司促銷活動的各階段目標。

2. 促銷活動

　　在Unit8-2第一欄中，我們把促銷活動（依顧客消費過程）分成三階段，即廣告吸引顧客（在家中為主）的注意、贈品促銷以刺激顧客的興趣，其中節慶行銷是為了撩起顧客的需求；最後忠誠方案是為了讓顧客掏出錢包。

　　2017年11月24日，臺灣好市多「黑色購物節」檢討2017年11月美國零售商店11月23日（週四）感恩節、24日（週五）黑色星期五（Black Friday），臺灣的美式賣場好市多第一次辦黑色購物節，檢討詳見右表。

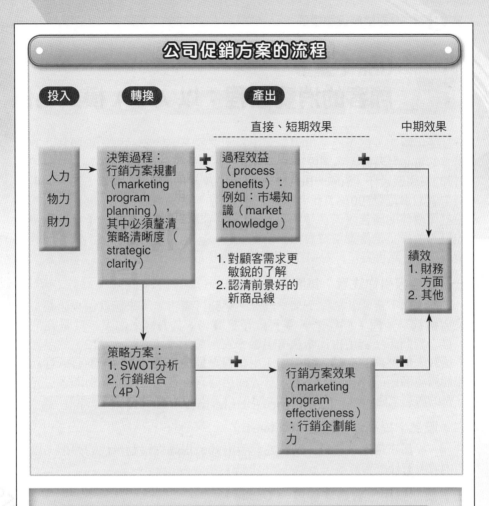

公司促銷方案的流程

投入　　轉換　　產出

直接、短期效果　　中期效果

人力
物力
財力

→ 決策過程：行銷方案規劃（marketing program planning），其中必須釐清策略清晰度（strategic clarity）

＋ 過程效益（process benefits）：例如：市場知識（market knowledge）
1. 對顧客需求更敏銳的了解
2. 認清前景好的新商品線

＋ 績效
1. 財務方面
2. 其他

策略方案：
1. SWOT分析
2. 行銷組合（4P）

＋ 行銷方案效果（marketing program effectiveness）：行銷企劃能力

＋

2017年11月臺灣好市多黑色購物節的檢討

項目	好市多13家店	社區、消費者、媒體
一、交通影響評估	13家店提前1小時（9點）開店 11月20日，對會員宣布黑色購物節。可能沒去警察局申請交通疏導	內湖店排隊 電視新聞臺記者去新北市汐止區，找大廈往下拍，整個上高速公路被車流擋住，動彈不得，13家店許多店交通大亂，民眾怨聲四起
二、電腦系統	每天早上開店前都會測試電腦系統	高雄市中華店 09:40～11:40 收銀檯結帳系統當機，顧客罵聲連連
三、商品	原本11月24（週五）～26日實施三天，24日中午特惠商品賣光，行銷企劃部副總王友玫宣布縮短為一天	2017年11月24日18:00～19:00中天新聞張雅琴主播強烈批評好市多，主張應「言而有信」，去調商品也要「守信」

Unit **8-2**
顧客的消費過程：以 AIDA 模式為例

　　每年兩次，你可能在電視新聞中看到美國著名內衣品牌「維多利亞的祕密」的新品發表會，專屬模特兒走秀，往往變成全球新聞的焦點。2018年2月5日的美國超級杯（Super Bowl）橄欖球比賽，有1.22億人收看，30秒的電視廣告就必須花費500萬美元。以2015年1月那次賽前維多利亞的祕密公司的名模打橄欖球的廣告，成功替球賽宣傳比賽時間等，也替公司做了免費宣傳。「投其所好」是落實消費者策略的貼切描寫，由右表可見，在消費者消費決策過程中，零售公司針對AIDA各階段，會採取適配行銷組合。

一、廣告吸引你注意：集客力（Attention）

　　不怕你不買，就怕你不來；汽車經銷商打廣告：「來店就送來店禮」，來店禮就是魚餌。同樣的，零售公司打廣告，寄DM來你家，就是要把你「推」到商店。套用古代希臘著名數學家阿基米德（-287～-212）的名言：「給我一個堅實的支點，我可以（用槓桿）把地球轉一圈」。唯有顧客蒞店才能體會商店的內在美，不過，首先商店要有外在美，才能吸引顧客目光，好奇的願意來店。

二、贈品：提高你的興趣 （Interest）

　　一般都是透過來店禮、消費抽獎等方式，提高你移動步伐的興趣，以到店內看看有什麼新鮮事。

三、要你試用：會嫌才會買 （Desire）

　　顧客到了店裡，商店氣氛會引起顧客興趣，店員詳細解說、協助你試用，引起你覺得「這東西真好」的慾望（desire），就是經濟學中的需求（need）。店員的功能可用一句諺語形容：「你可以把馬拉到水邊，但是卻無法催牠喝水」，店員是把顧客拉到商品旁，所以稱為「拉策略」（pull strategy）。1982年，韋克斯納 （Les Wexner）以100萬美元接手美國維多利亞的祕密公司（1977年Roy Raymond創立）這個只有3家店、面臨破產的公司，他認定做「想要」的生意，利潤比做「需要」的生意高得多。大部分的顧客家中衣櫥裡，都有足夠的衣服可以穿，所以重點應該放在如何刺激她們購買。他把公司重新定位，以精緻的傢俱烘托絲質與蕾絲內衣，呈現內涵優雅的性感。創造一個舞臺，布置氛圍情境，讓顧客「想要」的情緒漸漸培養。1995年起，他建立一個全球無人能抗衡的強力品牌。

四、要你掏出錢包：提袋率 （Action）

　　百貨公司常見人潮洶湧，但是看的人多，買的人少，提袋率低，人潮並不等於錢潮。因此百貨公司透過降價促銷，電視購物透過七天鑑賞期，就是要你掏出皮夾來「心動不如馬上行動」。

顧客消費過程中，零售公司促銷活動的功能

顧客消費決策過程	認知階段	情感階段		行為階段
AIDA	注意（attention）	興趣（interest）	欲求（desire）	行動（action）
一、零售公司措施分期	宣傳期	説服期		行動期
二、策略分類	推策略（push strategy）		拉策略（pull strategy）	
三、零售公司行銷組合	第3P（促銷）：廣告、郵寄DM	第2P（定價）：Unit 7-8～7-10 吸引力 第1P（商店、商品）Chap5、6	第3P（促銷）：促銷、節慶行銷	第3P（促銷）：忠誠方案
1.進階促銷（有進行顧客關係管理）：小眾行銷	顧客關係管理快易通			
（1）廣告（DM等）		如何讓壞顧客不上門		
（2）贈品等				
（3）人員銷售		如何讓好顧客一來再來		
2.初階促銷：大眾行銷				
（1）廣告	Unit 8-4 DM和店頭廣告			
（2）贈品等		Unit 8-5 降價促銷	節慶行銷	Unit 8-8 忠誠方案：會員卡與聯名卡
（3）人員銷售				Unit 6-6～6-8 店員對顧客的服務

165

AIDA 模式（The AIDA model）

- 時間：1898年
- 人：美國廣告公司董事長路易斯（Elmo Lewis, 1872～1948）
- 內容：屬於行銷溝通程序的一種

Unit 8-3
網路宣傳

2018年1月30日，美國We Are Social公司網站發表「2018年數位、社會和行動」研究報告指出，2017年底，手機上的社交（或社群）媒體普及率達33.3%，約20億個帳戶，依序為臉書（約21.67億個帳戶）、YouTube（15億）、WhatsApp（13億）、中國大陸QQ（9.8億）、QQ（8.43億）。2016年，網際網路（中國大陸稱互聯網）普及率約50%，全球75.93億人有40.21億人上網，51.35億人用手機。由於手機上網已成為絕大部分16～35歲人的休閒方式（每日平均2.7小時），取代看電視、看報紙。所以網路廣告、網路行銷成為大部分零售公司吸引顧客注意、興趣必備工具。

一、引起注意

愈來愈多精明的品牌公司，經由建立「值得談論的行銷」，最簡單的方式便是品牌、商品故事。2014年以前，中國大陸很流行「造假」網路行銷，例如：發現雲南的野生美女等，其實是為未來商品廣告先打底。這種利用人性好奇、愛美女、同情弱者的網路消息，網友愈來愈有警戒。

二、引起興趣

實體商店常會利用人們最貪小便宜心理，「走過，路過，不要錯過」，在商店前自拍上傳臉書，向自己的社群網友（一般約20人）宣告「我知道這商店」。簡單的說，你「打卡」等於替商店宣傳，你的社群網友看完按讚，你看起來見多識廣，商店會送你「五點」，累積打卡點數，商店內消費可打一定折扣。這是「線上線下」（Online to Offline, O2O）行銷，即線上宣傳、線下消費常見方式。

三、引起慾望

許多人累積一家商店打卡贈點，再到店內消費打七折，這就算夠便宜，於是有一天便走進商店看仔細。

四、引起行動

只要商店再推出一個「限時限量特價促銷」，許多人就忍不住排三天隊也要買。

新光三越百貨公司網站 App「隱私權聲明」（Privacy Statement）

本網站所蒐集消費者的資料，
不外流，
僅用於行銷等5項目的。

實體商店的網路行銷

人士	注意	興趣	慾望	行動
外界	最常見的新開店、新商品發表會，連網路新聞（中國大陸稱「視頻」）記者都會來採訪報導	網站上的評價 部落客（寫手）的推薦文。許多是商店委託的業配文	新聞報導著名人士店內消費的情景	新聞報導「排隊」名店，激發網友湊熱鬧的行動
公司	在入口網站（例如：谷歌）上的廣告	上臉書打卡送點數，藉此衝商店的人氣流量等	贈點可折抵現金	限時限量的「贈點」促銷，逼得網友「不捨得白忙」
	在拍賣網站上的關鍵字廣告、微電影（10分鐘以內）	免費送Line貼圖，商店買貼圖也得花錢，像網路作家彎彎等設計貼圖	顧客為了省買Line貼圖的錢幣免費幫商店宣傳	
	零售公司網站			

新光三越百貨 臺北市信義新天地企劃（行銷宣傳）的工作內容

1. 行銷研究：顧客面向與市場資料蒐集分析。
2. 異業合作洽談、執行。
3. 網路行銷及後臺管理。
4. 虛實整合之宣傳。
5. 公關相關事務。
6. 相關費用結算、成效結案。

Unit **8-4**
DM、刊物和店內溝通

　　促銷的第一步是「近悅遠來」，主要的方式是透過直接郵寄（direct mail, DM）、刊物、廣告，把消費者從家裡、公司拉到商店賣場。如果無法讓顧客移動尊駕，那麼零售公司再好的商品組合也是「英雄無用武之地」！

一、第一步：郵寄到府
　　零售公司投注非常多的心力進行顧客溝通（communicating with customer, 不宜用consumer communication），希望消費者能選擇到我這家商店購物，常見兩種郵寄到府的商品訊息。見右表。

二、第二步：店內溝通
　　既已把顧客從家中「推」到商店後，此時店內溝通的作用便在於「拉顧客」把皮夾打開拿出信用卡或手機付款，買東西。

1. 店內溝通的作用
　　零售公司對顧客溝通過程中，其中在商店內進行顧客溝通（即店內），可能有下列的效益。
- 可以加強顧客的品牌知識：顧客可能透過廣告、公共報導或口碑，對品牌有了一些認知，店內溝通的功能在於強化品牌知識。透過價格資訊、商品說明、商品包裝、商品陳列或商品試用等，都可能強化或補足其他行銷方式的溝通。
- 店內溝通可以跟其他溝通方式相輔相成：例如可以透過店內布置跟廣告做記憶連結，或利用商品包裝強化品牌形象。
- 店內溝通可以激勵顧客做購買決定：商品的陳列、包裝、促銷均可能成為激勵因子，幫助顧客克服障礙或提供誘因，導致顧客對品牌做成最後的購買決定。
- 經由店員進行顧客溝通，提供商品資料，也能進行促銷，增加顧客購買機會。

　　店內溝通（in-store communication）方式至少有下列幾種：文字（店頭廣告）、影像（即店內第四臺）、聲音（例如：店內商品提示聲音）。

2. 店頭廣告
　　四成以上顧客是進到賣場才決定要買什麼品牌，那麼零售公司該如何為品牌創造最佳曝光效果？店頭廣告是唯一能在顧客身邊及時傳達訊息的工具，雀巢奶粉、可口可樂和統一速食麵經常在貨架上張貼廣告，吸引路過的消費者注意。成功的店頭廣告必須包含三個關鍵：品牌名稱、商品特性和商品能為消費者帶來哪些益處。要是能加點趣味設計，讓消費者好奇想試一試，更能帶動他們的衝動購買。

3. 店內電視廣告或互動螢幕
　　2010年平板電腦流行以來，有愈來愈多商店在店內擺設互動螢幕，顧客在各商品區可點選以更深入了解商品。

常見兩種郵寄到府的商品訊息

直接郵寄

大部分量販店的「直接郵寄」（direct mail, DM）是採用「塞信箱」的發送方式，大潤發多年來，每兩個星期用郵寄方式寄發DM給200多萬位的會員。從2002年開始，為了提高DM的效果，大潤發從會員消費資料中分析，寄發寵物、汽車百貨和嬰兒等三類個別化的DM，結果，DM商品的業績比平常多出二、三倍。受到這樣的鼓舞，大潤發2004年起，把消費行為類別細分為十大類，分類更細、更精準。

刊物

零售公司以商品、旅遊和生活資料為主的免費或低價刊物，發行量達數十萬份、上百萬份，吸引消費者爭相索取傳閱，縱使顧客要花錢購買的特刊，每期也都可賣到數萬到十餘萬份。零售公司花二、三十萬元印刊物，免費贈閱，大部分經費來自行銷費用，少部分來自品牌公司的廣告贊助。刊物主要的效益在於成功帶動商品銷售、提高顧客忠誠度，甚至創造集團的整合行銷效果。

顧客採購過程的零售公司溝通方式

地點	注意	興趣	慾望	行動
顧客家中	直接郵寄（DM）電子郵件（E-mail）、App	手機簡訊、零售公司 Line 訊息	臉書粉絲團特價商品簡介（含業配文）	顧客手機簡訊三天期間限定商品七折
店內	1. 付費刊物 2002年起，康是美情報雜誌季刊 2. 免費 2002年起，統一超商 7-Watch，全家 my family 3. 公司 App	1. 店頭廣告（POP）包括在店內貨架上 2. 店內電視廣告	1. 店內試吃、人員解說 2. 店內廣播說明，比較像故宮博物院的館內導覽器，此舉是顧客手機的運用	1. 搭配限時限量特價或促銷贈品，會促使顧客下決定 2. 其他

Unit 8-5
促銷

促銷包括廣告、人員銷售、降價促銷、贈品（詳見Unit 8-8會員卡和聯名卡）等，本單元說明其功過。

一、降價促銷

降價促銷是最常見的促銷方式，本質上是變相降價，依實施日期是否固定，分成兩種。

1. 定期價格促銷

在每年固定期間（傳統節日中的三節是依農曆）所做的節慶行銷，大都採取「價格促銷」；此外，許多檔期促銷也是固定期間。

2. 不定期價格促銷：快閃促銷（flash promotion）

時：2010年1月5日，一天，快閃購物節

地：全臺

人：大潤發22家店

事：慶祝新曆年第一個週末，指定類別限時優惠，例如：凌晨0～2點，指定飲料等88折，2～5點，冷凍食品等8折。

二、人員銷售

2015年1月30日19：00～19：16，第四臺75臺，播出「日本學問大」，說明日本的百貨公司的人員銷售方式，詳見表一。

三、贈品行銷

贈品行銷（freebie marketing）是2003年以來，日本當紅的行銷方式，其中最出色的就是日本的「食玩」，原本只是食品公司為了吸引顧客，附在商品包裝裡的玩具，不過，後來精緻獨特的「食玩」卻成為顧客爭相蒐集的收藏品。除了兒童喜愛，也常可看到上班族在貨架上找尋，平日把玩得愛不釋手。

四、促銷對後續銷售的影響

由於促銷至少有三中類，因此基於避免加總誤差，因此許多學者把研究聚焦，芬蘭基爾大學行銷學教授Karen Gedenk &Scott Nelsin（1999）的實證，看起來便滿符合經驗，詳見表二。其中，降價促銷有損品牌形象，頂多贏得今天，但卻輸了明天，即後續購買（future purchasing）減少了。

表一 日本百貨公司人員銷售方式

促銷活動	說　明
1. 限定商品	這是老梗「限定商品」的「限量」、「限時」銷售，物以稀為貴，常會激起顧客搶購。
2. 大阪市小型活動會（Kotokoto stage）美其名有舞臺，但許多都是在大走道上	美妝、服裝專櫃小姐，替某一位女性穿衣、打領巾，有點像藍心湄主持的長青節目「女人我最大」，許多顧客說：「看完才知道穿起來什麼樣子」，有助於美妝、服裝銷售。
3. 青少女時裝發表會	開放給附近縣市的人報名參加。青少女自己打扮，會帶親朋好友一起來，其動機是想秀，與認識朋友。

表二 兩種促銷對營收的影響

促銷方式	對照組：沒促銷時	實驗組：有促銷時
1. 價格以外促銷（non-price promotion） ・排面展示 ・抽獎	—	後續購買（future purchasing）會增加
2. 降價促銷（price promotion）	—	後續購買會減少，因為降價有損品牌資產、品牌忠誠度

Unit 8-6
體驗行銷

　　實體商店在促銷三項活動中，最值得在人員銷售上下功夫，其中一項是由店員協助顧客試用商品，以了解商品的好，俗稱體驗行銷。

一、避免被網路商店打敗

　　網路商店可以輕易地比較價格，並瀏覽龐大的商品功能資訊。2010年起，許多人到實體商店看（例如：試穿衣服）商品，再用手機等向網路商店下單。商店愈來愈變成「展示間」（showroom）。2013年上海市55家百貨公司營收衰退，愈來愈多的人逛百貨公司的目的只是試穿、看樣品，回頭在網路商店上購買，百貨公司淪為「試衣間」。這個問題在CD更早面臨，1990年，臺灣還有120億元營收，但隨著夜市盜版CD、2001年蘋果iTunes的線上音樂銷售，2009年CD市場規模16.22億元。唱片公司等以現場演唱會方式，讓歌友、粉絲可以近距離跟歌星互動。

二、試吃比沒有試吃營收多三倍

　　你有沒有去過任何老街（例如：新北市深坑區、三峽區老街），有些商店熱情請你試吃，有些商店擔心「試吃」傷本。一般來說，有試吃情況的營收是沒有試吃情況的四倍。顧客吃了以後，才能體會到商品的好，即解答其對產品的疑慮，心動才會行動。

三、不用吊書袋

　　有些人會引用美國哥倫比亞大學教授Bernd H. Schmitt的《體驗行銷》與日本早稻田大學教授武井壽的《現代行銷論》，來強調行銷體驗的重要性。自從有人類的銷售行為以來，許多銷售行為都是要顧客試用，顧客才會購買。學者只是把實務作法歸納罷了。由右表中店鋪販售、商店為例，說明體驗行銷的作法。

體驗行銷

體驗行銷 （陸把行銷譯為營銷）	=	體驗 （experiential）	+	行銷 （marketing）
• 1998年 • 美國 • 策略地平線公司B Josephpine II和J. Hgilmore提出		在消費者決定採購前，讓他（或她）能試用，讓他體會商品（或服務）的效益。		這比較偏重行銷組合第1P的商品、第3P促銷中三中類的人員銷售。

零售業	全國品牌	商店作法
一、實體商店：以「行」為例 1. 手機等	2014年6月蘋果公司聘請英國巴寶莉（Burberry）總裁阿倫茨（Angela Ahrendts）擔任零售部副總裁，負責零售業務（包含實體與網路零售），希望達成三個目的： (1) 創造服務差異：建立商品外觀設計以外的附加價值，進而產生信仰與黏著度，避免落入價格競爭 (2) 強化商店內服務：3C產品的功能日趨複雜，服務人員親身解說，可降低消費者對新產品的排斥 (3) 豐富化顧客體驗：藉由消費者緊密互動、溝通與資訊蒐集，可能比廣告更直接有效	2014年8月6日～10月31日，燦坤跟華碩推出手機免費體驗活動，可用「Zenfone 5」7天，不限流量
2. 汽車公司	場內試駕免費，而且還有「體驗禮」，但為了篩選，顧客必須有身分證，甚至汽車駕照	道路上試駕，酌收費用，主要是「以價制量」，以淘汰出一些「來玩玩」的人。
二、無實體商店的「展示間」	2017年11月16日～12月31日，美國亞馬遜公司與時尚服裝公司凱文·克萊（Calvin Klein），在加州洛杉磯和紐約州紐約市開快閃店	臺灣新光三越百貨強調百貨公司要讓消費者有「體驗」

173

Unit **8-7**
顧客經驗管理到顧客關係管理

商店總是希望顧客能由「生客」變成「熟客」，在行銷學中稱為「顧客關係管理」（customer relationship management, CRM），最常見的便是熟客經營，例如：老主顧每年生日時會收到一份小禮物等。此外，也希望熟客能發揮「好口碑效果」（words of mouth, WOM），「吃好逗相報」，一個介紹一個，最好介紹三個；商店會給其「介紹」的價格優惠。

由右圖可見，顧客關係管理的基本是顧客經驗管理（customer experience Management），唯有讓顧客有好的消費經驗才會滿意，進而對本商店有「願意一來再來」的承諾，顯現出高顧客忠誠度，即不會隨便「轉臺」。

一、投入：公司行銷努力

要創建卓越的顧客經驗，必須以顧客的角度來看、來思考，也就是右表中的「知彼」（顧客的期望水準）與「知己」（公司的服務能量）。

針對經常性購買的且有會員卡的零售業（或其他服務業，例如：旅館業、汽車維修業），業務人員、資訊部從顧客的接觸中，逐步建立「知彼」的「顧客知識庫」（customer knowledge base）。

二、轉換：顧客經驗

「一分錢一分貨」，正常顧客往往會根據消費水準設定一個期望服務水準，跟公司（商店）提供的服務水準相比，大抵有三種可能結果。

三、產出：顧客滿意

顧客正面經驗會讓顧客感覺到快樂、滿足、公正、被尊重、服務和被照顧，會促使顧客再惠顧，甚至介紹他人購買。顧客負面的經驗，除了不會再光顧外，還會產生抱怨、控訴，甚至利用各種管道宣傳公司的負面印象，有損公司形象，俗稱「社會觀感不佳」。

顧客關係管理

投入	轉換	產出
	顧客體驗過程	（目標）

| 一、顧客接觸
1. 電子接觸網路，例如：公司網站、App等
2. 人員服務
・店員
・客服中心
二、品牌管理
1. 經營方式（business model）
2. 公司支援系統 | 顧客經驗（customer experience）

A（注意）：發現、認識
I（興趣）：吸引
D（慾望）：互動
A（行動）：購買、使用、培養、宣傳 | 顧客行為

Step1：顧客滿意

Step2顧客承諾

Step3顧客忠誠 | 經營績效
1. 營收
・老顧客維持率（customer retention）
進而進行
・交叉行銷
・進階行銷（up-sell）
・好口碑效果即顧客轉介率（即獲得新顧客，customer acquisition）
2.減少行銷費用 |

顧客需求分析 （了解你的顧客，know your customer, KYC）	公司（商店）作法
・明確了解顧客真正喜歡的是什麼？ 這包括： ・顧客資料：包括人口統計資料、交易資料。 ・顧客知識：指顧客的「偏好」等，這部分屬於行銷面的知識管理之一。 ・能誠心接受顧客有用的建議嗎？	・能承諾顧客所要得到的一切？ ・你有信心給予顧客所要的最好答案嗎？ ・能記住什麼是顧客喜歡的嗎？ ・公司每天所提供給顧客的體驗是什麼？ ・任何事都一定要收取費用嗎？ ・一切服務都要依照公司標準作業規定處理嗎？ ・能不能超越規定提供服務？

Unit **8-8**
顧客忠誠度方案：會員卡與聯名卡

　　各零售公司在顧客關係管理上採取會員卡和聯名卡兩種方式，以提高顧客忠誠度，稱為顧客忠誠度計畫（customer loyalty program）。

一、美國的不好經驗

　　美國公司每年花在顧客忠誠度方案的費用約500億美元，平均每一個家庭參加23個忠誠度方案。美國家庭真正有在使用的忠誠度方案卻不到一半，根據麥肯錫顧問公司的調查顯示，顧客忠誠計畫花費較多的公司，其毛益率比花費較少的公司低！更糟的是，忠誠度計畫未能增加顧客的購買和滿意度。只有20%的忠誠度方案會員說會員制影響他們採購決策、33%的會員認為公司忠誠度方案有符合他們的需求。有顧客忠誠度方案的公司其營收成長率2.28%，而無會員制的公司其營收成長率4.26%。太多公司在設計顧客忠誠度方案只是模仿其他公司的作法，運用累積點數的方法給顧客獎勵，未積極引入顧客意見，或並未利用大數據分析結果跟消費者溝通。（摘修自楊永堅，「顧客忠誠計畫成功之道」，《今周刊》，2014年4月7日，第30頁）

二、會員卡

　　會員卡（loyal shopper card）是某零售公司發行，免費（像全國電子）或付會費（像燦坤普卡會員年費500元），顧客便可以升格為會員，享受更高的待遇（主要是會員商品優惠價）。

1. 會員卡對零售公司的最大好處

　　從南韓首爾大學Dooechul Kim等三位教授（1999），針對美國顧客資料所進行的分析，得到一個簡單結論：由會員卡卡友的消費行為，比顧客的人口統計特徵（demography）更能明確區分哪些消費者對哪些品類商品錙銖比較，也就是經濟學上的價格彈性（或價格敏感性，household-level price sensitivity）。

2. 會員卡對顧客的好處：特選商品優惠價

　　幾乎所有量販店為留住顧客，紛紛發行會員卡，享有特選商品折扣的優惠。

二、聯名卡

　　聯名卡是一項會員的交叉行銷，對零售公司來說，發行聯名卡能收取額外的業務推廣費用，也能結合銀行資源舉辦各項促銷活動。對銀行來說，跟零售公司的合作能快速增加業務據點，並保持卡友固定的刷卡率。

三、點券的功與過

　　點券（coupons或trading stamps）是培養顧客長期消費的促銷工具（promotion device），但是顧客真的會因愛貪小便宜，而肥了零售公司嗎？答案是，並不是無往不利，美國加州大學柏克萊分校商研所教授Priya Raghubir（2004）依據行為實驗室的結果發現。點券一如降價（甚至低價），如果沒有搭配其他資訊（尤其是對手商品價格，其次是商品品質），否則點券會被認為是變相折價，而「便宜沒好貨」的刻板印象，反而會使點券「成事不足，敗事有餘」，也就是點券價值（coupon value）不好。

常見的顧客忠誠度方案的工具

項目	特定促銷	平時
一、忠誠方案 1. 會員卡	燦坤一年一次（或會員日），針對會員打折。	量販店的會員卡大都針對促銷商品有「會員價」。會員消費金額 100 元折換「現金紅利」一點，以後消費時可從總額中扣減
2. 聯名卡	百貨公司在 10 月的週年慶時，刷聯名卡有全館（超市除外）商品打折	百貨公司與銀行的聯名卡，平常約打 98 折，量販業中的好市多針對聯名卡，有優渥的現金折扣
二、點券	點券不可使用於促銷期、促銷商品	DM 等郵寄到會員家中或電話簡訊，讓點券可針對一些特定商品折價。

知識補充站

聯名卡成功的關鍵因素

時：2004年10月

地：中國大陸上海市

人：萬事達卡公司顧問藍尼‧拜爾斯（Lanny Byers）

事：在「聯名卡暨業務成長研討會」中表示，要成功經營聯名卡，首重市場調查，清楚了解顧客最希望的優惠是什麼，美國一家銀行在調查中發現，多數民眾對於旅遊優惠最感興趣，以25萬美元的旅遊抵用券為持卡人最大的禮物，也造就美國信用卡對航空聯名卡有很大的迴響。如果銀行提供的優惠不是持卡人的需要，所有努力等於白搭。

拜爾斯認為銀行應該對聯名公司的顧客，視為潛在客群進行開發，甚至利用合作夥伴的名氣，以擴大客群為目的，創造「搭便車」的市場效應。針對潛在顧客設計聯名卡的優惠措施時，他建議，優惠愈簡單愈好，最好廣告臺詞是一句話即可解釋一切。

拜爾斯認為合作夥伴的選擇，是聯名卡成功與否的關鍵，雙方必須先取得共同目標，以三年為期的合作計畫為設計藍圖，並建議銀行在取得管理、營運面的共識、甚至廣告預算達成協議後，再簽訂計畫書。

Unit 8-9
消費紅利積點

　　紅利點數具有鎖定顧客及提高單價的效益，是零售業強化顧客忠誠度的利器。常見的有加油站（會員點數）、便利商店。本單元以便利商店對象說明。

一、顧客忠誠度計畫案

　　有創意的忠誠度計畫藉由顧客參與，消費者可以得到獎賞，進而持續購買。好口碑效果（例如：積點、貴賓卡）。蘭蔻針對顧客消費與撰寫商品使用經驗給予點數，會連接到社群媒體帳戶，和觀看線上教學。運動服飾品牌愛迪達對顧客體育活動給予點數，可用於消費時打折，耐吉則組成「慢跑俱樂部」，這跟汽車（摩托車）公司組成的車友俱樂部一樣，其中在美國最有名的是哈雷（Harley Davidson）。

二、消費紅利積點的用途

1. 便利商店換商品

　　以統一超商的愛金卡為例，主要兌換的是咖啡、飲料、日用品（衛生紙）。

2. 變成儲值金

　　以悠遊卡的UUPON紅利積點來說，在捷運站站內悠遊卡加值機把機上積點轉成儲值金。

三、統一超商的點數優惠

　　統一超商轉投資成立愛金卡公司，負責愛金卡（icash）業務，由於此卡可在統一流通次集團旗下一些商店使用，詳見右表。

　　一般來說，悠遊卡適用的範圍較廣，終究有一天，悠遊卡會主導。但悠遊卡的困擾是僅常用於雙北市捷運、高捷，頂多加上鐵路、高鐵，適用地區較窄，但適用商店較廣（例如：所有便利商店皆可使用）。

家樂福聯名卡的四個好處

1. 平常：店內消費一元獲得紅利點數 2 點，店外消費一元獲得 1 點。
2. 每週生鮮日：有機日的一元加購價。
3. 每週三不限消費金額，點數三倍送、指定商品點數加倍送。
4. 年刷卡金額 10 萬元以上，直接成為 VIP 貴賓，點數從原來的 300 點折抵 1 元，升等為 200 點就能折抵 1 元，可享有免費停車、洗車、年節禮盒，以及優惠促銷優先通知等。

便利商店雙雄的紅利積點方案

項目	HAPPY GO	愛金卡（icash）	悠遊卡（Easy Card）
時間	2007年	2008年	2015.4.1
主辦公司	遠東集團全家在2007年與遠東集團合作	統一超商的愛金卡（icash）	全家，加入悠遊卡（4,615萬張）
對顧客效益	卡友到店可累兌紅利，100元可得1點，特約商店3,000家	1元可累紅利1點，每300點可以兌換1元，或兌換免費商品（例如：統一超商的調理食品與民生用品）。2015年可認點兌換LINE貼圖金	加入會員後，持卡至全家消費即可享每50元可累積UUPON紅利1點，集滿10點可立即消費折抵3元
會員數	1,300萬張，包括遠東百貨、遠傳電信、愛買、遠東崇光百貨、遠企購物中心	1,700萬張，主要是統一流通次集團旗下子公司，例如：康是美、統一多拿滋、速邁樂加油站	2018年7,000萬張，包括全家便利商店、中華電信、神腦國際、台新銀行、台北富邦銀行、中國信託銀行等19家銀行
對便利商店的好處	以持HAPPY GO卡的客單價較非持卡人高2至3倍	icash是業界首張提供支付與通路點數機制雙重功能的電子錢包。統一超商在2008年導入紅利積點，在2014年推出感應式icash2.0，推出「OPENPOINT」點數機制，卡片與點數開放異業合作，一年可以贈出100億點的紅利點數。icash聯名卡是有icash功能的信用卡，10家銀行發行	點鑽整合行銷公司認為，UUPON最大優勢就是能結合股東資源，且擁有龐大會員基礎。UUPON定位是一個跨公司、跨產業的點數平臺，食、衣、住、行（交通、電信）、育、樂等行業都用得到

179

第 **9** 章

零售公司資訊管理：兼論零售科技

● 章節體系架構

Unit **9-1**
零售公司的資訊管理範疇

　　零售業的資訊管理範疇比製造業廣，但基本觀念相同；在本章一開始時先綱舉目張的把零售公司的資訊管理範疇以圖方式標示，在本章其他各單元再以特寫方式詳細說明。如此一來，縱使不是資訊管理出身的協理出任資訊部主管，也抓得住大致方針。為了有切身感起見，本單元以統一超商為例說明。

一、大分類：實體商店與網路販售

　　在運用時，為了清楚易懂，發現零售公司的資訊管理分成兩大類。

1. 實體商店方面的資訊管理

　　實體商店方面的資料特性偏重批量處理，例如：各店在下午2至3點時向公司下訂單，公司對兩種供貨公司（品牌公司、代工公司）再下訂單。

2. 網路販售方面的資訊管理

　　在網路販售時，網友「全年無休，一天24小時」皆可對零售公司、網路商店下單，資料特性偏重即時處理。由於強調二日宅配到府，所以零售公司對品牌公司下單也是即時處理。此情況下，電腦（含伺服器）的運算速度、容量皆較大，以免網友上線時塞車。2015年2月，臺灣閩南語天后歌星江蕙封麥演唱會售票數次造成當機，是少數例外。

二、實體商店販售中分類

　　實體商店方面的資訊依主體對象分成兩中類。

1. 商店與零售公司間

　　統一超商面對5,250家店，扮演商流、資訊流的彙總，最基本的便是每天下午2點左右，各店經由電子訂購系統（EOS）向公司訂貨，在翌日凌晨時便會陸續收到鮮食商品（例如：三角飯糰、御便當）。

2. 零售公司跟供貨公司間

　　以鮮食商品為例，統一超商北一區（1,000家店，北起基隆市，南迄新北市）由聯華食品負責供貨，下午2點接到統一超商的1,000家店訂貨明細後，便開始生產、撿貨，晚上9點起陸續出貨，物流公司把商品運送到各店。

三、網路販售中分類

　　網路販售俗稱電子商務，分成兩中類。

1. 企業對消費者（Business to Customer, B2C）

　　嚴格的企業對消費者（或稱消費型）電子商務，是指消費者上網路家庭等網路百貨商場，向掛在其上的網路商店（例如：OB嚴選）買商品。我們稍微放寬，例如：消費者上統一超商的附設7net購物，在指定店面取貨；或上旗下博客來（號稱臺灣版亞馬遜）訂貨，透過黑貓宅急便宅配到府。

2. 企業對企業（Business to Business, B2B）

　　嚴格的企業間電子商務是指像中國大陸的阿里巴巴，零售公司上網去買商品來販售。在本處，我們稍微放寬，例如：統一超商下單給品牌公司。

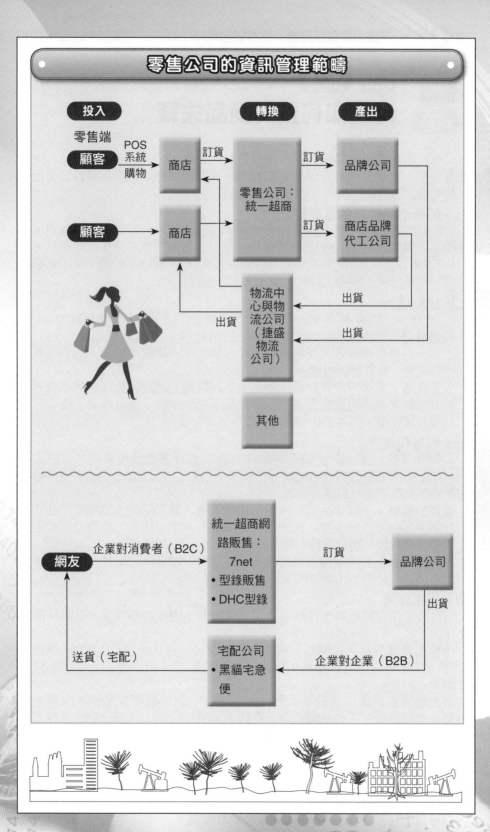

Unit 9-2
商店如何預防商品失竊

　　商店開店買賣商品賺價差，最怕「美夢成空」，一是商品賣不掉，一是商品失竊，商品失竊有八成是顧客偷的。本單元說明如何防止顧客偷商品，以便利商店為對象舉例。

一、降低商品失竊的重要性

　　以4號電池（4入型）售價100元為例，純益率8%，即賣1組只賺8元。但是如果失竊1組，必須賣11.5組才賺得回來。以電池這個周轉率低的商品，可能6天才賣12組，但只要不小心，6秒就會被偷1組。賣商品較難，防止失竊較容易，常見措施二分法，詳見右表，底下詳細說明。

二、決戰境外

　　針對偷竊慣犯，許多商店希望在此類奧客進門時，店員便緊迫盯人。

1. 科技作法：生物辨識系統（人臉、眼睛虹膜）辨識程度頗高（95%以上），有些日本零售公司把奧客照片等輸入，一等他（或她）進入，店員們便啟動「緊急應變機制」。

2. 人工作法：奧客可能戴口罩，再加上小商店無力承擔科技作法的花費，所以商店把奧客的照片從監視器上等截圖下來，印製「查緝專刊」圖卡，置於收銀櫃檯下，列為工作交接項目之一。

三、科技作法

　　1980年代以來，防止商品失竊的方法主要是在商品包裝內加裝防盜磁條（anti theft magnetic stripe或電子標籤，RFID），顧客拿商品到結帳櫃檯時，收銀員先把商品消磁再結帳。

1. 磁條的限制：生鮮商品或小件商品往往不適合裝上磁條，以電子商品中的記憶卡為例，才一小片，即一片口香糖對折一半一樣大，品牌公司裝上大的塑膠套包裝，讓它體積大起來。

2. 磁條的盲點：有些慣竊很清楚知道（或找到）磁條，把它扯掉，因此又有防盜鏈鎖的使用，比較像汽車防盜鎖的原理。

四、人工作法

　　科技作法有其限制（包括商店預算有限），因此許多時候，必須採取人工作法。

1. 小件高單價商品：以便利商店的香菸來說，一包100元以上，放在櫃檯後方，顧客指名那個品牌後，再由店員拿給顧客；稍微費工，但卻可以保本。

2. 反光鏡與監視器：至於結帳櫃檯以外地方，由於被貨架擋到，店員看不到；此時只好在店內三個角落天花板上加裝反光鏡，錢多一點裝監視器，以解決店員視覺死角；這兩種裝置都能嚇阻不肖之徒輕舉妄動。

3. 店員走動管理：在店內食品區，有時顧客會把食品包裝打開吃了、把飲料（酒）喝了。結帳櫃檯店員完全看不到。此時，必須靠店員在補貨上貨架時多加留意。

4. 慣竊照片：慣竊常有地域性，商店會把其照片置於櫃檯內，讓值班店員都看得到，只要嫌疑人一進店，店員便提高警覺。

商店對商品防竊的作法 ....

商品防竊作法	說　明
一、科技作法	
1. 防盜磁條與防盜門	比較適合乾貨且有一定尺寸
2. 防盜鏈	在商品盒外以十字軟鏈方式打結，要到結帳櫃檯消磁，否則硬拉斷，電子鎖會發出尖銳哨音，類似防盜器
二、人工作法	
1. 小件高價商品	像電池、口香糖等小件但高單價商品，則擺在結帳櫃檯前，顧客拿時，店員看得到
2. 其他	・保管箱：有些人把較貴商品（例如：電暖器）從紙箱中拿出來，裝便宜商品，商店把貴重商品放在保管箱內，奧客無可奈何 ・對於穿著大衣（尤其夏天）的顧客特別注意

人臉辨識技術（facial-recognition technology）

・**用途**：很多國家機場、港口海關透過人臉辨識（Face ID），進行入出境管理。為避免影響比對結果，大多會要求人們拿下眼鏡。許多雙胞胎長相的相似度高，因此會搭配指紋辨識，進行雙重認證。

・**技術**：生物辨識技術的方式由上到下包括人臉、眼睛虹膜、指紋等，未來延伸到心跳、皮膚、步態等。

・**人臉辨識系統**：包括圖像攝取、人臉定位及識別等，透過演算、比對相似度，判斷是否為本人。2018年辨識準確程度99.25%，但黑人準確率65～79%。（詳見雷鋒公網，2018.2.12）

Unit **9-3**
大數據的運用

2013年起，3D列印、大數據（Big Data）成為企業管理的顯學，3D列印偏重製造，但大數據則可運用於各項企業活動，包括研發、製造、行銷等。零售業也有許多公司強調其有跟得上流行，但是我們從報刊中不易「窺其堂奧」。

一、大數據的種類

「大數據」（Big Data）的「大」指的是資料量龐「大」，以海比喻，俗稱「海量」。至於「數據」（Data）則是指未經處理的資訊（information）。

1. X軸：資料來源

由右圖X軸可見，數據來源可分為零售公司內部、外部兩種。外部資料最常見的是某商品的谷歌搜尋次數，時尚潮流藝人臉書的點閱次數，可看得出大眾關心什麼電視影集，像2014年韓劇「來自星星的你」，便掀起都教授、千頌伊相關商品熱。

2. Y軸：資料型態

由右圖Y軸可見，數據型態常見的有文字數字數據、影像數據，以店內監視器拍出的影像數據為例，透過影像分析，了解顧客的動線，為何拿這樣商品看一看卻沒買，或買了什麼，藉此讓店長更容易且精準地訂購商品；結帳櫃檯前的影像資料，也可以分析。外界影像數據最常見的便是YouTube的點閱次數。2017年全球數據量21.6.ZB（ZB: 10萬億億字節），2020年估為40ZB。

二、天下沒有新鮮事

大數據分析是炒冷飯的企管觀念，本質上仍是資訊管理的一部分，只是資料來源更廣、資料型態更多元。

1. 數據堆中探勘以煉金

2009～2013年，全球流行透過各零售公司顧客交易資料（尤其是會員卡、信用卡等有個人識別的），透過分類等資料探勘（data mining）等，進而進行電子郵件、簡訊、電話銷售等行銷更準確，藉此降低行銷費用，俗稱「精準行銷」（precision marketing）。雖然銀行業、零售業大談此課題，關鍵案例較少詳細曝光。

2. 美國亞馬遜公司的「媽咪精選」清單算嗎？

2013年10月底，美國亞馬遜公司首次推出「年度媽咪精選」，2014年有50樣玩具和遊戲，這是根據40萬名媽咪在亞馬遜臉書頁面張貼的產品評論而彙總出的結果，以作為顧客購物時的參考。亞馬遜公司商場以專區介紹這50項商品，有附照片；亞馬遜公司與網路商店由此能更加以精準備貨。

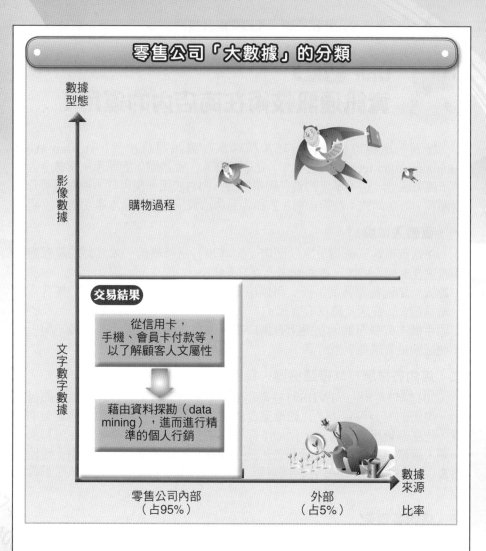

零售公司「大數據」的分類

數據
型態

影像數據

購物過程

交易結果

從信用卡，
手機、會員卡付款等，
以了解顧客人文屬性

藉由資料探勘（data
mining），進而進行精
準的個人行銷

文字數字數據

零售公司內部
（占95%）

外部
（占5%）

數據
來源

比率

富邦媒體科技公司，如何善用大數據

富邦媒體（即momo購物臺，8454）63%營收來自網路商品販售，約有750萬客戶，每天約6.5萬筆的瀏覽，使用者上網大概看20～30個網頁，累積下來是很大的資料量。

公司會以「購買行為相同」作為分類，例如：會看買A商品的用戶，屬於某個消費族群，適當的推薦她B商品，這樣作法大幅提升購買率。如果沒有推薦，買A商品的大約只有3%機率買B商品，但經過推薦，比率提升到15%。（摘修自《聯合報》，2014年10月22日，AA版，林啟峰）

Unit **9-4**
資訊通訊技術在商店內的運用 I

報刊、電視等媒體上，經常報導單一資訊通訊技術（information communication technology, ICT）在網路商店、實體商店的運用，常會令人有瞎子摸象感覺。在本單元的表先綱舉目張，由右表第一欄可見，依對象可分為對顧客、商店兩種；在第一列是依顧客蒞店消費流程順序，本單元簡單說明。

一、商店入口處

在強調熟客經營情況下，商店（尤其是五星級旅館，米其林三星餐廳）都希望在商店入口處，更能知道「貴客光臨」。

1. **認人**：透過臉部辨識系統，可以辨識貴客上門；另一功能是針對奧客「大敵當前」，商店及時採取警戒。
2. **認手機**：人臉可能因為臉上有戴口罩、大型太陽眼鏡而不易辨識，另一種便是則是智慧型手機辨識。

二、店內各樓層—以帶路機器人為例

2015年2月8日，TVBS財經臺（56臺）晚上8點「世界翻轉中」節目播出，美國的五金百貨店（比較像臺灣的特力屋），在各樓層的一些貨架前設置「物品尋址辨識螢幕」，例如：你把家中一顆螺絲（扣件）放在螢幕前，如同人臉辨識系統般，該螢幕會辨識出該螺絲的商品號碼，再透由「帶路機器人」（Follow Robert, 比較像電影《帝國大反擊》中的輪式機器人）帶你到貨架。

三、店內各貨架

每個貨架前的液晶螢幕可播放影片介紹商品，或像科學博物館由顧客自己選擇商品，看商品介紹。另外，商品訊息傳送到顧客手機。

四、結帳與收銀

結帳與顧客付款是消費流程的終段，依由誰操作分成兩情況。

1. 店員操作的結帳與付款。
2. 顧客自助的結帳與付款。

無收銀員商店「淘咖啡」（Taocafe）

時：2017年7月8～12日
地：中國大陸浙江省杭州市
人：淘寶網
事：在淘寶購物節中，推出「無收銀員商店」（no staff 或 cashier-less store store, 不應譯為無人商店）概念店。

資訊通訊技術在商店內對顧客的運用

對象	入口處	店內各樓層	店內各貨架	結帳
一、對顧客 二、對商店	**1.提供機場導覽App** 避免旅客迷路：日本的全日空（ANA）提供旅客「平板電腦」，供旅客快速報到、機場導覽，並接收航班即時訊息 英國量販店特易購運用臉部掃描應用程式，根據年齡與性別，向顧客呈現廣告 **2.虛擬商店** 南韓Home Plus運用手機掃描QR Code技術，結合自家的App行動商城，在捷運站的看板廣告轉換為行動商店，顧客只要手機一掃描，即可訂購商品並配送到家 英國量販店特易購在南韓首爾市設立一間虛擬商店，讓路過民眾可利用電子商品貨架訂購日用品 **3.運用臉部辨識技術** 臉部辨識技術用在分析臉部表情或肢體動作，在機場中揪出可能挾帶違禁品或危害飛安的危險人士	**1.傳送商品優惠訊息到旅客智慧型手機** 在丹麥哥本哈根、上海市虹橋和美國邁阿密市，機場測試 Beacon 發送器，把折扣訊息透過藍芽送到旅客智慧型手機 **2.帶路機器人** 南韓的購物中心提供帶路機器人，幫助消費者找到合適的商店 **3.數位試衣間** Magic Mirror 等公司推出虛擬鏡子，讓顧客可透過螢幕上自己的投影試衣服。身體感測器能繪出顧客的身裁，另透過觸控螢幕在投影影像上穿搭虛擬服飾 **4.蒐集客戶資料** 店內四周的感測器蒐集顧客人數以及購物時間長短等資料。商店把訊息傳送至顧客的手機 **5.商業用機器人** 機器人幫忙商品上架、盤點庫存，並且留意庫存量和新鮮度	**1.虛擬貨架** 「虛擬購物牆」，只要用手機掃描牆上的 QR 碼，就能購買名牌包包等產品 **2.智慧標籤** 挪威企業 Thinfilm 把電子設備嵌入標籤中，且其成本正在大幅下滑。智慧標籤含有感測器與顯示器，而且能利用 NFC 告知顧客牛奶是否新鮮，或產品是否符合國際標準。未來產品架上安裝感測器，顯示哪一種酒最適合搭配你的手推車內的食物 **3.美國 Shelfbucks 公司** 多數消費者消費前會上網搜尋商品資訊，Shelfbucks 公司是好幫手。幫助消費者購物時把手機靠近貨架上的無線信號臺，便能得到產品評價及細節，甚至還能取得優惠券。Shelfbucks 不會濫發垃圾信件，而是由消費者自主搜尋、取得優惠券 **4.日本松下公司（Panasonic）：智慧貨架（Powershelf）** 智慧貨架能幫商店降低缺貨率。貨架上的重量感應墊會在商品被掃空時傳簡訊給員工，提醒他們補貨。智慧貨架具備數位標價功能，方便業者調整價格，例如：在一批香蕉壞掉前，在單一或全體店面降價求售，這樣比替換紙標籤有效率。美國全食超市（Whole Foods Markets）在 40 家店採用	**1.感應付費** 人們可透過智慧型手機付帳，法國量販店歐尚與裝修 DIY 賣場 Leory Merlin 試辦指紋掃描付費。顧客的指紋資料儲存在支付卡上，利用現場通訊技術進行收費 **2.取貨地點隨你選** 顧客可在線上訂購，在咖啡店、捷運車站或其他地方的置物櫃取貨。這種取貨方式、類似 Wum Wum 這類隨顧客需求在 1 小時內送貨的服務會愈來愈流行 **3.3D 列印店** 3D 列印店會在每條大街上開張，顧客可觸碰螢幕，下載特殊設計，等待後就能獲得一份特製成品。專家預測 3D 列印店將取代相片沖印店

資料來源：整理自《經濟日報》，2015年2月3日，A8版，林佳賢；2014年11月22日，專1版，葉亭均。

Unit **9-5**　資訊通訊技術在商店內的運用 II：線上到線下

　　實體商店大量運用資訊通訊科技，針對顧客方面的有兩個層面。

- 數位行銷：主要透過Line（中國大陸則為微信、QQ），跟顧客在線上交談；透過臉書也一樣，即社群行銷。這部分屬於以個人為核心的數位技術領域。
- 線上交易、線下取貨：這是本單元的重點。

一、800億個網址等

　　2018年10月，國際數據公司（IDC）在每年的「未來展望」（Future Scape）中有關全球零售洞見中說明，大多數人連接到數位世界的管道有33個，例如：電子郵件、社交媒體、線上出版物、電子商務等，以全球78億人、商店（與公司）中活躍上網的35%人口來說，澳門天網資訊科技（Netcraft）估計約有180億個網址（其中有在用的2億個）、臉書網址等。

二、線上交易，線下取貨

　　2014年10月16日，美國星巴克宣布2015年推出App訂餐服務，即顧客以智慧型手機下載星巴克的訂餐與付款應用程式，在店外預先下單、付款，屆時到店裡拿剛做好的餐點。2014年10月起，先在奧勒岡州波特蘭市（人口約64萬人）試辦。臺灣的丹堤咖啡2014年也有同樣的服務，多兩項。

- 透過行動e卡的儲值完成支付。
- 顧客入店只要憑e卡掃描QR Code，即可取餐。

三、店內定位服務系統

　　去過臺北市的故宮博物院且有租借導覽耳機的人都有這個經歷，當你走到東坡肉石、翠玉白菜等古物前，耳中會傳來有關該古物的介紹。背後原理便是定位技術的運用，較常見的定位技術例如下列。

- 全球定位系統（GPS）。
- 短場通訊（NFC）。

　　另外還有Cell、Wi-Fi，本段介紹「室內定位服務系統」（Beacon），聚焦於店內溝通。beacon原意是烽火、燈塔，在資訊通訊技術可稱為信標。

美國亞馬遜的無收銀員商店（Amazon Go）

時：2016年12月
地：美國華盛頓州西雅圖市
人：美國亞馬遜公司
事：先開一家實驗店，給亞馬遜公司員工用，2017年再對顧客開放。

店內定位服務裝置在零售業的運用

項　目	説　明
1. 原理	室內定位系統（Beacon）技術就是透過使用低功耗藍芽技術（Bluetooth Low Energy, BLE），信標基站可以創建1個信號區域，當消費者走進店裡，店門口的Beacon就可以得知有顧客進來並傳送消費訊息，用3個以上信標進行三角定位，可隨時得知顧客在店內的正確位置，並在顧客站在某一類型的商品面前時，傳送該類型的促銷訊息、折扣商品、購物建議於消費者的智慧型手機中，可做到更精準的行銷，對商店來說也有機會節省人力成本、刺激消費；之後出店門時，通過掃描得知正確商品，再傳到手機，消費者只要進行身分或密碼確認，即可進行付款
2. 作業系統	兩個手機作業系統： (1) 2013 年蘋果公司的稱為 iBeacon，一般公司的 Beacon 的產品通過蘋果公司的 MFi 認證後，便可使用 iBeacon 這個名字，蘋果公司在美國 271 家蘋果商店皆採用 (2) 谷歌公司的安卓作業系統
3. 美國零售公司的運用	(1) 美國職棒大聯盟 　　觀眾下載免費的大聯盟 App「MLB.com At the Ballpark」，當用戶搭乘捷運下車後，往球場方向前進，App 就會偵測到用戶正在前往球場，於是會先跳出一個球場簡單的指南，像是今晚的對戰組合、先發陣容與開球時間等。當用戶接近驗票口時，App 會主動顯示您帶有條碼入場門票，並且提供座位的相關地圖。而觀看球賽的食物方面，App 也提供首次入場球迷餐飲部的優惠券，甚至還有集點功能，只要集滿點數就可以兌換免費的汽水或熱狗。在紀念品商店提供折扣，球迷只要經過商店，手機上就會跳出優惠通知 (2) 梅西百貨 　　顧客在家中瀏覽梅西百貨商品，如果喜歡某商品並給予標記，當走入梅西百貨時，App 會通知該手機，增加顧客的購物互動及體驗

資料來源：整理自《工商時報》，2015年1月4日，A9版，崔永德。

Unit **9-6** 服飾店與速食餐廳的
顧客資訊技術在協助顧客的運用

　　服飾店、西式速食餐廳很注重顧客快速選擇適合自己的商品，在這方面，資訊科技幫的忙愈來愈大。

一、女裝不好賣

　　要是你常看旅遊生活頻道（TLC）中的服裝、婚禮（例如：婚紗二選一）節目，可能會被女生挑服裝的冗長過程嚇到，尤其當四位姊妹淘七嘴八舌參與意見，有時試了200多套婚紗才結束「試衣」苦難。挑選服裝很複雜，須配合穿著者（年齡、身高、體重、氣質）、既有服飾（鞋、衣、珠寶）、場合等，就以第一項來說，常常須要試穿，縱使實體服裝店對試穿也有限制（例如：同款衣服但店內缺紅色系），愈來愈多的百貨公司、服裝店，甚至網路服飾店推出「虛擬試衣間」（virtual dressing room）。2013年更往前進一步到3C試衣間，可以360度來看顧客穿衣後的樣子，2014年導入虛擬實境，讓虛擬分身穿著服飾參加活動，看看是否「適如其份」，詳見表一說明。

二、西式速食餐廳比好吃，也要比快

　　1940年4月，美國麥當勞兄弟開設麥當勞餐廳，其中「QSCV」中品質、服務、乾淨等於價值的訴求中，「服務」有兩項，一是「速食」餐廳強調的是「餐點3分鐘要到手」，尤其是「得來速」（drive-through）更拼「點餐30秒內，餐點到顧客手上」。麥當勞對市場變化反應緩慢而且避免冒險，2013年12月迄2014年，同店銷售約衰退2%，麥當勞資深執行副總裁與品牌長伊斯特布魯克（Steve Easterbrook）表示，「當情勢丕變時，你不能只是漸進地尋找出路。麥當勞推出「麥當勞未來體驗」的革新措施，其中第五項涉及服務速度。

- 菜單口味在地化。
- 提供更多餐點客製化選擇。
- 簡化菜單以加快出餐速度。
- 改變原料與烹調法以提高品質。
- 運用科技簡化點餐與付款，例如：採用蘋果公司蘋果支付（Apple Pay）手機支付。

　　其中「餐點客製化」服務，以漢堡來說，有些人不加酸黃瓜、有些人不加美乃滋醬等。為了避免臨櫃交易時，這種特殊要求的顧客占太多時間，麥當勞推出店內自助點餐機（self-service food ordering machine），顧客自己按觸控螢幕點餐、付款，到櫃檯領貨，詳見表二。電視新聞很喜歡報導中國大陸麥當勞店內的自助點餐機，跟銀行的自動櫃員機很像。2018年10月，臺灣麥當勞引入，我們能在臺灣大學旁的羅斯福店可看見此服務。

表一　3C 試衣鏡

基本功能：套裝	情境顯示 *
服飾店使用虛擬衣櫥，提供更好服務給顧客，使顧客可以更輕鬆地視覺化搭配顧客衣櫃裡的衣服。Henri Bendel紐約旗艦店租借伸展臺陳列室服裝，提供一種指導、高效率的方法，幫顧客找到適配的服裝 　個人造型師或造型顧問(Go-To Girls)，能夠在約定時間之前，看到顧客所建立的造型資料，那麼當顧客試穿或找衣服時，造型師可以提供一對一諮詢。每一個試衣間，有掃描器和iPad，造型師可以上傳衣服到顧客的「虛擬衣櫥」。每一個虛擬衣櫥可以附加每件衣服的備忘錄，隨時查看 　英特爾（Intel）推出的智慧試衣鏡MemoMi，消費者一個手勢就可以改變鏡中服飾的顏色，進行比較，高檔百貨公司尼曼馬庫斯（Neiman Marcus）採用這項技術。MemoMi的變換色調快速，鏡面還能真實映照出布料的皺褶、顏色	零售公司用「高科技試衣間」提振業績。美國精品百貨布魯明黛（Bloomingdale）的顧客在試衣時想換不同尺寸的短衫，可以透過試衣間內嵌在牆上的iPad提出要求。美國精品女裝店Rebecca Minkoff的顧客能用122吋的高畫質螢幕點選屬意的款式，並在有空的試衣間時收到簡訊通知 　愛迪達資訊科技公司推出3D試衣間，讓消費者置身虛擬世界，試穿什麼樣的衣服，試衣間就會呈現相應背景。比方說，試穿海灘褲時，試衣間便被切換為沙灘模式 　無線射頻辨識系統（RFID）在試衣間中扮演重要角色。業者在衣服上裝上轉發器、在試衣間安裝無線讀取裝置，顧客拿著衣服進入試衣間後，就會啟動特定功能，如果你要是穿夾克，試衣間背景便切換成高山模式，螢幕還會出現一雙適合搭配的手套。業者可以用這套系統記錄產品尺寸和消費者購買與否

*資料來源：整理自《經濟日報》，2014年12月4日，A19版，黃智勤。

表二　美國西式速食餐廳的自助點餐機

速食餐廳	哈帝	麥當勞
說明	美國哈帝（Hardee's）的自動點餐機，由微軟公司開發此電腦系統 ・自動點餐機結帳 ・集點送 四成顧客使用「加點」功能，例如：點滿20美元換得一個巧克力餅乾	2014年起，麥當勞在特定地區的門市設置名為「創造你的口味」互動點餐機，可讓顧客客製化漢堡，在2015年底拓展約2,000家美國麥當勞分店。得來速的顧客仍無法獲得客製化漢堡服務，僅適用於店內用餐與外帶的顧客。伊斯特布魯克說：「點餐機是傾聽顧客聲音的因應之道，因為顧客反映希望被以獨立個人對待，而不是被視為一群顧客之一。」「在2018年前，麥當勞有3~5種點餐方式，從自助點餐機、網路訂餐到預先訂餐等種種方式，將讓你眼睛一亮。」（摘修自《經濟日報》，2015年1月17日，專2版，葉亭均）

Unit 9-7
銷售時點系統

1970年以前的商店收銀機（cash register）大都只有收銀功能，古代稱為「錢櫃」，1979年James Ritty 發明收銀機再連上電腦，便可以妥善利用電腦快速處理資料功能。這種在「銷售點」的電腦「系統」稱為銷售時點系統。

一、POS的定義

銷售時點系統（Point of Sales, POS，有譯為銷售管理系統）包含前臺（front desk）和後臺（back desk）作業。前臺利用收銀設備和資訊系統達到收款功能，並把每一筆銷售的商品資訊以電腦詳細記錄下來並傳輸到後臺的個人電腦，進行進銷存（即進貨銷貨存貨）管理、會計管理、物流管理、供貨公司來往紀錄和消費行為分析等，詳見右圖。

二、日本便利商店的發展進程

1979年，日本7-ELEVEn與食品供貨公司連線，1982年在各店率先推出銷售時點系統作為行銷用途。原本是美國用來簡化店員工作和改善效率，但日本7-ELEVEn視為蒐集資料的良機，像哪些人士偏愛什麼商品，買的數量、時間和地點等。日本有2.05萬家7-ELEVEn店，每年69億筆交易量，能抓住老年化商機，還能從中運用大數據來塑造行銷優勢，甚至成為美國哈佛大學商學院研究個案。

三、簡單的說，有電腦功能的收銀機

當1980年代，資訊化起步階段，銷售時點系統還能上新聞，1990年，還成為必備裝置，新聞性低，相關報導就少了。

1. 第幾代銷售時點系統

以iPhone手機來說，一年出一款，所以同一時間，大量使用的機型可能有三年的，例如：2018年9月時，有iPhone XS（X代表10）、iPhone 8s（2017年款）、iPhone 7s（2016年款）。但是商店的銷售時點系統卻是「大一統」，為了方便統一連線起見，統一超商5,250家店的系統都是同一版的，店員等不在乎這是第幾代的。

2. 信用卡的銷售時點系統，還要再等一等

在進行因人而異的顧客關係管理時，有身分辨識功能的會員卡、信用卡是必備的。便利商店等以現金收支為主、電子票證（悠遊卡、愛金卡等）為輔，在日本便利商店收銀機頂多加兩種鍵「性別」、「年齡級距」（例如：10歲一個級距），由店員視顧客外觀而定。因此，此「人文統計特徵」的資料較粗糙，不過，有資料總比沒資料好。

3. 銷售存貨系統

銷售時點系統在櫃檯店員銷售一件商品（例如：一瓶飲冰室綠茶飲料）時，會自動記帳，也就是扣掉一瓶飲料庫存；存貨系統中會有安全庫存等資料，電腦系統在每日下午3點訂貨時會自動訂貨（並且參考氣象預報來增減）。由於店內有顧客等偷竊情形，所以每個月店員還是得拿著點貨機，在貨架上盤點存貨。

零售公司銷售資訊化：以統一超商為例

投入	轉換	產出

1. 店內購買

品牌公司 ← 統一超商公司 ← 統一超商店
- 下訂單
- 查詢出貨進度等

統一超商商店品牌的代工公司

電子訂購（EOC）

統一超商店
- 銷售時點系統

- 現金、悠遊卡、信用卡

- 電子發票
- 找零

其他

7net
DHC型錄

2. 線上購買

電話

傳真

DHC

臺灣銷售時點系統早期演進史

　　1988年，味全旗下安賓超商導入銷售時點系統，企圖提高商店自動化程度，以取勝。1989年，統一超商跟進。安賓超商在此資訊化的領先時間只有一年，未取得完勝，終因商品力、價格力力有未逮，退出市場。

Unit 9-8　資訊通訊技術在商店內的運用III：自動結帳與付款

　　1984年美國佛州Check Robert公司總裁David R. Humble發明自助收銀機（automated checkout machines, ACM），2011年1月取得美國專利。基於薪水、缺工等考量，另一方面也提供顧客更快的結帳、付款通關過程，2009年起，愈來愈多的超市、量販店試辦顧客自助結帳、付款（self-service checkout）。自助結帳（self-checkout）約起於2008年的美國，2019年，全球的自助收銀機約32.5萬臺，美國約占一半，底下以美日為例說明。

一、自助收銀機

1. 美國

美國零售公司進行結帳由顧客自助完成的主因在於，櫃檯人員薪水低，因此零售公司常找不到足夠人員。跟自助加油一樣，自助收銀機往往有折扣優惠，以鼓勵顧客使用。

2. 日本、中國大陸

日本零售公司從2009年起才小幅推動自助收銀機，主因為少子化問題嚴重到各行各業皆缺人，結帳櫃檯人員薪水低，更加雪上加霜的更不容易找到足夠的人。2015年12月，中國大陸上海市許多超市導入。

3. 自助收銀機的樣子

本書以文字說明。自助收銀機比較像一臺影印機連上一部觸控面板；「影印機」與大人腰部同高，顧客把購物籃中商品一一經過上面掃描條碼，每項結果會顯示在平板螢幕上（跟人胸前對齊）。結帳後，顧客在螢幕上刷儲值卡，自動扣款結帳。2018年12月，大潤發新北市新店區碧潭店導入6臺。

4. 限制

顧客自助結帳的弊端在於顧客偷換、撕掉商品標籤等，有時這損失金額達營收4%，有些商店只好恢復人工收銀。

二、智慧型手機版的自助收銀機功能

　　智慧型手機的應用程式（App）幾乎無所不能，本處以日本東芝公司發展出的商店運用程式TCX Amplify為例，在商店內顧客先下載該程式，在購物結束時，以手機掃描商品條碼。手機對準自助結帳機的螢幕，螢幕就會如傳統結帳櫃檯般顯示購買明細，等你使用信用卡或數位錢包付帳。

日本第二大便利商店羅森的自動結收銀

時：2016 年 12 月 15 日
地：日本大阪市
人：日本便利商店羅森（Lawson）、松下公司
事：試辦顧客自動結帳系統「Reji Robo」（櫃檯機器人的英文縮寫），可現金支付。

美日商店設置自動結帳櫃檯情況

國家	結帳	收銀
日本	日本營收最大的零售集團永旺（Aeon）超市，已在全日本數百家店設置3,000臺自助收銀機。西友百貨（Seiyu）在2015年擴充店內的自助收銀機數量至660臺	1. 手機付款 2. 儲值卡在捷運站的附設商店，通勤者都只會買好幾項商品，用儲值卡就能結帳
美國	零售銀行研究公司（RBR）的資料顯示，2013年美國共擁有9.3萬臺自助收銀機，是日本的十倍。有些零售公司在店內設置自助收銀機，但之後又恢復採用人工收銀員，以解決機器無法回答問題的困難	* 中國大陸 時：2017年1月13日 地：中國大陸江蘇省南京市 人：蘇果超市 事：自助收銀機

資料來源：部分整理自《經濟日報》，2015年1月3日，A9版，林昀嫻。
RBR: retail banking research，此公司位於英國倫敦市。

自助結帳的關鍵技術

時：2016年12月
地：美國華盛頓州西雅圖市
人：亞馬遜公司
事：無收銀員商店 Amazon Go 的商品辨識系統是「辨識系統」的第二階段發展（物品辨識）。第一階段是人臉辨識；第三階段是「萬物」皆可辨識。

第 **10** 章

零售業人力資源管理與經營績效評估

●●●●●●●●●●●●●●●●●●●●●●●● 章節體系架構 ▼

Unit **10-1**
零售業人力資源管理導論

　　「商品是店員銷售出去的」，這句話貼切說明第一線（跟顧客接觸人員）的重要性。本章前六個單元討論零售業人力資源管理，後兩個單元討論零售公司經營績效衡量。「吾道一以貫之」，在本章中，我們主要以統一超商為對象來舉例說明，讓你由一家公司人資管理從頭到尾的措施（註：留才措施詳見Unit 11-8、14-9），了解整套。

一、好人才的重要性

　　零售公司分為勞力密集型（像便利商店、超市、量販店）和知識密集型（像專賣店、藥房、購物中心），知識密集型零售業的店員學歷、專業、證照（例如：藥妝店中要有藥師證照）的資格要求較高。然而共同點在於「成事在人」，也就是再好的策略也要有人員的執行，美夢才會成真。根據連鎖暨加盟協會的2003年調查顯示，在同一商圈、同行業的商店，由傑出店長主持的店，平均業績可以提高二成以上。在百貨公司內的專櫃也是同樣的情形，一位資深績優的專櫃店員主持的專櫃，其業績高出平均值四成以上。由此可見，人力素質是零售營運績效的關鍵之一。

二、人力資源管理的範圍

　　人資管理包括「用（人）、薪（資）、訓（練）、晉（升）、遣（散）、退（休）」六字訣，由於資料有限，我們只介紹前三項活動（詳見右表），以一些公司的措施為內容，讓你可以一窺堂奧。

三、例外管理的本章內容

　　人力資源管理是在大一的企業經營概要中有一章、大三的三學分專門課程討論，本書不再贅述，因此本章以零售公司的人資措施為主，讓你可以見賢思齊，如同親臨現場。

人力資源管理範圍

項目	說　明	本章相關單元
❶ 用	・用人的資格（學經歷等） ・徵人啟事 ・筆試、口試程序	Unit 10-2 ～ 10-2
❷ 薪	・薪資水準在同業中的排行 ・基本薪、福利，與績效獎金	Unit 10-3 ～ 10-4
❸ 訓	1.公司內訓 　（1）考察或至美、日、歐訓練 　（2）公司 　（3）店內訓練 2.外訓 　（1）流通顧問班 　（2）建教合作 　（3）考照 ・門市技術士 ・店長	Unit 10-6
❹ 晉	・是否有計畫性晉升，即人員晉升路徑圖 ・晉升程序為何？	Unit 10-7
❺ 遣	・資遣	―
❻ 退	・幾歲可以退休？ ・退休金如何算？	―

Unit 10-2
人員招募：以統一超商為例

　　你知道便利商店的店員需要具備哪些特殊能力嗎？
- 100多種香菸，顧客點名後，要立刻從香菸貨架上找得到。
- 要懂得用咖啡機煮現煮咖啡。
- 要懂得「多媒體事務機」（例如：統一超商ibon）的操作，包括如何繳停車費等操作方式。
　　一位兼職人員，時薪不高（2019年起，最低時薪150元），但要懂的事不少。

一、人員分工
　　由表一可見統一超商的人事結構。
1. 大分類：公司跟店面
　　由於統一超商5,250家店有90%是加盟的，在100%加盟情況，「統一超商」指的是公司，各加盟店員工由各加盟主自行負責。
2. 中分類：公司內分部門
　　在公司內，跟一般公司一樣，依策略管理大師波特的價值鏈分成核心活動部門、支援活動部門，大部分公司大同小異，只是名稱略有差異。
　　店面人事很簡單，一天24小時，分三班制，每一班便要一個正職人員，尖峰時間需要兩位兼職人員；一般店約須四位全職員工，八到十位兼職員工。老闆（即加盟主）一般兼店長，店長排班主要是填空班，即店員請假、兼職人員考試等，店長去填缺工時段。

二、年資
　　便利商店工作多元，店員彷彿有三頭六臂似的，直營門市員工平均服務年資11.4年、公司人員12.6年，10年的高留任率來自對公司的高度認同感、凝聚力。2005年起，《Cheers月刊》雜誌每年3月公布「新世代最嚮往企業TOP100」中榜上有名。

三、店面員工來源
　　店面兩種員工來源如下，另詳見表二。
1. 正職員工
　　由於薪水普通，所以正職員工常常是二度就業者，例如：家庭主婦重返職場，退休人士再就業；著眼點在貼補家用，而不是維持家計（即養一家人）。
2. 兼職員工
　　兼職員工中以高中、大學生為主。

零售公司的人力結構

大分類	占比重	中分類	小分類
❶ 公司	10%	1.核心活動 （1）研發 （2）生產 （3）業務 2.支援活動 （1）人資 （2）資管 （3）財務/會計	商品一、二部
❷ 店面	90%	—	—

統一超商對員工的培養

項　　目	說　　明
❶ 建教合作	跟學校建教合作，以企業資源與豐富的職場經驗，2014年全臺灣共有282家店跟24家大專高職學校合作，訓練共500位的學生，幫助他們在職場訓練的道路上學習與成長。為幫助特教生學習，統一超商表示，店長願意花出多兩倍的心力幫他們專屬「點、線、面」課程，甚至出功課、給予適當壓力和能力刺激特教生成長。當有特教生學會如何煮咖啡時，店長會請學生帶一杯自己煮的咖啡回校讓老師品嚐，分享學習的喜樂，用成就感建立他們的信心（工商時報，2015年2月3日，A15版，林婉菁）
❷ 人員資格	統一超商次集團從儲備幹部到店內第一線計時人員都有職缺，有三個必須具備條件 • 服務熱忱 • 認同公司 • 有專業證照（例如：康是美的藥師） 以酷聖石為例，店員需要邊唱歌邊做冰淇淋，面試時主考官可就會要求面試者即興表演。以統一星巴克為例，2014年在門市舉辦多場面試，希望能從主顧客中找出對品牌有認同的人加入
❸ 身心障礙人士	統一超商公司門市近300位的小天使夥伴，占員工比率3.5%，超過政府法定規範三倍以上。〈身心障礙者權益保障法〉第38條規定1%以上

Unit **10-3**
員工福利制度：以免稅商店昇恆昌為例

　　臺灣一年1,600萬人次出國，經過機場時大抵會去免稅商店購物，甚至在臺北市區的民權東路的昇恆昌民權店，永遠都有幾輛遊覽車載著旅客購物。至於臺北市內湖區旗艦店常上電視新聞。這是一般人對於免稅商店昇恆昌的浮光掠影的了解，本單元說明其福利制度。

一、免稅商店一哥

　　昇恆昌創辦人江松樺董事長白手起家，2018年10月3日，在法國坎城獲得旅遊雜誌Frontier頒的終身成就獎，其有全球免稅商店及旅遊零售業的奧斯卡獎之稱。

1. 代工起家，賺進第一桶金
江董18歲時以標會取得3萬元，從事皮包代工；1980年代起，代理歐美日包包、化妝品（例如：日本植村秀）。

2. 先上壘再得分
1997年先從高雄市高雄小港國際機場免稅店經營起，之後陸續擴展至桃園、臺北松山、臺中、花蓮機場，及其他地方共17個點。

3. 買斷商品
為了提高毛利率，昇恆昌販售商品都是向品牌公司「買斷」，採購部員工100人以上，由江董女兒領軍。

二、提供人本環境

1. 肯給，敢給
江松樺董事長認為「人才是公司最重要的夥伴」，以打造昇恆昌商店成為機場流行時尚地標。因此，高薪與好福利是「吸才，留才」的必要條件，福利制度詳見右表。

2. 職能制度
導入職能制度，明示各職級人員應具備的知識（含技能），公司提供相對應的訓練方式，以達到「品質、專業、服務」水準。

三、文化塑造

　　江松樺董事長有四項經營理念，皆跟員工有關。

1. **誠信**：待人以誠、言出必行，以互信建立良好夥伴關係。
2. **專業**：追求卓越、永續堅持，提升團隊競爭優勢。
3. **創新**：日新又新、勇於突破、挑戰自我、創造價值。
4. **公益**：大眾優先、落實公益，傳遞正面力量，讓善循環。

　　昇恆昌一年至少花4億元以支持員工所提公益活動，公司設立三個慈善基金會。

昇恆昌員工福利

生活層面	其他福利
1. 吃 ・免費團膳 ・或伙食費 2. 衣 　免費提供制服 3. 住 ＊外島（金門縣、小琉球、綠島） ＊對在臺北上班者提供： 　・宿舍（須負擔水電費） 　・租屋補助 ＊中南部員工 　・在桃園機場的員工宿舍，每月 　　500元清潔費。 4. 行 　以桃園機場的免稅店為例，提 供「臺北－桃園」機場交通車。 5. 育 ・員工子女獎助學金 ・定期年度健康檢查 6. 樂 公司（臺北市內湖區）和桃園宿 舍，設有交誼廳。	・年終獎金、年終績效獎金、年 　終尾牙餐會及禮品、端午獎 　金、中秋獎金 ・員工購買優惠（簡稱員購） ・特別休假（依勞基法辦理） ・勞工退休金6%提撥 ・生日禮金 ・結婚禮金 ・育兒補助 ・強化員工健康保險 ・團體傷害保險（定期壽險、癌 　症險、意外醫療險、住院醫療 　險等） 健康檢查補助金 傷病住院慰問金 喪葬慰問金

昇恆昌公司（Ever Rich D.F.S）

成　　立：1995年9月27日
住　　址：臺灣臺北市內湖區新湖二路289號
資 本 額：56億元
董 事 長：江松樺（1951年生）　　　總 經 理：江建廷
營　　收（2018年）：350億元以上（本書推估）
淨　　利（2018年）：70億元以上（本書推估）
主要產品：
　1. 精品（包包、化妝品）
　2. 菸酒
　3. 臺灣工藝品、特產
　4. 餐飲
主要客戶：國際旅客等
員 工 數：5,000位

Unit **10-4**
薪資制度：以統一超商為例

　　零售業屬於微利行業（像便利商店純益率4%以下），而且兼職員工（工讀生加計時員工）比重高，因此薪資結構的設計得多花一些功夫。本單元以統一超商為例。

一、無法吸收好人才的原因

　　零售業因工作難度不高（主要是商品銷售），因此薪水不高，營業時間長（像百貨公從早上11點到晚上10點，全年皆營業），因此往往無法吸引到名校高學歷人才（碩士，甚至博士），甚至連留住兼職員工都得費盡心思。本小段詳細說明「事多錢少」的窘境。

二、解決之道

　　零售業常常苦嘆無法吸引人才（此處指學士、碩士），美國楊百翰（Brigham Young）大學Gary K. Rhoads等四位教授（2002）的實證研究，只是很具體的透過實證證明這點，詳見右圖。不過，他們提供其他方式可以彌補店內幹部（store managers）不舒服的工作經驗（workplace experiences），包括：

1. 領導型態。
2. 薪資。

三、以統一超商為例

　　統一超商重視前線人員福利與訓練，藉此打造企業形象與優質服務。在1996年就實施組織扁平化、導入職務薪制度；1999年，統一超商在後勤單位導入的職能薪制度（functional salary system）。統一超商薪酬管理經理謝慶勳指出，服務業市場變化大、需要解決問題的層面廣泛。所以薪資制度也必須有比較大的彈性，才能讓員工勇於學習創新、不斷提升知識技能、挑戰更高目標，企業才有更大成長空間。職能薪比較彈性，也更能激勵員工全方面發展，但首先要把每一個職能的定義加以界定，即做出「職能字典」。這需要二、三年的時間才能建置完成，所以先導入「寬扁薪層」（broadbanding）觀念，把原有12個薪層縮減為7個，每一薪層幅度擴大。在職能薪這個制度，專業能力、績效、工作態度和企圖心才是調薪關鍵。縱使是新進員工，只要連續二、三年達到績優晉級標準，便有機會獲得更大的調薪、升級獎勵。（《經濟日報》，1999年2月8日，第2版，王家英）

店經理的高流動意願的前因後果

投入　　　　　　　轉換　　　　　　　產出

一、工作性質
1. 工作自主性：低
2. 工作內容：單調
3. 工作時數：長
4. 薪資：低

二、心理結果
1. 工作滿意程度
2. 工作燃燒殆盡
3. 職業、公司承諾
4. 換工作傾向

三、角色壓力
1. 過度負荷
2. 衝突

對顧客服務

一、二、三合稱工作經驗（work experiences）
資料來源：整理自Rhoads etc.（2002），p.71。

統一超商的薪資福利政策

薪酬	説　　明
1.薪資	
❶ 薪資政策	為了吸引和留住人才，薪資水準以位於市場平均值75%為原則，半年度會發放一次特殊勞績獎金，是依據公司全年的淨利額的特定比率提撥發放，並採用動態調薪
❷ 持股信託	由公司每個月由員工薪水中扣繳一部分（例如：本薪6%），公司再補助30%以市價購買公司股票，當員工生涯規劃有需要，可以在股票市場賣掉股票，讓員工有完善的個人的財務佈局，以協助員工退休規劃
2.福利	生日結婚、三節獎金、健檢團保、旅遊補助，另「自選式福利」是指公司給予員工一定金額，讓員工因應生命歷程而組合運用，例如：年輕員工可選擇租屋津貼、購車津貼、購屋津貼、健身房津貼等

207

職能薪

企業界採用的薪資制度主要有四種：
1. 資格薪給：資格薪給制度是依照身分、職級、年齡等資格條件核薪升遷的薪資制度。
2. 綜合薪給：綜合多種給付因素，如學歷、年齡、年資、考績、職務等的則稱為綜合薪給制度，這也是日本、臺灣企業薪資制度的主流。
3. 職務薪給：職務薪給制度是依據所擔任的職務（工作）決定薪資，強調同工同酬。
4. 職能薪給：職能薪給制度是根據職務（工作）如能力決定薪資，並且依完成職務的能力給薪，也就是説執行同一份工作的人，表現愈佳、對企業產生附加價值愈高，薪資愈高、升遷機會也愈大。（《經濟日報》，1999年2月8日，第2版，王家英）

Unit 10-5
美國大眾超市成功對抗沃爾瑪

一、美國大眾超市

美國沃爾瑪百貨是全球營收最大公司、美國員工數120萬人，以鯨魚方式，吞併市場。所到之處，小型超市哀鴻遍野。美國大眾超市在1930年成立，2017年度營收350億美元，在股票未上市公司中，營收排第七。

二、策略

大眾超市總裁瓊斯（Todd Jones）接受《財富雜誌》雜誌記者採訪時，公司相信有三種方法能夠跟對手拉出不同：服務、品質、價格。一家公司想要成功，必須把其中一項做到最好，剩下的兩項也要做得很好。大眾超市設定把「服務」做到最好，然後「品質」跟「價格」也要做得很好。沃爾瑪在全美大舉展店，店員卻沒有等比例增加，導致工作人員不足，既補貨不及，結帳也要大排長龍，消費者因而轉往其他量販店採購，使目標公司（Target）等業者受惠。

三、經由人資制度提升店員服務意願

大眾超市董事長克蘭蕭（Ed Crenshaw）深知「唯有滿意的店員才會有滿意的顧客」，因此藉由人資制度以提升店員對顧客的服務意願。

1. **獎勵制度**：克蘭蕭是創辦人的孫子，家族成員總共只持有公司兩成股票，剩下八成都是員工所持有。他表示，為了贏得員工忠誠度，創辦人從一開始就這樣做。公司還以善待員工著稱，平均每週工作二十小時以上的員工，年資一年以上，第二年都會收到公司的股票，價值相當於他們年薪的8.5%。

2. **晉升**：公司的主管99%從內部升遷，以總裁瓊斯為例，1980年從幫忙顧客結帳裝袋的店員做起。每家店都有升遷圖，每位員工都知道要成為店長，需要走過哪些路，一切透明化。公司鼓勵對升遷感興趣的員工，主動爭取在不同部門工作，以更寬廣的角度了解公司。公司共有19.3萬名員工，其中7.24萬名已經申請試用晉升計畫。

四、行銷組合

顧客購物時考慮因素很廣，以超市來說，商品售價也許是最重要的，但不是唯一的。因此，大眾超市在行銷組合搭配，以對抗沃爾瑪的「天天最低價」的大絕招，詳見右表。

五、經營績效

美國芝加哥市麥克米蘭（McMillan Doolittle）顧問公司零售業分析師史坦（Neil Stern）認為，大眾超市非常努力保持店面乾淨、有條不紊，以及貨架上的商品充足，因此經營績效很棒。

美國大眾超市（Publix）

成　立：	1930年9月6日
地　址：	美國佛羅里達州湖區市
前任董事長兼執行長：	克蘭蕭（Ed Crenshaw），是創辦人的外孫，2016年4月退休
現任總裁：	瓊斯（Todd Jones）2016年5月起
店　數：	（2018年度）1,250家，集中在美國東南6個州，員工數19.3萬人
營　收：	（2017年度）350億美元

沃爾瑪與大眾超市的行銷組合

行銷組合	沃爾瑪作法	大眾超市作法
一、商品策略	2008～2012年在全美展店455家（增幅13%），人力卻縮減約2萬人（減幅1.4%），這也導致下列後果	
（一）商品品項	缺貨率較高，當顧客在沃爾瑪架上找不到商品，便會琵琶別抱，使目標公司和柯爾百貨（Kohl's）等受惠	缺貨率極低
（二）服務	比較不強調店員服務	公司訓練店員，當顧客詢問某項商品在哪裡時，不要回答往左轉再往右走，而要帶顧客去。在某些情況下，店員甚至直接把商品拿給顧客
二、定價策略 （一）價位	強調「天天最低價」（every day low price），2014年11月起，加入線上（即跟亞馬遜等比）比價，即買貴退差價	面對沃爾瑪的「天天最低價」，大眾超市以每週至少有四十件商品買一送一因應。克蘭蕭認為，如果一家公司主打商品最低價，他們沒辦法做到大眾超市做得到的事。大眾超市告訴顧客，沃爾瑪不是每件商品都比它賣的便宜。來大眾超市是在乾淨安全的店面購物，由訓練有素的店員服務。有些商品會比沃爾瑪更便宜，而整個購物經驗一定比沃爾瑪更好
（二）結帳服務	1. 結帳：沃爾瑪創新部資深副總裁雷茲（Shan-non Letts）指出，約1,800家店提供自動結帳服務，2013年再採購10,000臺機器，自動結帳機服務的據點增至3,000家。顧客只要按幾個鍵，就能掃描並追蹤一路選購的品項，並且把掃描的商品清單從手機傳送到自助結帳機，無須再把商品從購物車中拿出來 2. 不提供結帳後裝袋服務	1. 結帳方式：只要任何一個結帳櫃檯排了兩位以上的顧客，大眾超市會立刻加開櫃檯，避免顧客排隊等太久 2. 裝袋服務：大眾超市有專門負責裝袋的店員，而且如果顧客要求，它們會幫忙提東西到停車場。在臺灣，好市多量販店也提供人員替顧客商品裝箱裝袋
三、促銷策略	3C產品與珠寶專櫃的店員不足	沒有缺店員問題。
四、實體配置策略	1. 美國 • 店數：4,000家店 • 員工數：140萬人 2. 全球（包括美國） • 店數：11,500家店 • 員工數：220萬（26國） 2015年店營收4,821億美元、盈餘241億美元	在公司剛創立十年時，創辦人為公司的「服務」設下高標準。他把公司僅有的兩家店關掉，加上抵押土地借錢，大手筆投入開設一家全新的現代化超市。超市內開放冷氣、走道寬敞、設有飲水機，這些都不是產業的標準作法。外界批評他浪費錢在不必要的細節上，但是顧客很喜歡店面的舒適感

＊資料來源：部分整理自《經濟日報》，2013年3月28日，A9版，簡國帆。
　　　　　　部分整理自《世界經理文摘》，2013年10月，第19～20頁。

Unit 10-6
零售人員訓練：以統一超商為例

　　零售業從業人員的訓練，在專業訓練方面比較偏重商品知識、銷售技術等單兵作戰的戰技；至於在主管能力的培養方面，則屬戰術能力，已經愈來愈跟行業無密切關係，而是偏重管理能力。最後，在協理級以上的管理傳承，則屬策略能力的孕育，那已隸屬於大四策略管理學科領域。

一、員工訓練的範圍

　　統一超商把員工訓練交由子公司首阜企管顧問公司負責，店面課程主要學員包括店員、店長、區顧問，詳見右表。

二、店員訓練

　　在零售公司組織架構中，店員處於跟顧客接觸的第一線，生意是由店員促成的，店員能力就格外重要，因此，店員訓練就是零售公司員工訓練的基礎。

　　專業訓練大都是針對商品、店內設備（尤其是電腦），透過學習實作演練，建立專業能力和信心，了解「顧客的需要」是重點。

　　開店複製經驗愈趨成熟，開店成本也大幅降低，最重要的是，配合開店需求，培養出許多店長人才，為未來躍步成長奠下更大優勢。公司依照職務的不同，排出各種訓練課程，例如：銷售技巧、店長和商品管理等，透過訓練，讓員工看到自己的前程。（《經濟日報》，2004年9月6日，D1版，陳怡君）

三、儲備幹部

　　很多公司打出「儲備幹部」的名號，為每位儲備幹部安排不同進度，還指派一位教練指導業務技巧、一位導師解決儲備幹部學習遇到疑難雜症。多數的儲備幹部訓練都有基層實習的部分，以熟悉公司的運作，但有些工作瑣碎、低階，往往讓原本設定自己要坐辦公桌的儲備幹部難以調適。2013年起，統一超商實施儲備人才計畫，2014年起招聘17位，凡是碩士學歷、具多益（TOEIC）700分或日文一級（N1）認證的人，都可前來應徵。

　　儲備人才分三階段訓練：
1. 第1～15個月：等同儲備幹部（指店的副店長、店長）。
2. 第16～28個月：擔任12個月顧問。
3. 第28～30個月：搭配三個月的部主管、區經理影子學習。

　　經三階段考核及格後，才可提出後勤單位輪調、海外派任意願。納入公司人才庫中，未來透過定期審視評估，可以在高階主管接班人遴選時，擁有高能見度，進而躍升為高階管理員。

四、人員晉升

　　人事、採購作業最講究「公平、公開、公正」，統一超商在單位主管的甄選採取右圖中的方式，以求嚴謹正確。

統一超商的基層人員訓練

對象	說　明
店員	2004年底，統一超商高階管理階層親自到第一線，聽取加盟店長心聲，訂下落實現場主義政策，要求區顧問減少文書作業，直接到門市親自指導，協助店長解決問題。為了進一步落實門市主義，甚至製作出一本漫畫版的優良服務手冊，以簡易的40招漫畫，讓門市工讀生訓練省力化、管理人性化。
公司	❶ 專業訓練：提供門市營運、企劃、行銷、談判和電腦等專業訓練課程，提升員工專業技能。 ❷ 主管培育計畫：針對不同層級員工設計課程，以協助晉升和輪調。 ❸ 標竿學習講座：定期邀請各界傑出人士，分享管理經驗。 ❹ 藝文研習講座：協助同仁增加生活常識、參與休閒活動，提升人文素養。

統一超商的單位主管甄選過程

投入	轉換	產出

公司內網站公布職缺，例如：單位主管的「職務規格書」 ➡ 員工自我推薦 / 人力資源部（人才庫） ➡ 人事評議委員會・副總・相關部門經理 ➡ 下一任某單位主管

職務說明書（job description）

陸稱：工作說明書、崗位說明書。

內容：詳列公司某一個職務的職權、職責、工作內容等，表示擔任此職務者所須具備資格。

Unit 10-7
零售公司經營績效評估

大一管理學中針對公司經營績效常採取平衡計分卡制度，依投入、轉換、產出架構分類。
- 投入：學習績效。
- 轉換：流程績效。
- 產出：顧客滿意程度（詳見Unit 10-8）、財務績效。

一、流程績效

零售公司稽核（retail audit）的主要對象是商店，在表一中依管理活動三大類、八中類把商店稽核程序分類。

1. 商店稽核（store audit）程序

在表一第三列，我們依5W2H（主要是人事地物時）方式把商店稽核（store audit）程序的要素分類。公司稽核部稽核對象是公司各部門，至於商店稽核往往由營運部下轄商店稽核處負責。最簡單的稽核項目便是存貨盤點，看看各店是否有落實進銷存作業，尤其在嚴重盤點損失情況下，是否有店員偷竊情況。一般的盤點稽核都是臨時抽查，讓該店來不及做假（例如：向其他店調貨），如此才可以反映真實狀況。

2. 自製 vs.外包

一般零售公司擔心由公司自辦商店稽核會淪為官官相護，銀行總行設有稽核部，稽核人員每早上車出發之後，才知道要去哪個地方查哪家分行，在9點開門營業前便到該分行。同樣的，零售公司商店稽核處也是同樣作法，以防止稽核人員走漏風聲。統一流通次集團的資產盤點大都由統一超商子公司首阜企業管理顧問公司負責。

二、財務績效：營收（成長率）

營收成長率可以代表一個公司的成長力道，依照運用的目的，至少有二種分類方式。

1. 依組織層級來分

表二第一欄是以組織層級來區分，背後隱含Y軸。

2. 依店成立歷史

表二中第一列是依店成立歷史來二分，背後隱含X軸（時間），其中比較專業的用法只計算「既有店」（established store，設立一年以上的店，有稱為同店）的營收；而且是坪效（sales per unit area）。以統一超商某店坪效為例：

$$坪效 = \frac{月營收}{營業面積} = \frac{80,000元 \times 30日}{32坪} = 7,500元／每坪$$

表一 零售公司稽核程序

三大類	規劃			執行			控制	
八中類	目標	策略	組織	用人	溝通	衝突處理	評估	修正
商品稽核程序	稽核目的(why)：策略vs.營業	·稽核範圍(where) 1.全面，即水平零售稽核。 2.局部，又稱為垂直零售稽核。 ·稽核頻率(when) 1.月、年等定期 2.不定期提出稽核格式(uditforms)	外包為主，內部為輔	·誰來執行商店稽核(who) 1.公司業務部 2.外包(outside auditors)	·稽核日期(when) 1.事前通知 2.臨檢（或臨時抽查） ·稽核時間(how long) 1.1天 2.1天以上 ·稽核時是否仍開店營運 1.繼續營業 2.休業盤點：適用於月、季稽核	·稽核人員身分 1.表明 2.偽裝，即神祕顧客調查	撰寫稽核報告，包括改善建議（how）	1.提交稽核報告(what) 2.經營階層參考報告採取修正措施

表二 營收類績效衡量

對象 \ 店歷史	所有店（含新店）	只計算「既有店」（即成立滿一年的店）
1. 公司：所有店的總營收	✓	✓ 1.優點：新設店面往往不滿一年，處於測試市場階段，營收不大，而且大都虧損，宜以既有的店來計算營收
2. 單店	―	✓ 1.優點：公司營收大如果來自店多，也不容易看出單點經營績效，所以既有店單店年營收可避免「以多取勝」的「虛勝」
3. 平均每坪營收：坪效	✓	✓ 1.優點：單店也有（賣場面積）大小，所以最適當的單店經營績效便是坪效

✓代表常用，―代表很少用。

213

Unit 10-8
顧客滿意程度衡量

顧客滿意程度（customer satisfaction, CS，或顧客滿意度）是範圍很大的觀念，在《服務業管理》書中詳細討論，本單元用一大段來討論顧客滿意程度的兩種衡量方式，詳見表一。

一、顧客滿意程度調查

顧客滿意程度是非常成熟、實施層面很廣的觀念，本處只討論跟零售業有關的範圍。

1. 衡量方式

・顧客滿意程度：瑞典學者福內爾（C. Fornell）等（1994）整理出「美國顧客滿意程度指數」（American Customer Satisfaction Index），由15個項目組成，詳見表二。此指標是財務績效的領先指標，因為滿意的顧客往往會想掏出荷包大買特買。

・服務品質量表：美國學者A. Parasurdman等三人（1988）推出的服務品質量表（SERVQUAL, 即serv-ice qual-ity取二個字的前4個字母）可說是學者最常使用的服務品質量表。。

2. 進行調查

當各項指標選定後，公司進行定期和不定期的顧客滿意程度調查。

二、限制

顧客滿意程度調查可說是落後指標，因為其所評估的僅是顧客以往的滿意程度而已；問卷中有多少問題是以過去式語態進行調查，例如：問卷中常出現「你是否找到店員詢問相關資料？」、「商品是否符合你的期望？」避免「為時太晚」的方式之一是在問卷中加入未來式問題，例如：「你是否打算再購買此項商品（或服務）？」、「我們該如何改善才能讓你滿意？」等問題。

三、運用調查結果

1. 讓公司上下獲得即時的顧客滿意指標。
2. 顧客問題處理自動化。
3. 高層定期會議，強調重大顧客事件。
4. 讓顧客了解滿意度相關資訊。
5. 力促合作夥伴為顧客滿意程度共同努力。
6. 最佳實務。

表一　零售公司顧客滿意度衡量方式

組織範圍　＼　調查範圍	僅限服務品質	商品和服務
公司外部	神祕顧客調查	1. 消費者滿意度調查 2. 生產力中心的「優良服務商店調查」
公司內部	神祕顧客調查	以統一超商來說為首阜顧問公司

表二　顧客滿意度指數

美國顧客滿意度指數（American Customer Satisfaction Index）		
投入	轉換	產出
（一）顧客期望水準 對品質的全面期望 （二）顧客對公司提供商品／ 　　　服務的知覺品質 1. 針對客製化的期望 2. 針對商品可靠度的期望	顧客知覺價值 1. 對購物經驗的評價 2. 針對客製化經驗的評價 3. 針對商品可靠度經驗的評價 4. 針對售價來評估商品品質 5. 針對品質來評估商品定價 　　（是否太低）	（一）顧客滿意 1. 全面滿意度 2. 店家表現的高低 3. 店家表現跟顧客期望相比 （二）顧客忠誠 1. 再購機率 2. 再購時，能容忍漲價幅度 3. 為了刺激顧客再購，降價 　　幅度 （三）顧客抱怨 客訴程度

表三　運用調查結果

1. 讓公司上下獲得即時的顧客滿意指標 　　把所做的調查作前後期差異比較，了解顧客滿意程度變化情形。從各項指標差異，作為改善績效的重要依據。例如：臺灣麥當勞每年投入很多經費，定期針對現有和潛在顧客進行調查，了解消費者對速食業的需求，進一步分析麥當勞跟消費者期望的差距。跟所有員工分享顧客問卷和相關營運績效資料，員工可以深入分析跟自己相關的部分，知道每一事件的因果關係、而加以改善	2. 顧客問題處理自動化 　　顧客期望公司能透過多重管道快速回應他們的客訴，公司必須擬定顧客回應管理計畫，包括記錄顧客回應、界定立即處理準則和步驟，並且把重大事件交由相關人員即時處理	3. 高層定期會議，強調重大顧客事件 　　建立定期、持續的溝通管道，讓相關員工和部門都能掌握重大的顧客相關議題，包括顧客關切的重點、對公司的意義為何、公司如何回應
4. 讓顧客了解滿意度相關資訊 　　定期跟顧客分享最新的顧客滿意問卷調查結果和改善計畫資料，這類溝通能讓顧客了解公司重視他們。讓員工追蹤這類即時資料，以確保一定水準的顧客滿意程度	5. 力促合作夥伴為顧客滿意程度共同努力 　　連鎖便利店的加盟店、百貨公司內的專櫃，皆是零售公司的合作夥伴，零售公司會想方設法來促使合作夥伴符合特定的客服條件，以維持一定的服務水準	6. 最佳實務 　　見賢思齊，零售公司可以蒐集其他公司、公司內部的典範，建立服務等最佳實務（Best Practice），類似標準作業程序（SOP）

第 11 章
平價時尚服裝店：
日本迅銷經營管理

章節體系架構 ▼

Unit 11-1
平價服裝店 SWOT 分析

在篇幅有限情況下，本書不宜說明產值低的平價服裝店。但是量販店等公司經營管理的資料少，平價服裝業中的日本迅銷（Fast Retailing）公司董事長柳井正書報刊資料多，基於零售業各業態的經營管理「道理相通」，所以單獨以一章說明。

生活中六大面向中，「衣服店」可說無所不在，但在各市街景中，衣服店的更迭最快，有時開不到半年就「換人做做看」。一方面突顯服裝店不好經營，尤其是獨立服裝店，而連鎖服裝店則清一色是外國服裝店，只有少數上班族女裝店（像奇威等）是本國公司。本章以日本迅銷為主，其在臺店數約占五大外國平價時尚服裝店的一半。

一、投入：消費者偏好帶來的商機
1998年以來，臺灣22～39歲年齡層的平均薪水「凍漲」，對消費者趨勢的影響之一是在服裝的消費偏向「平價奢華」，之二是現在399元吃到飽的餐廳。隨著所得提高，人們對服裝需求更上一層樓，但是傳統市場旁的成衣攤、港系平價服裝店並未「與時俱進」。

二、當全球五大品牌進軍臺灣
2010年10月，日本迅銷公司旗下優衣庫（Uniqlo）進軍臺灣，開起外國平價時尚服裝店進軍臺灣的先河，國外五家平價時尚服裝店來臺展店，分二批：2010～2013年第一批、2014年起第二批。2015年全球五大品牌公司到齊，以臺北市的信義計畫區、東區為一級經營地區。由右表可見，全球五大服裝店在行銷組合上幾乎樣樣勝出，尤其從百貨公司設櫃開始，以塑造「高貴不貴」形象，形成開店時，年輕人漏夜排隊推開店門的熱潮。

三、產出：大一經濟學的「劣等品」
如同英國自然史學者達爾文的主張「物競天擇」，兩種臺灣的服裝店就慢慢從市場中退縮。

1. 2013 年起，卡到香港平價服裝店
1980年代進軍臺灣市場的三家香港「平價」服裝店，佐丹奴（Giordano）、堡獅龍（Bossini）、漢登國際（Hang Ten）則困守一隅，即「低品質，低價位」此一市場區隔，可說掉入「定位陷阱」（positioning trap），高不成，低不就。甚至其中一家服裝品成為泰國勞工喜歡購買的服裝，以致被定型化。2014年10月起，港商班尼路（Baleno）撤出臺灣。

2. 2014 年起，傷到南韓中低價切貨服裝
傳統市場旁、夜市裡的成衣攤一向以「韓流」（尤其是首爾市東大門的南韓快速時尚服裝）為主打，但是2014年起，以進行韓貨批發切貨為主的臺北市松山區五分埔逐漸凋零，2015年十店七空。

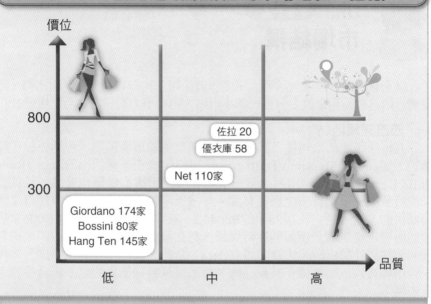

2019 年臺灣連鎖服飾店的市場地位、店數

價位

800

300

佐拉 20
優衣庫 58

Net 110家

Giordano 174家
Bossini 80家
Hang Ten 145家

低　　　　中　　　　高　　　品質

優衣庫等全球五大平價時尚服裝公司行銷組合

行銷組合	漢登等香港平價服裝店	優衣庫等
1. 商品策略		
（1）時尚感		✓
（2）推陳出新		✓
（3）商品種類	成人服裝為主，偏重休閒衣類	齊全，兒童、男女皆有，從夏天到冬天
2. 定價策略	299元為主	699元為主
3. 促銷策略		
（1）廣告		✓，含臉書、App
（2）人員銷售		年輕店員
（3）促銷		✓
4. 實體配置策略		
（1）店址	街面店許多在菜市場旁	百貨公司設點
（2）店內面積	小店20～35坪	旗艦店，500坪以上

Unit 11-2
市場結構

以全球的角度來看全球五大平價服裝公司，比較容易抓住其優劣勢，至於臺灣，對這些公司來說，只是一個小市場，市場潛力約只占其全球店數2%。

一、西班牙印地紡

西班牙印地紡公司採多品牌策略以進攻不同市場區隔，包括佐拉（陸稱颯拉）與高價位Massimo Dutti，還有2013年底在臺灣開出的Zara Home與Pull&Bear。佐拉以每兩週上架一次，且快速因應市場變化著名，且款式設計流行感強，受到許多上班族喜愛。一邊區隔目標市場，一邊兼採自家開發與購併的方式。創立於1998年的Bershka，在全球71個國家擁有1,006家店，整體服裝風格走的是街頭個性時尚風，男女服裝和配件都有；占印地紡營收10%。在海外展店時，它會先設立Zara，藉此來試探市場的成熟度，之後再配合市場特性，陸續擴充其他品牌，採取這種較好施展的產品組合手法來打入市場。

二、瑞典H&M

瑞典可說是北歐「極簡設計」風的領頭羊，在家具有「安家家居」（IKEA），在服飾為海恩斯莫里斯服飾（Hennes & Mauritz, H&M），以歐洲（德法）市場為主。2007年首度進軍亞洲，在中國大陸香港、上海市設店，2008年，進軍日本，在東京都開店。

三、日本迅銷

日本迅銷採取收購同業以求快速成長，隨後開發極優（GU），再把優衣庫定位在中層，以明確區隔。

四、美國蓋璞

蓋璞（GAP）於1969年在美國加州舊金山市創立，最早銷售唱片、牛仔褲，慢慢擴充到各系列服飾，涵蓋男裝、女裝及嬰童裝；總的來說，走中高價位，在香港，棉製品比同業均價高三成、日本高二成。蓋璞主打美式休閒風，每年平均進新貨12次，平均每個月有一次新貨上架。牛仔褲在臺灣有不少死忠愛好者，而且價格水準跟香港、美國等相近。為了打進臺灣市場，特別拍攝2分多鐘的宣傳影片，並請香港知名藝人張曼玉剪輯。蓋璞收購香蕉共和國（Banana Republic），1994年自家開發了「老海軍」（Old Navy）。在2000年代前半成為全球第三大。

2014年3月8日，美國國民成衣品牌的蓋璞，臺灣首號店於臺北市信義商圈ATT4Fun登場。蓋璞在大中華區的總代理香港公司，2011年先進軍中國大陸、香港，2013年大中華區總裁柯偉傑來臺發現蓋璞在臺知名度高達70%，臺灣消費者西化程度高，零售市場成熟，值得開拓，因此積極向公司建議布局臺灣。2013年敲定前進臺灣後，管理階層勘查多處據點，認為信義計畫區具指標意義，決定臺灣首店、第二家店都選在信義商圈開出。

全球前五大平價時尚服飾公司　　　　單位：億美元

排名、公司	成立時間	董事長	2018年營收	主要品牌
1. 西班牙印地紡（IndiTex）	1975年西班牙阿爾泰市	創辦人歐德嘉（Amanico Ortega）	營收：281　員工數：12萬人　店數：7,230家	上：Massimo Dutti　中：Zara　下：Bershka　街頭個性
2. 瑞典H&M	1947年斯德哥爾摩市	總裁皮爾森（Karl-Johan Persson）	員工數：17.1萬人　店數：4,553家	2017年度（2016.12～2017.11.3）淨利25
3. 美國蓋璞（GAP）	1969年加州舊金山市	總裁墨菲（Glenn Murphy）	員工數：13.5萬人　店數：3,187家	上：香蕉共和國　中：GAP　下：Old Navy　另Athleta Intermix
4. 日本迅銷（Fast Retailing）	1984年日本山口縣	柳井正（Tadashi Yanai）	員工數：11.48萬人　店數：1,241家	上：Theory　中：優衣庫　下：極優（GU）
5. 美國A&F	1892年俄亥俄州	傑佛瑞斯	員工數：9.5萬人　店數：2,000家	18～22歲
6. 其他：美國Forever 21	1984年加州洛杉磯市	韓裔美人張道元	40國　店數：723家	中價年輕人服裝

2018年度全球服飾前十大品牌價值　　　　單位：億美元

排名	國家	公司	價值	排名	國家	公司	價值
1	美國	耐吉	280.3	6	法國	路易威登	104.87
2	瑞典	H&M	190	7	法國	卡地亞	98.05
3	西班牙	印地紡	174.53	8	義大利	古馳	85.92
4	德國	愛迪達	143	9	日本	迅銷	81
5	法國	愛瑪仕	113	10	瑞士	勞力士	63.6

資料來源：英國倫敦市 "Brand Finance", 2018.3.7, Apparel 50, 2018第12頁。

Unit 11-3
五大品牌在臺灣

　　全球五大平價時尚服裝品牌於2010年才進軍臺灣，一般進軍華人市場的順序都是「香港上海市先，臺灣的臺北市列為第二波」。

一、先知先覺型

　　2008年9月全球金融海嘯，2009年全球景氣衰退，消費萎縮，2010年復甦，迅銷公司、印地紡公司「先下手為強」。

1. 日本迅銷

外國品牌中，日本迅銷（Fast Retailing）第一家登「臺」，很符合「近水樓臺」的邏輯，「立足日本，放眼亞洲，胸懷全球」是一般日本公司的作法。臺灣優衣庫執行長表示，臺灣的面積和人口相當於日本的九州，優衣庫在九州有100家店，因此預估臺灣也有同樣的胃納量。臺灣是優衣庫展店速度最快速的國家之一，在臺灣之所以能夠這麼快速的發展，是因為臺灣有優秀的人才，除了英、日語都有一定的水準，個性也比較積極正面，互相溝通的情緒智商也很好，因此優衣庫臺灣員工都很活躍。店長清一色都是臺灣人。（《經濟日報》，2013年10月8日，B6版，潘俊琳）

2. 西班牙印地紡

西班牙的印地紡為了保住行業龍頭的地位，在開疆闢土方面很積極，由於西班牙的公司，以歐洲市場為先，1990年代再攻美國市場，1998年才進軍亞洲市場中。

3. 美國 Forever21

2015年6月13日，首家店開在臺北市信義計畫區的ATT4Fun，一至三樓共560坪，以女性（尤其是少淑女）服飾為主，單品平均價200～500元，男女牛仔褲價格最殺，最低只要250元。設有泳裝專區和運動服飾專區。（摘修自《中國時報》，2015年6月14日，A8版，蔡孟修）

二、後知後覺型

　　俗話說：「先下手為強，後下手遭殃」，平價時尚服裝公司後知後覺進軍臺灣市場有三家，剛好在房價（連帶房租）最高點入市，由於後發，只好趕進度的開店。

1. 美國蓋璞兩年開8家店：美國公司進軍亞洲市場往往分三波「日本或香港—中國大陸—其他」，臺灣屬於第三波設店的名單。

2. 瑞典H&M2015年開7家店：瑞典快時尚品牌H&M2015年2月進軍臺灣，臺灣公關經理張書瀚指出，臺灣消費者對該品牌好感度高，業績表現符合公司預期，因此擴大投資臺灣市場。（摘修自《工商時報》，2015年12月7日，A10版，劉馥瑜）。

三、區域品牌

　　南韓的衣戀公司（E-LAND）：2015年7月，微風集團的臺北市微風忠孝店中，南韓衣戀承租，旗下SPAO（有南韓版優衣庫之稱）、Mixxo（有南韓版「佐拉」之稱）兩個品牌進駐；另旗下有兩個品牌Teenie Weenie、WHO.A.U，號稱集團營收3,000億元。另南韓H：connect有4家店。

2019年臺灣連鎖服飾店的競爭優勢、店數

質感

高			
中	優衣庫 65		佐拉 22 H&M 16
低	Foerever 21	蓋璞11	

4週　　　3週　　　2週　　　新品 速度

註：Forever 21已於2019.3.31全面退出臺灣市場。

四大平價時尚服飾店在臺經營狀況

公司	第一家店	2018年	特色	價位 (以上衣為例)
1. 西班牙 印地紡	2010年10月臺北市信義計畫區	22	快速時尚、強調個人風格 印地紡集團現共有5個品牌，包括8家Zara、3家Massimo Dutti、1家Pull&Bear、2家Zara Home、1家Bershka，總共15家店	590～790元
2.瑞典H&M	2015.2.1信義區微風松高百貨，以3層樓、880坪大店，是國際平價服飾品牌在臺灣首家店規模最大者，一次囊括女、男、童裝及家居系列商品，品項種類齊全	12	設計新潮、年輕	300～600元
3.美國蓋璞	2015年	11	美式休閒風格	590～790元
4.日本迅銷	2010年	65	基本款式、強調服飾機能性	190～390元
5.美國 Forever 21	2015年6月13日臺北市信義計畫區	1	簡約歐美時尚風格	290～590元

資料來源：部分整理自《中國時報》，2015年6月14日，AA版，蔡孟修。

Unit 11-4
日本平價時尚服裝之王：迅銷公司

日本平價時尚服裝公司迅銷採取「立足日本，放眼亞洲，胸懷全球」的國際化步驟。

一、經營者：柳井正

1. 小郡商事

柳井正父親1963年5月創立「小郡商事」（專賣男性服飾），1972年接手家業，1984年6月，在廣島市開第一家店Unique Clothing Warehouse，1991年9月，把公司更名為迅銷公司，旗下品牌Uniqlo是從前面店名中各挑Uniq和lo（clothing中的lo）。

2. 策略雄心：全球第一

2009年時，日本迅銷已成為全球第四大平價時尚服裝公司，2010年5月18日，董事長柳井正接受電視臺記者訪問時表示，在全球市場中，只有第一名才能賺錢，也才能長久經營。他立下二階段目標。

・2017年亞洲第一大；海外店中，大中華占六成，2016經營方針二個之一：「全球一體」（Global One）。

・2020年全球第一大，營收5兆日圓（1.48兆元）；其中大中華區店數破1,000家店。（註：這目標是「不可能任務」，2019年度營收目標2.03兆日圓）

二、成長速度

迅銷公司前身是柳井正父母開的一家瀕臨倒閉的日本家族手工西服店，在1984年開設首家優衣庫店，2001年起在海外拓點並風靡亞洲與美國；在30年內，柳井正把公司創造為日本第一、全球第四的平價時尚服裝店。

迅銷公司有四大品牌，以2018年10月來說，店數如下；約3,677家。

・優衣庫，日本837店、海外1,412家店；客層全年齡，單價390～4,990元。海外店營收占營收38%，詳見右表。

・Theory，490家店。

・極優（GU）服飾，423家店，2017年營收破1,000億日圓。

・其他525家店。

柳井正（Tadashi Yanai）

出　　生：	1949 年 2 月 7 日，日本山口縣宇部市	
現　　職：	迅銷公司董事長	
學　　歷：	早稻田大學政治經濟系（註：日本許多大學沒有企管系這名稱）	
經營理念：	安定才是風險，不成長跟死了沒兩樣。	

日本迅銷公司的品牌發展進程

成長	2004～2005 年		2006 年起
1 品牌	2004年1月投資Linh國際公司，取得美國中高價位品牌Theory		2006年3月收購低價品牌GU（1973年成立）服飾，10月開第一家店

成長				
2 海外發展	2001年9月進軍海外，首家店在英國倫敦市	2002年9月中國大陸上海店	2005年9月美國紐澤西店香港店 2007年8月南韓首爾市店	2010年10月臺灣臺北市統一時代百貨店

日本迅銷公司各品牌占營收比重

單位：億日圓

品牌	2017年度	比重（%）	2018年度營收	%	淨利
一、優衣庫					
1. 日本	8,107	43.54	8,647	40.6	1,190
2. 海外	7,081	38.03	8,963	42.08	1,188
二、其他	3,401	18.43	3,690	17.32	–41
營收	18,619	100	21,300	100	1,548

迅銷公司（Fast Retailing）

成立時間：1963 年，前身為小郡商事株式會社，1991 年 9 月改名迅銷
住　　址：日本東京都港區
董 事 長：柳井正
主營業務：經營包括優衣庫、極優（GU）、Comptoir des Cotonniers、Theory、Foot Park 等服飾與鞋履品牌，其中優衣庫規模最大
年度銷售額：2018 年度約 2.13 兆日圓（2017 年 9 月至 2018 年 8 月底，約 4,856 億元）（+14.4%）
員工人數：（2018 年）全球 11.48 萬人
股票上市情況：1997 年 4 月在東京證交所掛牌
　　　　　　　2014 年 3 月 5 日在香港第二上市（HDR）掛牌
市場地位：亞洲最大服裝零售公司
年度淨利：15.48 億日圓（+29.8%）
資料來源：公司網站、香港媒體。

Unit **11-5**
優衣庫的行銷組合

　　從衣服本質上來說，日本優衣庫屬常銷服飾，跟西班牙佐拉時尚服飾不是同一掛的，但是其市場定位相近，且在臺灣店數較接近，因此本單元以這兩家店為對象，說明其行銷組合。

一、西班牙佐拉屬於「平價時尚」服裝

　　西班牙印地紡公司在臺展店，類似日本電影「神隱」少女，臺灣區董事長、總經理神龍不見首也不見尾，失去了許多「講清楚說明白」的行銷機會。

二、優衣庫屬於「基本款」服飾

　　優衣庫採用大中華代言人，例如：中國大陸的陳坤、倪妮，臺灣的桂綸鎂、周渝民，甚至推出在地職人穿搭，如臺南度小月麵店師傅，更貼近當地消費者生活；其次是在地化的商品研發，如因應臺灣夏季與機車族需求而生的抗UV外套系列，還有中國農曆新年商品等。

　　柳井正的商品策略是：

· 我們銷售的是生活型態，服裝是人們生活方式的型態之一。
· 我們希望提供顧客基於日本簡單、品質和耐用價值觀的舒適衣物，進而讓人們生活更美好。

1. 優衣庫是「無印良品」的升級版

　　對於每個月看著優衣庫的夏天短褲、牛仔褲、冬天抗寒夾克電視廣告來說，衣服以基本款、功能為主。優衣庫規定店員不能染髮、做指甲。

2. 副品牌極優服飾是日本版佐拉

　　2006年3月，日本優衣庫推出副牌極優「GU」，取日文諧音「自由」之意，定位為「低價優衣庫」，主推家庭風。2012年，轉型為「低價時尚」服裝，可說是日本版的「佐拉」。店員可以染髮、化妝、塗指甲油，穿寬褲、長裙任你選擇，務必讓顧客看了也想買，等於讓店員成為時尚穿搭範例。

《UNIQLO 和 ZARA 的熱銷學》書

作　　者：齊藤孝浩，時尚產業顧問公司Bemand Works Inc.董事長

出版時間：2015年8月27日，256頁，360元

出版公司：商周出版公司

主要重點：優衣庫席捲庶民市場，靠冬季發熱衣＋夏季涼感衣占領國民衣褲，
　　　　　成功因素就在「打快速戰」、「控庫存」。

行銷組合	優衣庫：基本款為主	佐拉：時尚服飾
1.商品策略	優衣庫專心開發不分季節、任誰穿都好看的休閒服基本款商品	每週固定兩天，向全球分店送入新商品。商品平均販售期間是4週，顧客都有過「現在不下手，明天就沒有」的經歷，因此只要試穿滿意，當場就會掏錢買下來
2.定價策略	優衣庫使用休閒服飾連鎖店的方式，針對各個服裝種類，在交叉比率（毛利率、周轉率）最高，即在貢獻度最高的價格裡，篩選出價格點（Price Point，簡稱價位）。「價位」是在店面最多存貨所坐落的最密集價格區間，典型的例子是襯衫這類上衣商品的標價「1,900日圓」。在1900年代，量販店的服飾賣場或休閒服連鎖店對手，把1,900日圓作為最低價格時，優衣庫猶有過之，更加集中於這個價位，獨占了低價位連鎖店的市場地位	以時尚服裝為主，基本款（白、黑、卡其色的襯衫、裙、褲）一般占三成
3.促銷策略	針對所銷售的商品的顏色、尺寸，擬定當週銷售計畫。商品入店上架之後，優衣庫會開始分析銷售業績是否偏離每週銷售計畫，可分為三種情況。超越業績目標的暢銷商品就追加生產。要是無法達成計畫目標，就靠夾報廣告單發動限時降價等促銷活動。當促銷活動帶動業績，達到當初所設目標、回到計畫正軌的商品，調回原有的正常售價。遇到「扶不起的阿斗」商品便馬上停產。平均9週就會替換掉店內商品，超過6週以上的商品就算是滯銷	時裝企業會幫商品設定一個「銷售期間」，意思其實跟食品的賞味期限差不多，在銷售結束日之前努力賣光，這絕對是業界在鮮度管理上的鐵則。新一季開始、占營收20%的商品，是基於公司設計師假設而來；入季後剩餘的65%商品，則是經過每週觀察店內顧客反應後再設計改良的商品。在時裝業界，從定價來看，平均降價率一般是35%，佐拉15%。耗時6週以上的商品就叫作「滯銷商品」
4.實體配置策略		會把不太好賣的商品移到顧客目光所及之處、改變造型提案的穿搭方式，或在新的穿搭點子上投注心力，啟發顧客獲取新靈感，進而願意埋單

資料來源：整理自《商業周刊》，1449期，2015年8月，第118～120頁。

Unit **11-6**
優衣庫以「商品／價格」組合取勝

行銷組合濃縮到商品／價格這兩項，便是俗稱「性價比」，本單元說明之。

一、臺灣優衣庫董事長的說法

臺灣優衣庫董事長兼總經理末永智明表示，優衣庫最大的優勢在於快速回應消費者需求，推出相應的優惠活動及適合當地市場的商品，消費者接受度相當高。優衣庫大中華區「行銷主管」（中國大陸名片稱為「首席市場官」）吳品慧說得直白；在基本款中不斷追求創新，包括材質機能上的創新，如HEATTECH吸濕排汗發熱衣已從內衣延伸到外衣、牛仔褲，下班就能直接穿著運動的瑜伽牛仔褲。還有跨界合作的服裝，包括與法國名模Ines、愛馬仕（HERMES）前任設計師Lemaire推聯名系列，把高價品牌與平價服飾結合。2015年跟華特・迪士尼展開「MAGIC FOR ALL」全球合作計畫，從產品到店鋪全方位跨界，2015年8月底在上海市開出首家概念店。（《工商時報》，2015年8月31日，A5版，劉馥瑜）

二、美國網路的說法

美國Business Insider網站報導，優衣庫商品／價格的一個原則是要賣「性價比」高的產品，這也最能吸引男性顧客，詳見右表。

三、臺灣報紙的說法

1. 商品：本地商品

服飾走日式休閒風格，其品質、機能和品味也是吸引顧客的原因。在地化經營的方式，讓品牌貼近需求，例如：針對臺灣潮濕冷冽的冬天以及機車族需求推出暖褲商品，締造出亮眼銷售成績。

2. 商品／價格組合

以羽絨衣為例，售價約1,500元，高性價比，深受年輕人喜歡。優衣庫相當注重材質，講求穿著舒適，且售價很便宜，390元可買到一件上衣。

四、便宜的有道理

日本迅銷沒有工廠，全部委由臺灣聚陽等代工公司生產，優衣庫把以往每季400個款式縮減到200個款式，代工公司從140家精簡到40家，以拉高每家代工公司的下單總量，讓每個款式的訂單量一律平均維持在幾十萬張以上。迅銷在談判價格時更有籌碼，就算沒有自己的工廠，在優衣庫主導之下，成本管理及生產管理也都變得極為順利。迅銷在紡線、布料、成衣這三個階段進行下單管理，到對成衣下單的最後一關，都會依據每週的銷售業績，詳細、縝密的重新解讀需求，或追加或停產。

優衣庫衣服的性價比

項目	說　　明
（1）性能 	**1. 基本款，不會褪流行** 　　男性喜歡在優衣庫購物的首要理由，就是優衣庫1980年代中期原就是以中性服飾起家，設計以簡單、典雅為主。Retail Practice公司合夥人葛斯基說，優衣庫的服飾設計很基本，顧客不必太趕流行或花太多時間思考穿搭。優衣庫營銷總監賽爾表示，優衣庫提供同款、數十種顏色的男性服飾，簡化男生買衣服的過程：「男生找到一款合身的工作服後，只要不同顏色買它兩三件，再買些牛仔褲，就能搞定了」。男性顧客來店次數比女性少，但每次花的錢都比女性多 **2. 機能性布料** 　　運動服飾品牌都稱自家產品排汗、涼爽或保暖，優衣庫是首家標榜自家工作服也具備這些功能的業者 **3. 免費修改** 　　優衣庫對男性購買意願下過工夫，不僅服裝比對手產品合身，還能免費修改褲子，對多數價格不到500元的褲子來說，真的很划算
（2）價格	1. 售價 2. 成本
（3）＝（1）/（2） 性價比	優衣庫之所以能夠賣得便宜，靠的是款式不多但量大，這有助優衣庫向原料、代工公司爭取到更低的材料、加工價錢

資料來源：整理自《經濟日報》，2015年5月26日，A9版，劉忠勇。

2003 年起，日本迅銷跟日本東麗的合作布料

公司	2000年5月	2003年	2005年	2007年
迅銷	董事長 柳井正	推出吸濕發熱衣		
東麗 （Toray）	董事長 前田勝之助	HEATTECH 發熱衣	空氣感內衣 AIRism	Ory-Ex Kando

註：有簽約的五年計畫是2006年開始。

Unit 11-7
日本迅銷的人力資源管理 I：招募

　　許多公司都把薪水、計畫晉升當成祕密，甚至不讓員工知道，以免「同工不同酬」時「不平則鳴」。日本迅銷公司在公司網頁徵才頁面上列出去年「度」（9月迄翌年8月）的各級職平均年薪，且公布職涯路徑。

一、柳井正對員工的期望

　　「打戰靠幹部」，最簡單的說法，需要夠強夠「多」的店長（以2020年來說，至少13,000家店），店長又來自店員，因此2012年起，柳井正對幹部的養成速度「加把勁」，底下是2014年10月，臺灣的《Cheers月刊》編輯去訪問他時的談話。
1. 三個地理範圍員工要求都一樣：迅銷公司把員工依工作地點分成全球型、單一國家、一國之內的一個地區，但共同的要求都是「有能力」。
2. 2020年「全球第一」目標下的員工能力要求。

二、柳井正對日本員工的無奈

　　柳井正針對日本年輕人的看法如下。在1991泡沫經濟破滅後，日本經濟已經失落20年了。1980年代起出生的年輕人，都在經濟不太好的環境下成長，求知慾好像比較淡薄，大都欠缺努力的精神，我希望他們對未來能更加充滿希望，希望他們意識到，人生只有一次，要大膽地去追求自己的幸福，看得更多、學習更多，使人生過得更有意義。年輕，就等於有無限的可能；對於你所希望的未來，一定要有強烈意志，否則，未來是不可能按照你所描繪的樣子出現的。（摘修自《Cheers月刊》，2015年11月，第82頁）

三、人資政策改弦更張

　　2014年4月，日本《日經Business》雜誌報導，在歷經媒體批評為「血汗商店」後，必須改弦更張，才能吸引人力、人才進來。由表一可見，柳井正在2014年「不經一事，不長一智」的大幅改革人事制度。日本迅銷人資部副總裁橫濱潤指出，勞動力不足的問題在日本非常嚴重，「如果不想辦法留住店鋪現有人員，要再找新人進來會很困難。」（摘修自《Cheers月刊》，2014年11月，第71頁）

四、招募

　　迅銷公司薪水高（詳見表二）、開店快，所以員工晉升速度快，因此許多人趨之若鶩，由表二可見其招募與初任職工作。

表一　日本迅銷人事制度的重大變革

時間	2013年前的情況	2014年起的改變
說明	2010年，日本文藝春秋出版旗下《週刊文春》的特約記者橫田增生，在雜誌上撰寫「潛入UNIQLO的中國大陸祕密工廠」一文，2011年6月出版《UNIQLO帝國的光與影》一書，揭露其員工一個月上班300小時、新進員工3年內離職率5成的內幕。雙方訴訟。迅銷2013年10月一審敗訴；2014年3月，東京高等法院二審再次駁回迅銷公司對被告的妨害名譽損害賠償請求 這場風暴重創迅銷的形象，甚至被冠上「黑色企業」的稱號，柳井正在2014年3月的全公司大會，向臺下4,000多名員工和董事認錯 **1. 把員工當零件**：柳井正表示：「過去錯把員工當零件。」 **2. 以店長為中心**：柳井正表示：「我經歷過許多失敗。當中最大的失敗，就是把公司定位成一家以『店長』為主的企業，成了公司為中心，僅是透過店長把公司的意思傳達給店員，這種上意下傳的方式，店員難以成長。每個人都要能在半年升上店長，柳井正認為「主管期待部屬能不斷成長，進一步發揮自己的優點，超越自己」，這是作為主管所需的一種特質	**1. 尊重員工的工作地點** 　招募的日本國內型員工、全球型員工外，增加「地區型員工」，例如：不願意離開九州前往東京市任職的員工，公司就讓你留在九州 **2. 以店員為中心** 　2009年公司經營方針是「全員經營」，2014年起「讓店裡的每位『店員』都是主角，把1.6萬名計時或兼職人員全部轉為正職人員。」人事成本增加2～3成。橫濱潤表示，正職員工對公司的忠誠度相對較高，「雖然人事成本增加，但是希望營收增加的幅度可以更高。」 **3. 專業職務** 　柳井正認為「每個人都有追求自己幸福的權利，有的人希望做店長，有的人一輩子做店員就覺得很幸福，只要他把自己的工作做好，這也是一種選擇。」如果員工志不在行政職，在2014年9月推行「服務店長制度」（Service Store Manager），培養店員成為顧客服務的專才、學習500種商品項目的知識，以跟管理職的店長做區隔。2016年2個經營方針之一：「全員經營」

資料來源：整理自《Cheers月刊》，2014年11月，第66～67頁。

表二　日本迅銷的員工培養與就任

階段	柳井正的看法	人資部的作法
一、招募	柳井正會面試年輕應徵者，而他可以從簡單的問題中，看出一個人的潛力。比較常問的問題的問題：「你最近讀什麼書？」、「有什麼收穫？」	迅銷執行副總裁、人力資源部主管橫濱潤說：「專業能力通常學一學就會，但價值觀不契合就很難矯正。所以，我們一開始就要選擇契合企業文化、哲學的人。」用人強調不分年齡、性別及學歷，而是看中員工向上成長的潛力。優衣庫臺灣執行長兼香港共同執行長瀧寬志表示，應徵者重要的是他的內心是否夠強大，對未來是否懷抱夢想。」、「面試時從他的表情、態度，很容易看得出來。」
二、就任	2006年公司的經營方針是「現場、現物、現實，以落實「世界第一」的公司目標。工作本身就是一種訓練，一邊思考，一邊在實踐中驗證，才是最重要的。柳井正對店員服務的要求：「你該每天問自己，今天為顧客做了什麼？如果沒有，那就是沒做到工作！」從當店員的第一天，就不斷自問自答：「顧客為什麼要來？」、「如何讓顧客因我的服務而開心，下次還想再來？」臺灣區董事長兼總經理末永智明「我們期待讓顧客不只得到買衣的樂趣，還能有心情上的滿足！」縱使顧客當天很難過，因著優衣庫的好服務而被鼓舞，「走出店外，又能有精神地面對一天！」	新進員工的訓練，包括讓員工咬筷子練習完美笑容，鞠躬禮儀依服務情境分為15度、30度與45度等，例如：深鞠躬就是表達深切歉意。員工進到公司後，最重要的工作就是到店裡「從做中學」。儲備幹部從摺衣服、收銀、試衣服務、掃廁所等工作做起。有一份詳細的店鋪工作明細表，每位員工都要通過驗收才算合格。以GU臺灣行銷公關部經理劉逸珊為例，在2010年以儲備幹部進入公司後，在店裡從摺衣服開始做起，規定是7秒摺好一件衣服、2秒摺好一件褲子。她在服裝修改室中待上4天，練習修改褲子。最後驗收時，她修改的就是瀧寬志從店裡買來的新褲子。「不管之後被分派什麼工作，所有店員會做的事，儲備幹部都要會，」劉逸珊說

資料來源：整理自《Cheers月刊》，第64～68頁；《遠見雜誌》，2015年11月，第151頁。

Unit **11-8**
日本迅銷人力資源管理 II：職級與薪水

　　所有的人事制度，小至員工請假單，大到經理級的考核評分表，只要有心都可以得到手；薪級制度也是如此。2014年日本迅銷公司向現實妥協，「窮則變」，推出專業職務。

一、行政職

　　大部分的職級都是店內、公司（例如：臺灣）行政職務，以右表中為例，幾乎可以說只要條件夠，一年可以「爬」一級。在臺灣，三級店長初任職月薪74,000元。依店面面積、營收，把店分成四級，每3個月有一次考核升遷機會。

二、專業職

　　對於不想擔任店長，但在專業領域有興趣、有能力的店員，2014年推出兩個專業職務，詳見右表，底下說明。

1. 視覺陳列職（visual store manager）

　　這在臺灣的百貨公司屬於店面陳設課，主管大都為副理級，主要負責店面櫥窗設計，其次是店內公共區域的造景等。

2. 服務職（service store manager）

　　這在臺灣的百貨公司屬於顧客服務處，例如：每年一次的「貴賓」（VIP）之夜，每季的服裝發表會的配合等。這是2013年東京都銀座春天百貨的優衣庫店長當山正則向董事長反映店幹部心聲後，2014年9月起開始在日本上路。副品牌極優2012年3月服飾先推出「時尚顧問」服務，標榜受過專業課程訓練的店員，可以為顧客提供穿搭建議。

三、薪水

　　柳井正認為「全球人才的爭奪戰非常激烈，一定要有好的薪資才吸引得到優秀人才」（摘自《Cheers月刊》，2014年11月，第81頁）。

　　迅銷薪資約分為20個級別，一個職務會跨越多個薪資級別，所以二級店長可能在S-4或S-5級別。在日本，如果晉升得快，39歲時晉升到「一級」（原文為「超級明星」）店長，2013年年薪3,709萬日圓（約1,053萬元）。

日本迅銷公司營業部各店人員晉升途徑

階級	一	二	三	四	五	六
一、行政職	店員	值星店長	儲備店長	副店長	三級店店長	二級店店長、縣市經理
1.迅銷公司原名稱		時段負責人	店長代行	店長代理	店長	明星店長地區經理
2.級別	J-1	J-3	S-2	S-2	S-3	S-4～S-5
3.入公司時間	0年	1年	2年	3年	4年	10年
二、專業職	2015年起實施					
1.視覺陳列				視覺陳列店長候補	視覺陳列店長	視覺陳列地區經理
2.服務				服務店長候補	服務店長	服務地區經理

資料來源：整理自《Cheers月刊》，2014年11月，第75頁。

極優（GU）的服裝穿著顧問

時間： 2015 年 12 月 18 日起

地點： 臺灣新光三越臺北市南西店二館、新光三越桃園站前店

人員： 極優首推的「Osharista 時尚顧問服務」，源自於 2012 年 3 月開幕的日本東京都銀座店，成功掀起討論話題，成為平價服飾首創，順利引進臺灣。顧問服務對業績有正面幫助，因整體搭配後，有助於拉高消費者客單價；對消費者來說，也可以找到最適合自己的穿搭。（整理自《工商時報》，2015 年 12 月 8 日，D1 版，劉馥瑜）
Osharista（自創字）＝日文 oshare（流行、時尚）＋英文 stylist

Unit 11-9 日本迅銷的人力資源管理Ⅲ：訓練、晉升

日本迅銷在員工訓練、晉升與承擔風險方面可跟美國麥當勞等比擬。

一、計畫晉升

迅銷公司採取計畫晉升方式，由於公司處於成長階段，一直在開新店，因此對幹部的需求很多，因此採取明確的升官圖，優衣庫每個月都有升等考試，夠努力的人，一年就能升到店長，本單元以陳宜妤為例說明。

2010年，迅銷在臺灣的第一家店在統一時代百貨臺北店開幕，陳宜妤（臺北大學社會系畢）是第一批員工。擔任收銀助理店員，「每天就是不斷起立、蹲下、起立、蹲下（因為要彎腰拿紙袋），再加上連值2個月晚班，開始變得很不開心，」陳宜妤說。零售服飾店店員的工作多數時候都相當單調，如果往前看不到方向，很容易讓人打退堂鼓，就在這時，公司派她到上海店受訓，且受訓通過後，回臺灣將升任副店長，讓她看到更具前景的未來。「她如果是對自己有期待的人，知道前面有許多可能性，確實會被激勵。」陳宜妤說。（摘修自《Cheers月刊》，2014年11月，第69頁）2014年，她擔任新竹市遠東巨城購物中心店店長，管理一百多名員工。

二、訓練

由於缺乏資料，針對迅銷的幹部訓練，我們只能推理。

1. 專業能力

以極優服飾來說，店員可以向顧客提供穿搭建議。更大的是，每月都有服裝主題，例如：2015年10月「巴黎俱樂部」；每半年一次服裝發表會。服裝店店員的專業能力在於「服裝」。

2. 管理能力

店員半年以上便會晉升到「管理層」（例如：值星店長），透過相關課程來補足所需能力。

三、遠見雜誌的服務業調查

每年遠見雜誌11月公布服務業調查，委託博智全球管理顧問公司，聘請英特美國際驗證公司 （ITA）服務驗證執照的20位神祕顧客，在4月1日至9月15日，拿著以基本態度為主，魔鬼題為輔的劇本，扮演一般消費者，走進電腦隨機抽選的521家店打分數，從236家企業中選出服務冠軍。由表二可見全球平價時尚服裝店的服務評分，臺灣優衣庫董事長兼總經理末永智明說，許多店長把店鋪當自己公司來經營，很能夠把熱情與幹勁感染給店員，好服務就會水到渠成。一旦員工養成獨立思考的習慣，就會自主衍生好服務，讓「優衣庫」成為被顧客真心喜歡的存在。（摘修自《遠見雜誌》，2015年11月，第151頁）

表一 日本迅銷員工訓練方式

項目	柳井正的看法	說明
一、訓練	柳井正在《成功一日可以丟棄》書中說：「無論是公司還是個人，不成長就等同於死。」日本迅銷目標於2020年達到營業額5兆日圓目標，這表示每位員工都需加強他的能力。公司希望發揮每位員工最大潛能，一起朝公司目標前進。2008年公司方針為「能挑戰才有未來」（No challenge ,no future）	2009年成立迅銷管理暨創新中心（Fast Retailing Management and Innovation Center, FRMIC）；2014年日本迅銷找來在美國蘋果公司待了10年、前蘋果企業大學（Apple University）高階主管傑佛瑞・山普森（Jeffrey Sampson）擔任訓練中心資深副總裁，希望帶進跨產業培養人才的手法。目的就是把每位管理者都鍛鍊成懂得「商賣」（日語，指經營方式的本質）的經營者。店內幹部到公司上課，不同層級的員工課程也不同
二、勇於嘗試	柳井正一向推崇「一勝九敗」哲學：一次勝利，是由九次失敗堆積而成的。柳井正經常舉右述例子，說明積極從失敗中汲取經驗值的態度。柚木治的升遷並未受阻，他一路做到極優董事長，職涯路徑放上公司網站，作為鼓勵員工晉升的示範	2002年日本迅銷成立「迅銷食品事業部」（FR Foods），柚木治自薦擔任總經理（因其父親從事蔬果批發生意），但此公司1年半以虧損26億日圓收場

235

表二 2017年國際平價服裝店服務績效評比

名稱	得分
1. 臺灣優衣庫	72
2. WHO.A.U	67.63
3. 極優	64.13
4. H：connect	58.38
5. Forever21	57.13
平均	58.88

資料來源：整理自《遠見雜誌》，2017年11月，第131頁。

註：2018年12月，遠見五星服務獎19個行業未包括平價服裝店。

Unit **11-10**
優衣庫單店經營

一、便利商店式的單店經營

便利商店的單店經營是最常見的商店「在地化」行業，這是因為各店「立地」（商業區、住宅區、觀光區）條件不同。

1. 店面設計

主要是觀光區，大到商店建築融入當地景觀，小至店內布置配合觀光區，例如：統一超商臺東縣蘭嶼店、全家屏東縣墾丁店。

2. 商品組合

商品「因地制宜」，例如：統一超商在臺北101購物中心店多強化面膜等陸客「爆買」（2015年日本對陸客採購行為的稱呼）商品。

二、公司跟各店店長間

公司跟各店間採取下列兩種方式，以確保「上下情通達」。

1. 商店與公司交叉晉升制度

在各店，當上副儲備店長後，便有資格到公司擔任各部門的執行專員。如果是副店長回到公司任職，一種方向是向上晉升到副理級，擔任「執行負責人」，一是回店裡，晉升店長級。一級店長可調至公司營業部擔任部經理或其他部主管。

2. 公司會議

日本7-ELEVEn等公司的店長，每月（或週）店長都必須回公司開會，2013年起，日本迅銷公司推出「和經營者的直接對話」，一天的店鋪課題解決會議，讓各部門主管與員工、店長討論店面問題。或是「店長三十人塾」，不定期地邀請店長，直接跟柳井正討論店鋪經營等。

三、各店店長跟店員間

由右表可見，各店店長每週固定一天，跟部屬溝通個人職涯，以日本東京都銀座店店長當山正則為例。2014年8月時，他花了一個月跟140名契約員工進行10分鐘的一對一面談，並針對每個人情形提供建議。例如：「你看這本書應該有幫助」、「你要不要考慮朝店長發展？」對於想轉職的人，則會叫他「先查查你想去的那家飯店的資料」。（摘修自《Cheers月刊》，2014年11月，第88頁）

日本迅銷公司「單店」經營

項目	柳井正的看法	説明
一、緣起	在地化經營緣起於「加盟店」，有家直營店轉由員工接手加盟後，不到三年，營收成長一倍多。 在地員工思考、管理「單店經營」，能更了解當地、顧客交流。柳井正認為，這才是更進化的商店形式 單店經營是指一家店能夠獨當一面，如果吉祥寺店能帶動整個吉祥寺地區的繁榮，社區會回饋給吉祥寺店，讓店鋪更繁榮。 商店所有商品都是為當地人設計出來的，店長到店員都要努力思考如何能符合當地顧客的特點，讓他們更得到滿足。實現獨立思考與設計，架構自己成為經營人才	2014年迅銷公司經營方針是「Global is local and local is global」，例如：日本東京都吉祥寺店，2014年10月開幕，一開始就定位跟地區緊密交流：地區繁盛，商店也才會經營得好 店面一樓映入眼簾的大布條寫著「獻給愛吉祥寺的人」，二樓手扶梯入口，放著介紹吉祥寺店家的詳細地圖，和店家的單張介紹；電梯裡，則貼有吉祥寺商店街各種活動的海報，在法國巴黎市瑪黑區、美國加州洛杉磯市店型
二、公司跟各店	公司跟各店要有直接的溝通管道，讓店長和地區經理、營業部主管等經常溝通。店長的工作就是去教導、培養部屬	公司有公司的目標，商店有商店的目標，員工也有員工的目標，而公司管理階層須把彼此的目標調整到一致的方向，但所有目標都必須務實。同時，也要經常坐下來，溝通目標設定背後的原因 例如：我們為什麼每天要工作？並不是為了做些簡單、機械性的作業而已，而是為了給顧客更好的產品與服務，認為事情這樣做就可以了；而是要不斷去想，如何讓顧客今天來了之後，明天還想再來。設定目標是從上下以及從下到上兩個方向同時進行，光是公司從上往下對員工提出要求，沒什麼效果，一定要員工有發自內心的上進心才行（摘修自Cheers月刊，2014年11月，第80頁）
三、各店員工 1. 店長對員工 2. 員工	為了落實「以員工為主」，要讓每位店員成為主角，不是店長在上面發出指揮。店長是要幫助員工，讓他們工作得更好，店長更像是老師，幫助員工 柳井正表示，迅銷希望每位店員都能有「主事者意識」，把自己當成主角，以平等的關係，來參與店的經營。店員絕不是店長為了達成業績所運用的工具或手段，我希望店長能在這過程當中，協助店員實現他們的夢想 對顧客來說，迅銷店員誰接待並不重要，只要能提供令他滿意的服務就可以了。因此，店員要不斷提升自己的能力，能力加強也會反映在薪酬上（摘修自《Cheers月刊》，2014年11月，第81頁）	主事者（principle） 掌管主要事務的人，在財務管理稱為主理人、本人，中文來自《孟子》萬章上篇

資料來源：整理自《Cheers月刊》，2014年11月，第75頁。

日本東京市銀座店店長的一週工作表 （以10月第一週為例）

	週一 9月29日	週二 9月30日	週三 10月1日	週四 10月2日	週五 10月3日	週六 10月4日	週日 10月5日
工作重點	店內業務會議	公司業務會議	休假	休假	計畫訂定	店鋪觀察	店鋪觀察
內容概要	• 回顧上週整體業績與經營對策 • 訂定中長期計畫 • 跟部屬進行面談 • 巡視店鋪	全日本店長面談會議 • 上午：董事長柳井正開場演講、店長跟公司幹部分享 • 下午：分組討論，店長及公司幹部一起解決店鋪問題			• 確認週末特賣傳單 • 巡視店鋪 • 拍攝店鋪宣傳照給全球各店 • 訂定下週各項計畫（販賣、賣場、庫存等）	• 觀察顧客動態 • 觀察冷熱門商品 • 把店鋪問題回報公司	• 觀察顧客動態 • 觀察冷熱門商品 • 依據週末販賣情形修正下週計畫

資料來源：同上表，第90頁，本書略修正。

日本迅銷公司在核心活動「研發－生產－業務」的作為

投入	轉換	產出
一、研發 （一）原料：跟日本東麗等研發 1. 發熱衣（Heat Tech）2007年上市。 2. 涼爽衣。 （二）服裝設計：不褪流行的常穿衣服 在下列地方設立研發中心： ・法國巴黎市 ・義大利米蘭市 例如：跟德國設計師Jil Sander推出「J」系列	一、生產 由迅銷公司派出日本的「紡織」老師傅到外包生產公司擔任駐廠技術指導。	行銷4Ps中的商品策略 （一）功用 1. 機能性強 ・冬季服：保暖 ・夏季服：排汗、快乾 ・衣褲：免燙 （二）式樣 基本風格的基本款衣服 （三）高品質 耐穿衣服重複洗滌「不」變形、褪色、破損。

資料來源：同上表，第90頁，本書略修正。

第 **12** 章
便利商店經營

章節體系架構 ▼

Unit **12-1**
便利商店的定義

　　2014年1月下旬，電視新聞報導日本人覺得臺灣有三怪：（1）飲料店顧客可挑選有冰或少冰，而且冰還分粗中細冰；（2）便利商店四處可見；（3）人民喜歡罵政府。如果你曾出國，就會發現臺灣街上有三種店最多：「便利商店、手機店、銀行」。

一、便利商店的定義

　　便利商店（convenient store, CVS，有些人稱為超商，中國大陸稱便利店），顧名思義，以銷售熱食品為主，所以設店地點位置適中，營業時間長，銷售的商品項目不多。供應的商品多為日常食品，例如：乳製品、飲料、菸、酒、罐類、熟食和其他食品等。由於統一超商（7-ELEVEn）太有名，所以有些書以「超商」取代便利商店。1927年美國南方公司在德州達拉斯市成立「7-ELEVEn」，開啟「便利商店」的先河，只是後來因為經營不善，1991年被日本伊藤洋華堂（Ito Yokado）公司收購，變成日資公司。

　　對所有人來說，便利商店早就是生活中的一部分，雖然不見得能說出教科書上對便利商店的定義，但是八九不離十可以形容得出來。一些臺灣學者、研究機構對名詞的定義，大抵依美日為準，再小小修改一下。我們採取大易分解法來解釋便利商店。

1. **便利（convenient）**：便利商店的存在，對顧客最大的貢獻在於「便利」，依重要性順序包括下列二點，詳見右表。其中「商品」便利，須特別說明，便利商店的商品項3,000項，約只有量販店的40,000項的7.5%，能夠稱得上「便利」，指的是餓了有熟食（關東煮、18℃商品）可買，渴了有飲料、咖啡，想買報紙、香菸和酒也有。

2. **商品**：便利商店的商品品約3,000項，但本質很簡單，以2017年為例。
   - 商品類占94.9%：其中食品25.4%、飲料類（含酒類）38.1%、菸類28.3%。在美國紐約市，2012年起，連7-ELEVEn都已逐漸取代雜貨店，最大賣點是速食餐點多樣化，包括大受學生歡迎的思樂冰。無骨雞翅、培根起司條與墨西哥辣椒奶油起司玉米片等。
   - 服務收入占5.1%，主要是各種繳費的手續費、佣金等。

3. **服務方便**：服務品項多樣化，包括預購車票、門票、送洗衣物、繳納各項公共事業費用，這些服務業務挹注獲利有限，但可以拉攏回客率，也帶動其他高毛利率商品業績提升。

二、方便與價格難兩全

　　便利商店為了求地點對顧客方便，必須開在大街上（不能開在小巷中），因此每坪房租較高；而且為了給顧客時間方便，營業成本也較高（主要是夜班店員薪水較高，且電燈、冷藏櫃全天開）。最後，為了「商品方便」，特別是麵包等「新鮮出爐」，有些商品一日二次配送，物流成本居高不下（至少占營收6%以上）。

便利商店的定義

便利方面	早　　　期	臺　　　灣
1. 地點方便		便利商店一般都設在住宅區、辦公大樓或學校附近，營業地區較小，顧客花個5分鐘，走個一、二百公尺便可徒步到達，購買到所需商品。
2. 時間方便	以美國的7-ELEVEN為例，照字面營業時間是早上7點到晚上11點；1962年試驗24小時營業。	隨著生活習慣（註：臺灣是全球第三晚睡的）的改變，1987年起，便利商店「全年無休、全天營業」。
3. 商品方便	—	—
（1）商品便利	便利商店所銷售的商品陳列整齊清楚，使顧客一目了然，能在很短的時間內找到其所需要的商品。	「商品齊全／有賣我想要的東西」是顧客常去便利商店的原因。
（2）服務便利		便利商店提供車票（火車、高鐵）、網路購票等，停車費、水電費、小額（20,000元以內）代收款項業務。

日本伊藤洋華堂（Ito Yokado）

日本伊藤洋華堂（Ito Yokado），又名伊藤榮堂。

成　　立：1920 年，公司成立 1958 年 4 月 1 日

地　　址：日本東京都

子 公 司：2005 年 9 月 1 日成立 7&I（Seven & I Holdings），由伊藤洋華堂與 7-ELEVEN合資成立。

2015 年 12 月 26 日，收購 Millennium 零售公司（旗下有崇光、西武百貨）

地　　位：全球第五大、日本最大。

Unit 12-2
日本便利商店業的發展

　　日本的人均所得是臺灣的2.3倍，人口年齡結構比臺灣早15年，再加上臺灣便利商店業走日系風（可能萊爾富例外），因此很多情況以日本便利商店（日文的英文寫作Konbini）業為領先指標，本單元說明日本便利商店業的發展進程。

一、零售業比較

　　以2017年來說，日本零售業產值依序如下：超市12.7兆日圓、便利商店11.7兆日圓（2015年10.89兆日圓）、百貨公司6兆日圓。以人口1.2623億人來算，便利商店業人次147億，平均每人一年進便利商店116次，3天去1次。五家便利商店依序：7-ELEVEn、全家（2016年9月合併迷你商店、OK）、羅森、OK（circle K Sunkus）、迷你商店（Minishop），迷你商店是永旺集團的子公司。由表一可見，日本人減少，便利商店店數仍增加。

二、產業結構

　　計算產業結構時，有下列兩個基礎。
1. **店數市占率**：由表一與表二可見，前三大的店數市占率77.75%，其中7-ELEVEn占35.08%。
2. **營收市占率**：由於7-ELEVEn的每店平均日營收約19萬元（臺灣統一超商7.52萬元），比同業多三成以上，以營收來說，市占率40%。

二、商品與展店

　　日本零售業龍頭7&I控股公司（Seven& I Holdings）董事長鈴木敏文（Toshifumi Suzuki，2016年3月退休）表示，便利商店業會隨機應變，及時適應社會變遷。
1. **商品與服務**：7-ELEVEn 1987年代收東京電力公司的電費，進軍服務性「商品」或「業務」（service product），臺灣1998年統一超商才如此做（代收中華電信的電話費帳單）。有了店數當靠山，1990年代起，便利商店業開始推商店品牌商品。7-ELEVEn店多、下單量大，品牌公司也為其開設專屬工廠，例如：日本前三大火腿公司日本、伊藤、Prisme火腿公司。甚至連泡麵也一半都是Seven Gold品牌，代工公司是泡麵業龍頭日清食品，甚至Seven Gold泡麵售價278日圓，比日清的招牌「拉王」還高三成，Seven Gold也是日清替7-ELEVEn研發的。
2. **地區／區域展店**：在展店的地區／區域順序依序如下。
   - 日本：由表三可見，便利商店業展店也是由都市到郊區再到鄉鎮，2011年起，已到了無店可開狀況，只好進軍偏鄉。
   - 國外市場：1990年代起，雙雄與OK進軍臺灣市場。21世紀起，逐漸進軍東亞（南韓、中國大陸）、東南亞市場，大都採取授權經營方式。

表一　日本人口與便利商店數

年度	2012	2013	2014	2015	2016	2017	2018
人口數（億）	1.2756	1.2773	1.271	1.269	1.265	1.265	1.26
店數	45,753	48,406	50,820	53,220	54,839	56,374	5,800
營收（兆日圓）	9.388	9.735	10.206	—	11.404	11.7	11.6
7-ELEVEN	14,031	15,218	16,315	17,569	18,861	20,337	20,700

資料來源：日本經濟產業省。

表二　日本三大便利商店

單位：兆日圓

項目	全家 （Family Mart）	羅森 （Lawson）	7-ELEVEN
成立時間	1981年9月	1975年4月	1974 年 5 月
母公司	FamilyMart Co., Ltd.	大榮超市（Daiei）集團，後來出售給三菱商事（32.36%）	7&I 控股
店數（萬家） 2018年2月	1.74 營收1.22 淨利0.0336	1.26 營收0.657 淨利0.0218	2.07 營收4.678 淨利0.1667

表三　日本便利商店業的商品、開店進度

商品等	1970年代	1980年代	1990年代	2001～2010年	2011年起
商店 1.商品	銷售品牌公司商品	同左	推出商店品牌商品	開始注重銀髮商機女性市場	2015年7-ELEVEN商店品牌商品占同品項營收70%
2.服務		1987年7-ELEVEN代收電費的「代收款項」業務	擴大服務性業務到預購、其他生活服務（票證業務）	2010年7-ELEVEN成立Seven Bank	2011會計年度，代收業務金額3.4兆日圓
實體配置 1.日本國內	一線都市（東京都等）	二線都市（縣轄市）	三線都市（縣轄市）	四線都市（即鄉鎮）	偏鄉
2.國外市場		1981年統一超商 1988年全家到臺灣	菲律賓授權統一超商經營，2017年2,285家店	2009年全家跟臺灣全家進軍中國大陸，2018年2,300家店7-ELEVEN進軍韓、泰、中國大陸市場，在陸7,200家店	2010年起，羅森搶先進軍印尼，2012年全家也進入，2013年全家在東南亞店數1,500家

Unit **12-3**
便利商店業特性與產業結構

臺灣便利商店業比日本慢發展14年，而且除了萊爾富（Hi-Life）是土法煉鋼外，其餘皆與日本同業合資、技術合作，全家是日本全家的子公司來來超商（店名）。OK最後雖跟日本OK沒有合作，但還是掛著OK的招牌。

本單元說明臺灣便利商店業的產業分析。

一、百貨業、便利商店業追逐賽

百貨業一直是臺灣最大零售業，只有2006年（卡債風暴）、2009年（全球金融海嘯）產值持平，否則每年均小幅成長。便利商店業則一直緊追不捨，隨著2008年7月起的陸客商機的加持，百貨業迎來新春天。

二、產值三個角度

1. 產值與成長率

由表一可見，從經濟部及能源統計處1999年統計便利商店業產值以來，每年皆成長，縱使2009年經濟衰退1.81%。2008年起，平均每年成長率5%。至於相對產值則有兩種計算方式：

2. 商店人口密度

臺灣便利商店之密度居全球第二，2017年平均每2,211人就有1家，日本為2,248人（1.2672億人除以56,374家），2016年南韓1,436人1家（5,068萬人除以35,282家）

3. 平均商店產值

比較精準的算法是「平均每店營收」，平均每年成長率3%，也就是有2%成長率來自開店數的成長。

三、市場結構：一大一中兩小

2014年四家連鎖便利商店公司店數破萬家，市場結構「一大一中兩小」，統一超商市占率（以店數來說）等於其他三家之和，這有兩個意義：

1. 統一超商是市場領導公司

在個體經濟書中，很少碰到「獨占產業」，在臺灣大概只有加油站中的中國石油加油站（市占率70%），至於公營企業中的水電、郵政則更是例外。

2. 統一超商對供貨公司有很大議價能力

統一超商透過商店品牌與5,250家店的市場地位，對供貨公司有較強勢的談判地位。

表一 2011年起便利商店業營收和店數

年	2011	2012	2013	2014	2015	2016	2017	2018
（1）產值（億元）	2,460	2,677	2,761	,2892	2,950	3,088	3,173	3,383
（2）人口數（萬人）	2,322	2,331	2,337	2,343	2,349	2,354	2,357	2,359
（3）店數	9,871	9,997	10,259	10,259	10,313	10,413	10,662	10,762
（4）=（1）/（3）（萬元）	2,713	2,773	2,855	2,918	2,977	3,046	2,976	3,143
（5）=（2）/（3）每店人數	2,352	2,355	2,278	2,284	2,278	2,261	2,210	2,192
占綜合零售業率	25.27	26.18	26.24	26.14	25.63	25.63	25.81	26.75
統一超商（家數）	4,784	4,830	4,900	5,042	5,032	5,100	5,234	5,321
全家	2,801	2,844	2,895	2,929	2,975	3,047	3,099	3,200
萊爾富	1,285	1,295	1,293	1,280	1,300	1,273	1,280	1,300
OK	867	899	870	880	880	880	834	830

資料來源：便利商店數目來自《流通快訊》。

表二 2017年日本與臺灣便利商店營收結構

營收結構（%）	臺灣（2017年）	日本（2014年）
一、營收比重		
1. 商品	94.9	94.9
2. 服務收入	5.1	5.1
二、商品		
1. 食品飲料類	63.5	66.5
2. 其他	31.4	33.5

Unit 12-4
便利商店大趨勢：銀髮商機

2018年，臺灣人口2,359萬人，其中約14%是老年人口（65歲以上），屬高齡社會（aged society），人數330萬人；2025年，老年人口比重20%，進入「超高齡社會」（super-aged society），2017年2月老人比青少年與兒童多。由日本經驗可以為作為臺灣便利商店如何迎接銀髮商機的參考。

一、顧客結構改變

2018年3月日本1.2528億人，其中27.9%是老人，其中75歲以上占14%，大於兒童的13%。2007年起人口衰退。以日本7-ELEVEn的20,700多家店為來客年齡結構，在1989年，20歲占35%，50歲以上不到10%，2011年20歲占20%，50歲以上的占30%。消費者的結構在改變，消費者的需求也不一樣了。

二、便利商店的作法

1983年起，日本踏上老年「化」社會（aging society, 老人占人口7%），便利商店開始注重老人商機，詳見右表第二欄。

三、三浦展的建議

2014年7月由日本文化研究所推出的便利商店未來態樣，所長三浦展在《超獨居時代的潛商機》（天下文化出版，2014年）認為，便利商店趨勢會有一番新定義！這樣的便利商店可以由大公司或在地居民經營。在人口減少的超高齡社會中，只賣商品的利潤太微薄，這是大公司擴大投入服務業的機會。但另一方面，由於服務項目較為瑣碎，在地公司很有利基。

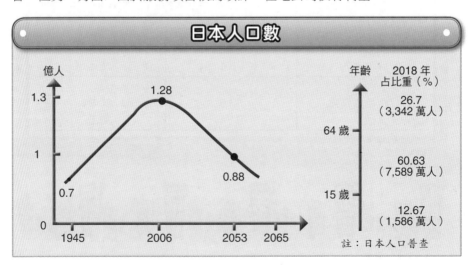

日本人口數

億人		年齡	2018 年占比重（％）
1.3	1.28		26.7（3,342 萬人）
		64 歲	
1	0.88		60.63（7,589 萬人）
0.7		15 歲	
			12.67（1,586 萬人）
0	1945　2006　2053　2065		註：日本人口普查

日本便利商店如何因應銀髮商機

生活	便利商店的作法*	三浦展的建議
一、食	1. 提供送餐服務，像是全家有宅配COOK 123，7-ELEVEN的7-MEAL，羅森的SMART KITCHEN。2012年全家收購一家「senior Life Create」公司，跨入便當宅配服務 2. 2015年羅森推出「綠色蔬果節」	「社區便利商店」，會有一個像小公園般的「社區客廳」，擺幾張桌椅，讓居民享用店內食物，或與他人分享自己做的食物。甚至有店內「美食街」，由當地居民經營，能讓獨居族宛如在自家廚房般，享受簡單的家常味
二、衣	2018年2月起，全家2,000家店逐步推出自助洗衣	便利商店附設美容、理髮、按摩SPA的場所
三、住	—	有更多人際交流服務，例如：幫獨居族換燈泡、簡單打掃、搬重物、搬家具
四、行	過去便利店是人家來買東西，現在，是到人家家裡賣東西。移動販賣的概念興起，全家跟農會合作的移動販賣車—「Mini Famima號」，是母子店的概念，加上「Famima號」，有8部販賣車在跑，也曾移動至日震災區服務	提供兩人座的自行車，方便銀髮人士從便利商店載商品回去等，店員也可以把商品送到銀髮人士府上
五、育、樂	便利商店跟藥局結合的複合店，方便提供銀髮人士長期慢性病的藥物，日本已有20幾家 其他的配送服務，像是幫忙送成人紙尿褲等	有藥師駐點配藥，或是有一個跟大醫院連線的遠距醫療房間 可以附設托兒所，尤其是在離婚率愈來愈高的社會，單親父母更需要社區體系的支持 如果有二樓，還可以當作合租屋或合租辦公室，用便宜房租讓年輕人租用，條件是必須每天做一小時社區服務，幫銀髮獨居族購物提重物或協助生活瑣事，此空間也可當作銀髮族的工作室，再創事業第二春

*資料來源：整理自《工商時報》，2014年9月25日，A6版，潘進丁。

**資料來源：整理自《商業周刊》，1394期，2014年8月，第106～107頁。

Unit 12-5
臺灣便利商店業 SWOT 分析

2019年臺灣2,367萬人、有10,600家便利商店，一家店服務2,200人，密度超越日本；每人平均3天去一次便利商店，詳見右表。由於人們太熟悉便利商店了，比較難想像2025年起，便利商店業可能走到衰退期，原因來自人口結構層「少子化與老年化」。

一、商機：只剩單身、觀光客商機

由右圖可見，便利商店的產品，以熟食、飲料為主，因此客群主要是為了自己「餓」、「渴」了而進店消費，所以便利商店層次為「個人商店」，同樣性質的店還有藥妝店（育）、手機店（行）等。便利商店的客群以小學生到30歲的「個人」為主，學生放學、單身上班族一人在外，吃喝「就近解決」。

1. 單身商機

2000年人口結構邁入三化「少子化、單身化、老年化」，只剩單身化對便利商店有利，隨著2018年人口由盛轉衰，便利商店跟「小學到大學」一樣，會遭遇客層大量減少的窘狀。

2. 觀光客商機

2017年，外國旅客人次1,050萬（其中七成是觀光客），2015年首次破千萬，觀光客中自助旅行占三成，這些人比較會逛到便利商店；團客去的機會較少。

二、威脅「漸增」

少子化與老年化。

三、優劣勢分析

便利商店有三「便」，即地點（大街小巷）便利、時間便利（全年無休、24小時營業）與商品便利，前兩者是便利商店業的優勢，當然也付出代價：地點好因此房租高、24小時營業所以薪資成本高。

1. 銀髮商機：店內餐廳與藥房

老年人主要商機有二：三餐與藥，日本1.27億人，2015年齡中位數46.3歲，四個人中有一位老人，5.77萬家便利商店中有兩成內設店內餐廳、藥房。2015年，臺灣才試辦。

2. 網購商機

2009年，由於全球景氣衰退拖累臺灣景氣，為了維持營收；便利商店推出衛生紙、飲料網購「到店取貨」（免收宅配費用），切入量販店市場。以此為灘頭堡，繼續擴大。

便利商店與超市的市場定位

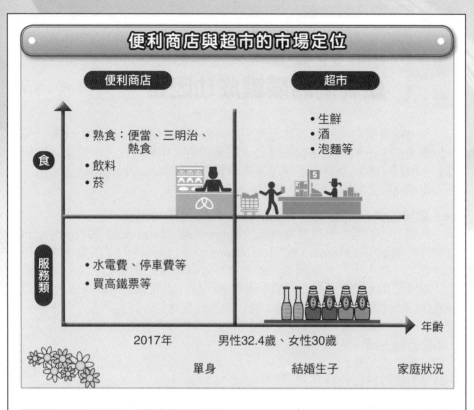

便利商店

超市

食
- 熟食：便當、三明治、熱食
- 飲料
- 菸

- 生鮮
- 酒
- 泡麵等

服務類
- 水電費、停車費等
- 買高鐵票等

2017年　男性32.4歲、女性30歲　　年齡

單身　　結婚生子　　家庭狀況

五大便利商店業狀況

2015與2017年比較

項目	2015年	2017年
店數	10,374（每店服務2,269人）	10,662（2,210人）
來客數	28.8億次（-1.03%）	29.7億次
平均單價	76元	77元
營收	2,189億元	3,173億元
地理分布	73.98%	73.88%
• 新北市	19.83%	19.75%
• 臺北市	14.47%	14.33%
• 桃園市	11.90%	臺中市12.03%
商品	飲料類、菸品、便當、三明治及熱食	

資料來源：公平交易委員會，2018.9.25。

註：店數是全部，其餘134店，五大（四大加台糖蜜鄰）便利商店10,528家店

Unit 12-6
便利商店關鍵成功因素

大一管理學中的關鍵成功因素可說人言言殊的觀念，基本上一家公司、一個事業部，小至一家商店的成功，都是戰略（市場定位）、戰術（行銷組合）、戰技（本例是店面管好）。本單元先從顧客的「民之所欲」來切入，再看便利商店業者如何滿足。

一、顧客的角度：臺灣便利商店的四大關鍵成功因素

美國東田納西大學教授齊瑪諾（Thomas W. Zimmner）和Presbyterin學院教授史卡波勞（Norman N. Scarborough）於1996年的《創業精神和新事業成立》一書中，把外部因素（即機會和威脅組成的產業吸引力）和內部因素（即優勢和劣勢組成的公司競爭優勢），皆採取同樣的點數評估法（rating evaluation method）來加以衡量，僅以內部因素為例，詳見右表。其中第一欄是便利商店的關鍵成功因素，便利商店的三種方便的重要性依序如下：
· 地點方便占25%。
· 商品方便占20%。
· 時間方便占15%。

二、地點方便的延伸

人潮路上移動，會被建築等區分為陽面、陰面，縱使在人潮多的陽面，也會被路口切斷，有時紅燈歷時90秒。因此，往往一個路口才20公尺寬，但各開了一家便利商店，而且甚至都是統一超商。在加盟店占90%的統一超商，在對面路口再開一家店，難道舊店加盟主不會跳腳？折衷之道是：優先由其開。決策邏輯很簡單，如果我方不開店，對手一定會開，與其讓外人分一杯羹，還不如自己「左手打右手」。

三、商品方便的延伸

便利商店基本產品是「賣吃」的，先是賣麵包、茶葉蛋、關東煮，給小學生下午下課到吃晚餐前吃點心。1993年才引進日本的18℃商品，先是三角飯糰，2000年全面推出便當。

1. 原主力市場區隔

原來熟食偏重學生、上班族午餐，再加上單身男女的晚餐。至於單顆賣的水果（香蕉、蘋果、橘子），以女性消費者為主要客層，並以早、午餐時段為主，常與正餐搭配組合購買，品質及新鮮度是這些族群在意的因素。

2. 擴大市場區隔

由右圖可見，2008年起，逐漸往小家庭晚餐市場切入，這包括兩類產品：
· 肉類（主菜）：4℃菜餚與飯，買回家微波加菜，藉此讓小家庭有合桌吃飯的感覺。
· 青菜：在家裡炒青菜只需花兩分鐘。

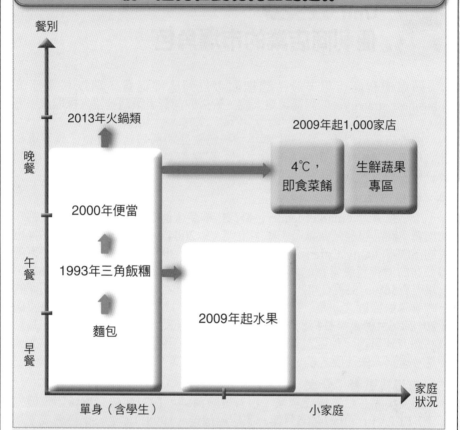

統一超商在食物商品的延伸

核心能力強弱評估：以便利商店為例

（1）關鍵成功因素	（2）權數	（3）評分1～4分	（4）=（2）×（3）
地點	25%		
商品力	20%		
24小時營業	15%		
價格	10%	—	—
商店形象	8%		
⋮			
	100%		

資料來源：（2）、（3）、（4）來自Zimmner & Scarborough, "*Entepreneurship and the New Venture Formation*", Prentice Hall, Inc. 1996, p.156 table 7-3。至於外部因素評分請見p.157 table 7-5。
（1）為綜合數篇碩士論文實證結果。

Unit 12-7
便利商店業的市場角色

四家便利商店想方設法想把顧客拉到店裡消費，即以事業部策略（business strategy）的兩種策略來說，皆採取消費者策略，沒人採取競爭者策略。

由於店數呈現「一大一中兩小」，每家公司都知自己有幾斤幾兩重，因此表現各如其份；在策略管理中，把公司在產業內的行為分為四類，我們用於分析便利商店業。

一、市場領導者：統一超商

市場領導者（market leader，臺灣俗稱產業龍頭）的統一超商，大都「推陳出新」商品服務，藉以吸引顧客上門。以2004年8月，統一超商試點推出現煮城市咖啡（City Café）為例，一杯約45元。2014年11月，市調公司東方快線公布的消費者最常買的連鎖咖啡的購買率，依序如下：統一超商58%、統一星巴克56%、85度C 42%、全家35%、丹堤與伯朗咖啡12%。統一超商的城市咖啡奪魁原因之一是「店多」、「便宜」。我們把統一超商總經理陳瑞堂（2018年6月轉董事長特別助理）主張推出新商品、服務的著重點、利基點，以右圖方式呈現。他認為統一超商關注點放在自己、放在消費者需求上，而不是今天別人做什麼，統一超商就要跟著做什麼。

二、市場挑戰者：全家

西友集團在日本成立全家，很有冒險精神，1971年成立實驗店，但光彩卻讓7-ELEVEn的1974年5月第一家店給搶走。1998日本全家來臺灣成立臺灣全家，比統一超商慢了10年；在日本、臺灣皆慢，可見日本全家的經營較謹慎。

全家在便利商店業中扮演雙重角色：

1. **挑戰者**：偶爾，全家也搶先。
2. **大部分情況下，市場跟隨者**：全家會長潘進丁表示：「看到同業的創新具參考價值，會做商品組合，因它剛繳完學費，我可繞過它走的冤枉路，直接用它的優點，成本一定比較低」。（詳見《商業周刊》，1280期，2012年6月，第28頁）

2006年統一超商的城市咖啡逐步滲透到500家店，全家、萊爾富在2007年第二季才推出，以時效來說，至少比統一超商慢了近二年。

三、市場利基者：萊爾富

萊爾富透過少數店「前店後廠」的方式，推出麵包坊概念。但如此做耗資不少，無法普及。店數從2012年1,295減105家到2018年1,300店。

四、市場跟隨者：OK

OK努力跟上統一超商、全家腳步，自認想在一半的店推出美妝專區，靠差異化來防禦自己被邊緣化。店數從2012年899減65家到2018年830店。

圖解零售業管理

四家便利商店的事業策略與市場地位

市場範圍

全部

市場領導者（Market Leader）
統一超商

挑戰者（Market Challenger）
全家

成本領導策略　　　差異化策略

低成本集中策略　　差異化集中策略

部分

市場跟隨者（Market Follower）
OK

利基者（Market Nicher）
萊爾富

競爭
優勢
來源

成本優勢　　　消費者認知的獨特性

低　　　　　高

商品
價格

統一超商的行銷組合與競爭優勢

投入		轉換 →	產出（競爭優勢）

行銷組合	統一超商七個基本元素		消費者偏好
一、商品	1. 商品 2.（電腦）系統		1.基本趨勢 ・便利 ・健康 ・美食 ・美麗
二、定價	省略		
三、促銷	3.人 4.制度 5.企業文化		
四、實體配置	6.店 7.物流		2.變動的趨勢 ・網路購物 ・3C商品

資料來源：整理自《天下雜誌》，2014年10月1日，第184頁。

Unit **12-8**
統一集團旗下的零售公司

　　統一集團旗下的零售公司，可說是臺灣涵蓋最廣的，本單元說明其投資從屬關係。

一、第一層：投資公司

　　由右圖上層可見統一企業的兩大股東：

1. **臺南幫的代表公司臺南紡織**：統一企業（1216）是由高清愿（2016年3月辭世）創辦，臺南幫的代表公司臺南紡織是最大投資人，侯家持股約4.86%。南紡侯家與統一集團高家等企業，外界有臺南幫之稱。

2. **高清愿家族的投資公司**：這幾年，高家陸續買進統一企業的股票，高權投資是統一企業最大單一股東（4.91%），加上高清愿女兒高秀玲個人1.64%的股份，高家持股比率6.56%，超越原來的大股東侯家。

二、第二層：控股公司，統一企業

　　統一集團由統一企業扮演營運控股公司。

1. **營運公司**：統一企業從麵粉廠起家，擴大到飲料等，是臺灣最大的生力麵、飲料（例如：飲冰室飲料）公司。

2. **控股公司**：統一企業轉投資相關企業，例如：統一實業、大統益。在製藥方面，例如：臺灣神隆；在零售業詳見下一段說明。

三、第三層：零售公司

　　統一集團本業在製造業，針對服務業中批發零售業的轉投資，常見的有兩大部分。

1. **流通次集團**：統一集團把統一超商暨其轄下100家公司稱為「流通次集團」，2018年統一超商合併營收2,200億元，一半來自本身，一半來自子公司。

2. **其他**：包括統一時代百貨（臺北店）、高雄統一夢時代購物中心等，至於2014年2月11日開幕的「南紡夢時代購物中心」是由臺南紡織合資成立南紡流通公司（與統一企業各持股50%），年營收目標50億元。

3. **本書用詞**：由右圖第三層可見，這是本書所指統一集團旗下的零售公司：其中有兩點額外說明：在臺灣沒有超市，臺灣家樂福量販店持股比率30%，涵蓋零售業範圍之廣，可說臺灣公司中之最。統一超商旗下公司營收較大的主要都是餐飲業。

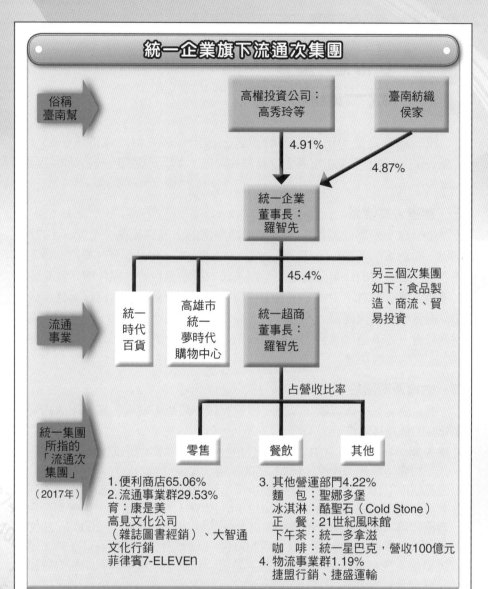

統一企業旗下流通次集團

俗稱臺南幫 →

高權投資公司：高秀玲等

臺南紡織 侯家

4.91%

4.87%

統一企業 董事長：羅智先

45.4%

另三個次集團如下：食品製造、商流、貿易投資

流通事業 →

統一時代百貨

高雄市統一夢時代購物中心

統一超商 董事長：羅智先

統一集團所指的「流通次集團」
（2017年）→

占營收比率

零售

餐飲

其他

1.便利商店65.06%
2.流通事業群29.53%
　育：康是美
　高見文化公司
　（雜誌圖書經銷）、大智通
　文化行銷
　菲律賓7-ELEVEn

3. 其他營運部門4.22%
　麵　包：聖娜多堡
　冰淇淋：酷聖石（Cold Stone）
　正　餐：21世紀風味館
　下午茶：統一多拿滋
　咖　啡：統一星巴克，營收100億元
4. 物流事業群1.19%
　捷盟行銷、捷盛運輸

統一超商之功能部門：依波特價值鏈

核心活動	支援活動
1. 研發：行銷群 2. 生產：省略 3. 行銷業務 　・行銷群之行銷 　・營運群	1. 管理群 2. 財務 3. 人資、資訊管理、公共事務等由總經理辦公室負責

Unit 12-9
統一超商經營

　　統一超商是臺灣店數最多的商店，每天每個人可能會進「小七」、「Seven」一趟，至少在電視上會看到其廣告。本單元說明統一超商的四個成長階段。

一、創辦人高清愿

　　統一超商的草創初始，最為人津津樂道的，是連續賠了七年（1978～1985），虧損了近2億元的資本額，都沒打包走人。母公司統一集團創辦人高清愿常說服股東的一句話就是：「將來統一要勝過台塑，靠什麼？就是要發展零售業才有機會。」做了十幾年的製造業，那時統一根本沒有零售業或連鎖業的實戰知識與經驗，只是覺得方向是對的，就憑著信念一路摸索。隨著臺灣社會、經濟發展，空間上的住商不分與時間上的日夜不分，奠定了便利商店業種的發展基礎。

二、生命週期階段

　　由右表可見，依店數、單家（即只有統一超商）營收，統一超商約可以劃分為四個成長階段：

1. **導入期**：在導入期，由於有之前打底、打知名度，所以統一超商快速展店，以達規模經濟規模（例如：500家店）。
2. **成長初期**：1995年，統一超商的規模達到1,000店，是否要繼續展店，同仁有許多雜音。總經理徐重仁（2012年6月退休）參考日本與美國便利商店的發展經驗，判斷臺灣的市場空間仍大有可為。於是他喊出「2000 in 2000」的口號，要在2000年時，展店到2,000店。便利商店除了販賣商品外，還可以提供「便利服務」，徐重仁很喜歡講一句話：「市場沒有飽和的問題，只有重分配的問題。」
3. **成長中期**：1999～2005年，統一超商成長速度減緩。
4. **成熟期**：2014年7月11日，第5,000家店開幕，董事長羅智先與夫人高秀玲以及總經理陳瑞堂，均穿著門市制服，共同出席開幕剪綵。羅智先說，「統一超商沒有目標要開幾家店，關心的不是店數多寡，而是未來要提供什麼樣的服務，門市的人事物才是重點。未來不管開幾家店，都會以更謙卑的心情去提供更好的品質。單店單日業績7萬元，且九成門市都獲利，萬事離不開根本實體的東西，統一超商有5,000家店，有很大的利基點，將來會無所不能。」（摘修自《工商時報》，2014年7月12日，A4版，林祝菁）

　　1994年起的《天下雜誌》「臺灣最佳聲望標竿企業」榜單中，統一超商一直是百貨及批發零售業產業龍頭。2014榮登美國權威商業雜誌《財富雜誌》2014全球企業2,000強。

統一超商成長階段

階段	I導入期	II成長初期	III成長中期	IV成熟期
年	1978～1995年	1995～1996年	1999～2005年	2006年起
店數	1～1,000	1,000～2,000	2,000～4,000	4,001～5,500
里程碑店數	第1家店：1980.2.9 第500家店：1990.6.26 第1,000家店：1985.7.11	第2,000家店：1999.5.21	第3,000家店：2002.4.22 第4,000家店：2005.11.24	第5,000家店：2014.7.11
營收(億元)	2～300	300～400	400～1,000	1,000～2,300

統一超商公司（2912）（President Chain Store Co.）

成立時間：1978，1997 年股票上市，創辦人為高清愿
公司住址：臺灣臺北市東興路 65 號 2 樓
董 事 長：羅智先　　總 經 理：黃瑞典（2018 年 6 月起）
資 本 額：104 億元

單位：億元

損益表	單家（個體）	合併
營收	1,445	2,211
淨利	310*	323**

*註：正常情況100，其210來自出售上海星巴克持股
**註：正常水準約105

營業範圍：轉投資事業
主要產品：包括統一星巴克、康是美、21 世紀風味館、博客來、統一藥品計 40
　　　　　家、統一速達（黑貓宅急便）

Unit 12-10
統一超商透過創新以站穩一哥地位

　　統一超商總經理認為要需要七個基礎元素齊備健全，才足以推動經營模式（business model）的創新。詳見右圖中第一欄，我們套用美國麥肯錫公司「成功企業七要素」來進行分析。

一、投入：麥肯錫成功企業七要素

　　以七項因素中的「人」為例，我們把統一超商的人力資源管理措施整理於右表，其目的在於把統一超商打造成「社會企業」。統一超商是跟顧客深深互動的服務業，仰賴每位員工的力量在前線衝刺，這是個「人的團隊」。要創造顧客滿意度前，就要先讓員工有高幸福指數，當他們願意志同道合地與公司朝著共同目標向前行，這股踏實的力量，就是企業的核心能力之一。

　　陳瑞堂深刻明白，有穩固「人」的根基，才是驅動企業持續成長的動能。「企業最重要的社會責任，就是先把夥伴照顧好；公司賺錢的第一件事，就是要回饋同仁。」這是他在公司內的大小會議中，最常對中高階管理階層耳提面命的話。陳瑞堂認為，回歸老企業的敦厚底蘊，把基本盤做好，打造「公平、友善的職場環境」，就是留才的不二法門。

二、轉換

　　以2004年推出的城市咖啡為例，2018年賣出3.5億杯、創造150億元營收。統一超商開始培育城市咖啡紅領結咖啡達人，從選咖啡豆起，進一步提升咖啡品質。當咖啡達人到某店駐店服務，甚至可以讓店裡的咖啡銷量，從一天100杯上升到300杯。2016年1月25日，統一超商進軍「現萃茶」市場，飲料業商機一年10億杯，2017年509億元。在北中南共選13家門市銷售，年底前拓展至200家門店，2016年現萃茶營收目標破1億元，平均每天每家店可銷售70杯，消費者以30歲以下的女性居多，多在中午或下午購買，現煮咖啡多數為上午。

三、產出

　　陳瑞堂表示，企業應追求「基本盤的創新」，不追求「煙花式的創新」，「那些做一天活動的、賣一天新聞話題的，能省則省。」

　　「『創新』要意義重大，影響深遠，依我來看，產品的重要性遠大於促銷，當你開發出一個成功產品，像城市咖啡會製造出長期效應」陳瑞堂說。（摘自《天下雜誌「，2014年4月16日，第101頁）

　　這也是為什麼除了黑金（咖啡），統一超商還要大力推動白金（霜淇淋）和綠金（生鮮蔬果）產品。

陳瑞堂對統一超商「創新」的看法

投入		轉換	產出
成功七要素	**陳瑞堂的看法**		**陳瑞堂所指的創新**
1. 策略 2. 組織設計 3. 獎勵制度 4. 企業文化 5. 用人 6. 領導型態 7. 領導技巧	商品 店 制度 （資訊）系統 物流	公司決策	1. 商品 2. 定價 3. 促銷 4. 實體配置

資料來源：整理自《天下雜誌》，2014年4月16日，第101頁。

統一超商能由人資面「成功企業七要素」以塑造核心能力

成功企業七要素	說　明*
1. 策略 （strategy）	商品／服務創新，詳見Unit12-10
2. 組織設計 （structure）	統一超商推行「幸福合作社」機制，請張老師培訓內部志工，經由陪伴和傾聽溫暖同仁的心，再找到向前的力量
3. 獎勵制度 （reward system）	薪資制度，詳見Unit10-4。 健康管理計畫讓同仁建立健康養身觀念，也讓員工的家人更安心
4. 企業文化 （shared value）	詳見Unit 12-10
5. 用人（staffing）	以人才訓練、晉升為例，詳見Unit10-6、10-7。
6. 領導型態 （style）	為了創造幸福有感的工作氛圍，統一超商把組織發展的重點聚焦到「個人」的需求，用心經營員工關係。「讓公司就像是一個永遠值得信賴的好朋友。」
7. 領導技巧 （skill）	員工關係營造的重點和範圍延伸到眷屬層面，包括平日邀請同仁家人相聚同歡、表現優異與家人共享榮耀

*資料來源：整理自《經濟日報》，2014年10月21日，A19版，杜瑜滿。

Unit 12-11
全家便利商店的經營管理

全家便利商店是此業的二哥，但是店數只有一哥統一超商的六成、營收只有統一超商合併營收的28%。再加上董事長、總經理較低調，且發言較平淡，以致我們很難抓到全家經營管理的精髓。

一、會長：潘進丁

2015年6月19日，全家「會長」潘進丁自認採取消費者策略，即不以打倒對手的競爭策略，面對便利商店競爭愈來愈激烈，潘進丁認為，全家業態必須要創新，如果不變，就會被淘汰，2011年起，持續聚焦下列三個方向發展。

1. **新常態**（New forment，註：forment相似字form）：陸續把小型店改裝成大型店，銷售的商品結構要好，「形狀」先做出來，「內容」須好好充實，以前便利商店消費的客群主要是男性，隨著社會結構的改變，及女性來便利商店的人數增加，因此，經營型態要變。

2. **開發新地區**（New area）
   主要是臺灣東部和離島。

3. **新事業**（New business）：主要是在2011年成立全家國際餐飲公司，進軍餐飲市場，2015年共30家店，資本額2.05億元。
   ・2011年臺灣全家引進沃克（Volk）牛排館。
   ・2012年日本全家收購大戶屋。

   日本全家一直有研究店內調理這個領域，2012年收購日本定食料理店大戶屋，客單價250～300元，結合其技術，大戶屋的日式便當可以在全家現店內做銷售，而雙方也可以開複合店。（摘修自《工商時報》，2012年11月21日，A5版，林祝菁）。

二、全家自認創新之舉

潘進丁認為全家首創商品、服務業務不少，詳見右表，只是有時同業唱「口水歌」唱得太紅，顧客反而不知道誰才是原唱。

日本大戶屋

成立：1958 年

地點：日本東京都池袋區

店數：244 家，主要是豬排飯、烏龍麵、定食

強調：致力達成顧客「5」個感動

全家便利商店創業界之先的作法

年	説　明
1999年	代收款項業務，臺北市路邊停車費
2002年	預購年菜
2006年	銷售線上遊戲點數卡，採虛擬商品方式，販賣一組序號，解決商品庫存問題，因這個銷售機制有專利保護，形成了三年對手的跨入障礙
2010年	烤地瓜，要找到通過認證、有生產履歷，且能大量供應的地瓜公司，臺灣大概只有全家
2013年2月	推出霜淇淋
2013年5月	全家跟日本抹茶第一品牌辻利茶屋合作，推出夏季限定冰辻利抹茶拿鐵，受到消費者喜愛，成功帶動Let's Café（營收包含咖啡及茶飲）品牌。
2013年	鬆餅

資料來源：部分整理自《商業周刊》，1286期，2012年7月，第26～28頁。

全家便利商店公司（5903）

成立時間：1988 年 8 月，2002 年股票上櫃，日本 Family Mart 持股 93.68%、泰山企業 5.42%
公司住址：臺灣臺北市中山北路二段 61 號 7 樓
董 事 長：葉榮廷
總 經 理：薛東都
資 本 額：22.32 億元
營　　收：（2017 年）644.3 億元（＋6.4%）
淨　　利：（2017 年）14.07 億元（＋2.19%），每股淨利 6.3 元
營業範圍：便利商店等
主要產品：對中國大陸全家持股 18%，頂新集團是最大股東，占七成
員工人數：5,000 人

潘進丁

生辰、國籍：1951 年，臺灣屏東縣人
現職：全家便利商店會長（2015 年 6 月 19 日起）
經歷：全家董事長（2003 ～ 2015.5）、全家總經理（1991 ～ 2002）、全家副總經理（1988 ～ 1990）、國產汽車經營企劃室專員（1985）
學歷：中央警察大學（1974）、日本筑波大學經濟政策研究所碩士（1985）

Unit **12-12**
全家便利商店拚創新挑戰「小七」

2015年7月，《商業周刊》以封面故事，大篇幅報導全家「會長」潘進丁為了鼓勵部屬創新，因此能容忍「失敗」（詳見右表）。

一、潘進丁希望主管創新

全家主管都知道，如果思慮清楚，行動力十足，最後卻犯了錯，潘進丁不會處罰犯錯的人，反而幫同仁化解錯誤造成後的殘局。他認為業績的起落只是一時的，只有思考力，才能讓公司連續打勝仗。

執行副總吳勝福舉例，他曾提案出版旅遊誌，潘進丁要求從成本、庫存、到打算擺在櫃檯的哪邊賣、為何非得自己出版不可等，一連串理由都要交代清楚，「直到所有可能風險和對應作法，是否都已考慮周詳，才肯罷休。」他說。義美食品董事長高志尚形容潘進丁：「他是警官出身，個性很保守。」（摘修自《商業周刊》，1443期，2015年7月，第107頁）

二、許多失敗案例「看似不應該」

如果潘進丁這樣「大哉問」，那麼表中大部分鎩羽而歸的案子都是「不應該」發生的，例如：1998年「買斷」手機、2005年芋頭酥禮盒大缺貨、2011～2013年地瓜缺貨等。（註：幾乎所有農產品都有產季之分。

全家便利商店公司重大失敗與經驗學習

時間	事　件	結　果
1998年	副總葉榮廷引進手機在全家販售，進貨1,000支手機，只賣出100支，賠1,000萬元，全家淨利1億元，等於賠掉公司一成的獲利	葉榮廷學到了教訓，從此高價複雜產品只採預購銷售。2014年，跟華碩合作預購手機，累積銷售兩萬支的佳績
2005年	商品部採購人員王啟丞提出在中秋節預購時，提供芋頭酥之類的地方特產。他的提案迅速獲得主管肯定，認為結合送禮與地方特產，很有話題性。預購量衝上四萬多盒。直到中秋節前兩天，他才被這家首次合作的老店通知：有一萬多盒生產不及。接著是被打到爆的客服專線，全家動員上下（包括長官、同事）接聽近萬通的抱怨電話	全額退費，再加贈送比芋頭酥更高價的月餅賠罪，遇到少數堅持不肯接受補救方案的人，必須想辦法調來商品，由專人開車趕在中秋前夕送上門。這檔產品賠了600萬元。為此，時任董事長的潘進丁，罕見在一年一度的加盟商大會上向加盟店主道歉。此事懲處如下：商品部經理簡維國小過、王啟丞申誡

臺灣全家便利商店失敗個案分析

時間	事 件	結 果
2006年	看準國人對日本零食的嚐鮮興趣，葉榮廷引進北海道鮮乳，一推出大獲好評，但由於售價過高，除了第一週熱賣，之後三個檔期業績慘淡，以賠1,000萬元收場	事後檢討起來，敗在時間。「這個案子最大的教訓，就是價格一定要有競爭優勢，而且要等到趨勢成熟，再推，」葉榮廷分析，2006年沒時間跟供貨公司「磨」，急著進貨、急著上架，談判的時候價格就不漂亮。2012年，原裝進口母公司日本FamilyMart Collection商店品牌，加上國人旅日風氣盛、對產品熟悉，首年只推五款零食，包括薯條、碗豆酥等，就賣了200萬包佳績，營收近億元
2009年	2009年行銷部長吳雅卿於10家店試推，口碑、銷量皆不佳：報廢500萬元、10臺霜淇淋機，學到經驗：1.光擠出霜淇淋形狀沒用，要吃起來美味才吸引人；2.掛出旗子宣傳，否則沒人知道你有賣	2013年重新推出，日本霜淇淋第一品牌Nissei機器。技術轉移在臺生產霜料，確保機器與原料合拍，堅持在臺生產，以確保口味能快速創新、反映市場需求。並鼓勵顧客自拍打卡，創造網路口碑，形成病毒式行銷，2015年，全家霜淇淋兩年來已累積賣出五千多萬支，是吸引人潮進店的重量級帶路貨
2011年	葉榮廷試過賣炸鹽酥雞、現做便當，「結果全都失敗，都是我做的，虧了不少錢，」虧損500萬元	葉榮廷表示，這些失敗經驗已經累積了不少心得，2015年8月，全家跟知名日商大戶屋合作，推出第一家能現場料理的新店，強攻外食族荷包
2013年	由公共事務暨品牌溝通部副部長吳采樺負責，拍攝品牌形象微電影，加盟主叫好，但消費者好感短暫，微電影相關活動3年花費4,000萬元；2013年25週年慶時，更號召120家店推出各種特色活動，集結成為網路影片，點閱率高、話題性強，店長們大受鼓舞，就連工讀生都指名要到微電影拍攝門市上班。學到經驗：1.沒互動、沒體驗，再好的廣告也只是放煙火；2.搶攻心占率，網路分享、互動體驗才是成功之道	2013年，小小店長開始在少數店試辦，品牌溝通部發現，這是跟消費者互動的最佳方式，主動提案把活動擴大，由公司拍攝廣告，把這些店的經驗彙整、統一執行。「尤其製作小小制服是關鍵，」吳采樺說，制服讓參與的小朋友更有認同感，更標誌著全家的重要里程碑，首次大規模動用資源支持各店活動，「讓我們認清讓顧客參與及體驗的重要性。」2014年7月，YouTube上出現「誰把全家店長縮小了!?」影片，爆紅 小小店長以80萬元經費小兵立大功，效果比之前的廣告都要好，累計285萬網路觀賞人次，囊括拿下八個廣告獎，更重要的是，在小朋友心目中深植了認同感，無價

資料來源：整理自《商業周刊》，1443期，2015年7月，第92～98頁。

263

Unit 12-13
便利商店的現煮咖啡行銷戰

「吃喝」是便利商店的基本商品，「喝」的部分包括冷飲、熱飲；熱飲的主力是現煮咖啡，約占便利商店營收8%，便利商店很重視，本單元說明統一超商、全家2018年的行銷戰。

一、商機：750億元

2004年，統一超商推出城市咖啡，帶動平價現煮咖啡風潮，咖啡產業快速成長，報刊稱為「黑金」商機，2018年臺灣咖啡相關產業年產值750億元與進口咖啡豆4萬噸、一年29億杯。每位國人平均1年喝100杯，喝咖啡似乎已成了臺灣人的生活要事之一。

二、統一超商

統一超商在現煮咖啡的銷量以5比1比率贏全家，因此比較有拉大距離的策略雄心，行銷組合比較大膽。以2014年11月5日起33天的集點送促銷案為例，凡購買中杯以上咖啡一杯即可獲得1點，集滿4點可以75元加購1款法拉利經典馬克杯或法拉利經典金屬組裝車。集滿12點免費兌換1款，這是第一次獨家與跑車品牌法拉利聯名合作兌換商品，有8款大容量的法拉利馬克杯，以及8款限量1比64的經典金屬組裝汽車，以吸引車迷的青睞。

三、全家

盛夏時，全家從消費趨勢觀察到，消費者較不喜愛甜膩飲品，為因應消費者需求，全家2014年8月6日推出夏季限定飲品「海鹽抹茶拿鐵」咖啡。

全家跟日本著名插畫家池田晶子合作，推出「瓦奇菲爾德奇幻時光加價購」活動。上班族群喜愛且樂於蒐集療癒型肖像商品，且期盼贈品能結合實用功能，有鑑於此，全家近年全力推出療癒型肖像結合實用性的咖啡周邊商品，例如：隨行杯、馬克杯、餐盤、筆等，每年推出均有不錯表現，像是2014年初推出的加藤貞治小紅帽杯，帶動咖啡營收成長三成五。

而11月5日起，凡購買中杯以上飲品任2杯，加價可購換奇幻時光馬克杯、粉彩碗，共3款，且可挑款（首批限量各2萬個），中杯以上咖啡第二杯半價優惠，期望能雙管齊下，帶動咖啡業績成長。

2018年便利商店雙雄2014年的現煮咖啡行銷

項目	全家	統一超商
一、店數	3,200	5,321
二、商品鋪機率	現煮咖啡90％，名稱「Let's Cafe」	97％，名稱「城市咖啡」（City Café）
三、營收（2018年）	35億元以上	150億元
四、行銷組合		
1. 商品	2013年與日本抹茶第一品牌辻利茶屋合作，推出冰辻利抹茶拿鐵，受到市場青睞、2014年4月推出辻利黑糖抹茶拿鐵，8月推出「海鹽抹茶拿鐵」	當咖啡達人駐點門市，咖啡業機會大幅成長。每年花千萬元以上，邀請作家在咖啡杯設計2018年11月推出文創徵文比賽
2. 定價	同右	以熱咖啡中的拿鐵來說，大55、中45、小35元
3. 促銷	1.31~3.13第二杯7折7.20~7.22大冰拿鐵、美式、買一送一	2.21~3.6中杯以上，第二杯5折11.30~12.2大杯拿鐵第二杯5折，但要加入統一超商Line帳號

265

統一超商城市咖啡營業績效

績效	2013	2014	2015	2016	2017	2018
數量（億杯）	2.2	2.5	2.8	3	3.2	3.5
營收（億元）	92	95	106.4	118	130	150

Unit 12-14
便利商店集點促銷

一、2005年起的頭：全店行銷

自2005年起，統一超商率先推出凱蒂（Hello Kitty）卡通磁鐵集點送，一炮而紅，「卡通肖像搭配便利商店集點」成為便利商店經營的新方式行銷學。

1. **集點送**：由右表可見，集點送的目的一石兩鳥，拉高顧客每次購買的客單價（以統一超商為例，超過77元才有1點）與回購，2014年的哆啦A夢陶瓷方碗須100點才能換到。

2. **全店行銷**：「全店」行銷是指顧客買全店2,200項商品都算在集點送的範圍。

3. **角色經營**：當集點送的贈品是「公仔」（磁鐵、筆、娃娃）等時，肖像發威所打造的「角色經濟」，一年就有55億元商機。卡通集點行銷背後，顧客達到集點兌換樂趣，業者強化了「小錢立大功」的聚財效果。

二、統一超商的集點促銷

2005年起，統一超商發展卡通行銷，迄2014年推出14檔（註：一檔約2週），增加學生、上班族的「消費黏著度」，2005年7月11日跟日本設計公司合作開發「OPEN小將」，成為卡通、可愛商品聚焦核心角色。2014年向日本設計公司取回另一半肖像權後，強力發展OPEN小將周邊商品、路跑活動、跨國與日本熊本縣合作等。

自2007年使用「OPEN！肖像」對外授權，產值連年突破10億元，廣開OPEN小將相關產品或裝潢門市。臺灣人喜歡「日系」卡通角色遠勝過「美系」；「長青款」如Hello Kitty、哆啦A夢，商機遠大過「新穎」角色（例如：蛋黃哥、馬來貘等）。集點送贈品也從「趣味」變成「實用」，過去贈品以可愛、趣味的磁鐵、胸章、玩偶公仔為主。過去跟哆啦A夢配合推出的夏日風扇集點活動或是神奇時光公仔時，喚醒5、6年級生的兒時回憶並帶動蒐集熱潮，2014年看準哆啦A夢45週年第一部3D電影上市前夕，再加上2013年首次推出的微波爐加熱陶瓷方碗掀起兌換熱潮。2018年11月照舊推「小小浣熊甜甜食光」集點送。

三、全家的集點促銷

全家便利商店2005年底推出紅透一時的通訊軟體「MSN心情磁鐵」，加入卡通行銷戰局。全家行銷部部長吳雅卿說，想要顧客掏錢購買，卡通肖像必須掌握「萌、潮、陪伴感」三元素，以撫慰社會大眾的心靈。（摘自聯合報，2014年11月24日，AA版，陳景淵）集點送的效益在於強化續購，會員暨電商推進部主管王啟丞表示：「會員」占來客數約25%、營收35%，客單價比均值高60%，其至消費前2%的會員占營收10%。（卡優新聞網，溫子豪，2018.11.27）

2018年便利商店雙雄集點送的執行方式

項目	全家	統一超商
一、目的	下列二者增加一成	
1.拉高單價客層	1元1點	1元1點
2. 續購	有	有
二、目標客層	22～35歲	上班族、家庭主婦，例如：1960、1970年代生的人
三、促銷贈品		
1.公仔	肖像公仔，或是具實用性的商品，只要角色對了，消費者就會買單	
2.其他	**2012年以前**：好神公仔、拼積木、蠟筆小新、Crystal Ball **2013年**：Line、阿朗基 **2014年**：以11月12日推出，風靡日本偶像藝人的超療癒肖像「CRAFTHOLIC宇宙人」，可愛模樣，加上質感摸起來舒適，銷量大，並惠及3張宇宙人悠遊卡	**2012年以前**： **2013年**：11月推出結合Line菇菇人的加熱陶瓷方碗，造成兌換熱潮 **2014年**：以11月19日推出為例，跟哆啦A夢合作，推出冬季實用性高、主婦與上班族最愛的「大陶瓷方碗」
四、公司配合措施	公司網站（俗稱官網）的故事行銷，帶動網友上網討論 2016年4月，點數貼紙轉成手機App上點數，已有800萬位下載	同左 但仍有實體點數貼紙。有600萬位下載App，OPEN POINT點數主要用來兌換咖啡、衛生紙。

第 **13** 章

超級市場業：
以全聯為焦點

●●●●●●●●●●●●●●●●●●●●●●●●●●●●● 章節體系架構 ▼

Unit **13-1**
超市 SWOT 分析

　　超級市場商店是種奇怪組合商店，基本上是把「傳統市場」跟「雜貨店」混在一起，量販店可說是「擴大版」的超市。以此來進行超市SWOT分析的「機會威脅分析」就比較容易切入了。

一、超級市場的定義

　　超級市場（supermarket，簡稱超市）顧名思義可說「口氣不小」，是超級版的傳統市場，1960年代，在美國隨著經濟成長而流行，1970年代在日本，1980年代在臺灣，超市在美國屬於雜貨店（grocery stores），是一種大型零售商店，通常占地廣大，經銷食品或日用品為主，商品價格低廉且明確分類，大量陳列，備有購物籃或購物車，採自助方式，設結帳櫃檯替顧客結帳。

1. **商品結構**：由右表第一欄可見超市的商品結構，這跟量販店比較像。
2. **商品來源**：超市的商品95%是臺灣製，這在商品多樣化、價格來講，皆缺乏競爭優勢。

二、機會

　　營收成長率：2018年超市業營收2,209億元、2016年1,973億元、2017年2,096億元，成長率愈來愈低。

三、優劣勢分析

　　由右表可見，邏輯上來說，2007年以前在三個綜合零售業中，「超市」在消費者考量的四項競爭優勢（價量質時）、四項行銷組合中，皆沒有一項勝出。經濟環境演進從2008年起對超市有利。

1. **靠地利之便擠掉量販店**

　　當人口結構邁入少子化、老齡化，此時量販店逐漸褪流行，超市占綜合商品零售業營業額比重由2006年13%增至2018年的17.47%，已超越量販業的16.08%。主要還是因為超市容易滿足小家庭一次購足食品及生活上需求，功能性已漸取代傳統市場。

　　2015年5月，全聯實業總裁徐重仁（2017年7月退休）說：「人們進步了，生活水準也提升了。你會想在量販店走這麼久，就為了買那幾樣東西，好累喔。」我認為除了好市多外，將來量販店會慢慢淡出市場。（摘修自《Cheers月刊》，2015年5月，第51頁）

2. **靠價格便宜硬拚便利商店**

　　便利商店的營業成本較高（地段好以致租金高、24小時營業以致電費高）等，在綠金（水果、蔬菜）的定價高不可攀（一根香蕉18元以上），這點超市找到切入點，往便利商店的基本商品（主要是熟食）切入。

綜合零售業的優劣勢比較

行銷組合	便利商店	超市	量販店
1. 商品 (1) 商品數 (2) 基本商品 (3) 核心商品	3,000項 飲料菸酒66% 食品25%	10,000項 食品52.3% 飲料菸酒14.5% 家庭器具15.2%	4～80,000項 食品39.4% 飲料菸酒11.9% 家庭器具20.2%
2. 定價	高	中 臺灣占95.1% 進口占4.9%	低
3. 促銷	積極	不積極	積極
4. 實體配置 (1) 店數 (2) 營業時間 (3) 營業面積	11,000家 24小時 36坪（大店）	2,200家 同左 200坪	120家（不含家樂福 便利購） 12小時 60,00坪

臺灣惠康百貨公司（Wellcome）

成　　　立：1987年，港商惠康收購臺灣頂好超市，母公司怡和集團牛奶
　　　　　　國際。

住　　　址：臺灣臺北市士林區

資　本　額：8.5億元

董　事　長：朱秉志

總　經　理：萬正和

營　　　收（2018年）：未公布

淨　　　利（2018年）：未公布

主要產品：219家店，另有高檔超市Jasons Market Place（25家店）主
　　　　　要開在百貨公司B1。

員　工　數：4,100人

Unit **13-2**
超市市場結構

超市業的市場結構很像便利商店業，全聯市占率超過50%，頂好惠康市占率不到15%，依據此趨勢發展下去，2018年以後，全聯營收破1,200億元，有可能會出現西元前222年秦始皇統一六國情況。

一、一大一中一小

大部分有規模經濟的行業，大都是「雙強」或是「三強鼎立」，超市業比較像便利商店業，屬於壟斷性產業，行業一哥市占率超過50%（詳見右表），一家公司可抵得上其他公司之和。另外，各地農會超市約90家，農會業兼營。

二、一哥：全聯實業

超市一哥全聯實業只花了15年，從末段班竄升為一哥，可說是美國甲骨文公司董事長艾利森所說：「快魚吃慢魚」的典型案例。2015年年底，全聯以4.5億元收購味全公司旗下松青超市（2014年65家店，營收34億元、虧損1.94億元，累積虧損10億元），是所有買方中唯一願意承接所有門市設備資產及允諾保障員工就業，因此，味全董事會決定賣給全聯。

三、二哥：頂好惠康

由右表可見，惠康1987年便已在臺灣發展，生不逢時，此時量販店也開始發展，如同下象棋時「一炮殺三士」。同樣的，一家量販店半徑3公里內的超市都往往遭殃。最先倒楣的是社區型單店超市。惠康超市的母公司是香港牛奶集團，不知是否策略雄心不足，不敢放開手去衝店數。採取穩紮穩打，每家店都想賺，以致錯失展店時機，先發卻後至。

四、三哥：美廉社

三商行公司於2006年5月成立三商家購公司，8月開出第1家「美廉社」，本質上是「雜貨店」的現代版，只有乾貨，2018年店數約663家店，營收約112億元，市占率4.3%。地區分布：以臺中市以北為主，以南高雄市較多分店。

1. **拚價格**：從礦泉水、米、太白粉、油到衛生紙，美廉社全以一般品牌應戰，定價最多可便宜三成。銷量最大的米，為了符合小家庭需求，是唯一採分裝散賣的現代化商店，平均一天可賣出一萬袋，僅次於全聯。
2. **地點方便**：店址以住宅區為主，營業面積30坪即可，對家庭很方便。

五、家樂福便利購

2012年起，家樂福開出超市店型「家樂福便利購」，店數有限。

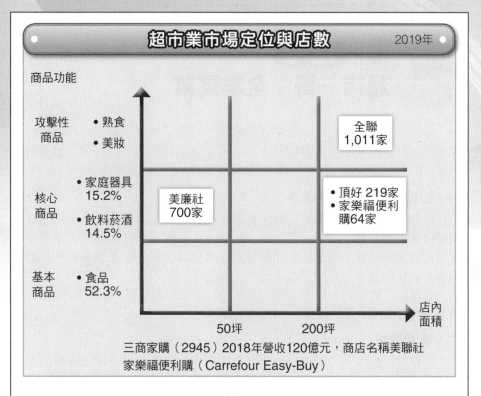

超市業市場定位與店數　2019年

商品功能

攻擊性商品
• 熟食
• 美妝

全聯 1,011家

核心商品
• 家庭器具 15.2%
• 飲料菸酒 14.5%

美廉社 700家

• 頂好 219家
• 家樂福便利購64家

基本商品
• 食品 52.3%

50坪　200坪　店內面積

三商家購（2945）2018年營收120億元，商店名稱美聯社
家樂福便利購（Carrefour Easy-Buy）

超市業中，全聯一枝獨秀

項目	2015年	2016年	2017年	2018年
1. 店數（連鎖型）				
(1)產業	1,935	2,052	2,163	2,200
(2)全聯	864	893	909	970
(3) = (2)/(1) (%)	44.65	43.86	44.2	45.45
2.營收（億元）				
(1)產業	1,804	1,973	2,096	2,219
(2)全聯	824	1,010	1,088	1,200
(3) = (2)/(1) (%)	45	52.8	55.36	54.32

* 2016年1月起松青超市併入全聯，65家店中至少50家店。

Unit 13-3
超市一哥：全聯實業

　　超市一哥、零售業營收亞軍全聯實業，只花了15年便達到此市場地位，究竟如何辦到的呢？軍公教福利中心主要是供銷日用品（即乾貨）給軍公教人員，但不敵量販店而只好轉讓，1998年由林敏雄收購66家店。

一、經營者：董事長林敏雄

　　林敏雄是白手起家的企業家，他原本只是臺北區合會（臺北企銀前身，後被永豐集團收購，改名永豐銀行）的職員，1980年代在新北市三重區創業成立元利建設，到如今已成為坐擁元利、全聯等公司的企業董事長。林敏雄表示全聯能在競爭激烈的零售市場中，殺出血路，正是憑著「三敢」：敢砍價、敢展店、敢賠錢。接手全聯，以鄉村包圍城市的策略，快速擴張，每2.3萬人的消費市場，就足以養活1家全聯福利中心。

二、事業策略

　　在公司成長各階段，由於優劣勢條件限制，全聯分階段採取適配的事業策略。

1. 第一階段（1998〜2006年）：低成本集中策略

　　全聯像德國奧樂齊（Aldi）超市，先以「低成本集中策略」占有一席之地，然後再以成本領導策略逐鹿中原。

　・低成本：全聯的定價策略非常簡單，即「成本再加2個百分點」，以確保商品的售價只有「量販店85折、超市8折」，方法之一便是品牌公司商品算「寄賣」，全聯不收任何費用（主要是上架費、行銷贊助費）。要維持低價，不只是商品，從裝潢、行銷，全聯樣樣節省。

　・集中：在鄉鎮做獨家生意，鄉村包圍城市的快速展店策略，讓全聯從初接手66家店，五年內店數成長至200家。

2. 第二成長階段（2007〜2012年）：成本領導策略

　　2004年起，全聯實業採取收購地區超市的外部成長方式，往北部進軍，成為全國性超市，由圖一可見其店數、營收；2005年270家店，這是重要發展的里程碑；2005年大做廣告，大幅提升公司知名度。其經營方式採取「天天最便宜」的成本領導策略（詳見圖一），本質上是德國奧樂齊超市的複刻版。2005年起，負責全聯廣告的奧美創意總監龔大中說，全聯的品牌精神已從深入人心的「來全聯，實在真便宜」，跨入「來全聯，買進美好生活」。

3. 第三成長階段（2013年以來）：部分差異化策略

　　隨著人民所得的成長，全聯希望在店型等皆能與時俱進，不再被刻板印象塑造成「中低收入家庭的雜貨店」。2015〜2016年廣告訴求以「全聯經濟美學」為訴求，強調便宜但可以買到好商品，過美好生活。

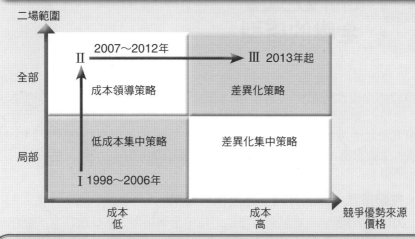

圖一　全聯的競爭策略三階段進程

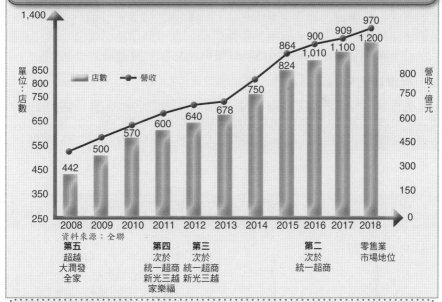

圖二　全聯實業經營績效

資料來源：全聯

年	第五			第四	第三		第二	零售業
	超越 大潤發 全家			次於 統一超商 新光三越 家樂福	次於 統一超商 新光三越		次於 統一超商	市場地位

全聯實業公司

成立時間：1998 年 9 月 1 日
公司地址：臺灣臺北市中山區
資 本 額：30 億元（2014 年）
商店名稱：全聯福利中心，俗稱全聯社
董 事 長：林敏雄
執 行 長：謝健南
總 經 理：蔡篤昌（2014 年 3 月由統一流通次集團旗下康是美總經理轉任）
員工人數：13,000 人

Unit 13-4
全聯的店型

圖解零售業管理

在量販店、超市與便利商店業貼身肉搏的時代，全聯的店型、行銷組合從2012年起便改弦更張，本單元詳細說明。2012年以前，全聯具有衝店數快、價格低廉等優勢，之後陷入被「夾殺」困境，上層有量販店割喉戰，同級的美廉社不重裝潢、走低價爭取市場，下層是萬家便利商店，24小時不打烊，全聯優勢流失、面臨營運瓶頸。全聯在對量販店、便利商店採取「進攻」之道。

一、在超市業：商品升級，進逼頂好超市

2014年5月起，全聯試圖市場重定位，全聯早期訴求價位便宜，現在會嘗試在各價格帶採購商品，即便是高收入人士，只要提供方便、舒適的環境，一樣會被吸引，以蘋果來說，有10元的，也要有45元的，才能滿足不同顧客的需求。全聯總經理蔡篤昌表示：「全聯過去強調最便宜，2014年5月採購策略開始轉變，未來要思考性價比最高，進行商品結構調整，增加高價商品。」（摘修自經濟日報，2015年5月6日，A5版，黃冠穎）

二、標準店占98%

零售公司、媒體記者喜歡玩文字遊戲，推出不同店型就稱為一、二、三代店。以店數來說，由下圖可見，標準店占全聯店數98.3%，其餘二代店（較像便利商店）、三代店（快速商品店）占比微不足道，稱不上二、三代。

276

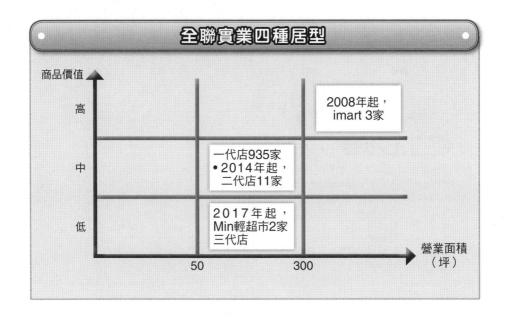

全聯實業四種居型

商品價值

高　　　2008年起，imart 3家

中　　一代店935家
　　　• 2014年起，二代店11家

低　　2017年起，Min輕超市2家 三代店

50　　300　　營業面積（坪）

全聯在生鮮商品區的努力

項目	來　源	全聯加值
1. 肉 　(1) 魚 　(2) 牛肉 　(3) 豬肉 　(4) 雞	挪威圈養鮭魚每天空運來臺 跟澳大利亞最大超市Coles 合作的牧場共同契養牛隻 臺灣 臺灣	2006年收購「善美的超市」， 學到經營生鮮的竅門。全聯 2012～2015年各店每年投入 百萬元，提升各店生鮮商品品 質，有五座生鮮處理與配送中 心
2. 水果	1. 跟泰國最大包裝公司引進 　「金牛」品牌的金枕頭榴 　槤 2. 跟紐西蘭的農產公司合 　作，引進奇異果 3. 其他，主要是臺灣	－
3. 蔬菜	號稱全聯全臺「最大冰箱」 的五股生鮮處理廠，原本僅 處理雞豬魚肉類，2018年增 廣蔬果產線。全聯北中南有 生鮮及蔬果處理廠，95％以 上的店有販售生鮮，已占全 聯，營收比重20％ 2018年9月起，生鮮廠部分 改為夜間生產，由夜間人員 貼產品標籤，然後出貨，早 上10時以前就能第一次配送 到店，而且生鮮商品一定是 當天生產日期，有助吸引更 多消費者。可減少生鮮報廢 和打折折讓成本（部分摘自 《工商時報》，2018年12月 27日，A19版，何秀玲）	(1) 2014年 　　2014年7月臺南、雲林、嘉 義10家全聯生鮮產品取得產銷 履歷認證、結合小農推公益賣 場 　　2007年全聯收購「臺北農 產超市」，取得北部穩定蔬果 來源 　　二代店一些店開闢當地農 產品專區，農民把自己耕種的 農作物在專區陳列，自行定價 並附上生產履歷。全聯提供場 地讓農民販售，僅收取7.5％管 銷費用，同業收30％ (2) 2015年 　　全聯跟農民合作，以契作 或期間整批採購方式，爭取更 多優質國產農產品 　　2015年引進有機金針菇與 外銷加拿大的烏殼綠竹筍，直 接採購能取得穩定供給量，更 能掌握品質及安全用藥管理， 強化生鮮安全 (3) 2015年商店品牌Sun Make 　　Sun Make善美的「有機農 法」及「安心蔬菜」專區，參 考日本歐美生鮮品牌的新包裝 上市

Unit **13-5**
全聯「每天最低價」的作法

　　全聯在「價量質時」四項競爭優勢上先採取「成本領導策略」，即以同業最低價在各地吸引價格敏感的中收入、中低收入顧客，以跟各地地區超市競爭。

　　零售公司的進貨成本決定商品售價的八成以上，本單元聚焦說明全聯的作法。

一、採購：商品部

　　由右表可見全聯商品部只扮同業「採購處」功能，促銷由行銷部負責，物流由行政部負責。商品部由董事長林敏雄直轄，由其長子林弘斌擔任商品部協理，第二大主管、商品部經理林雅萍，也是林家親戚。

二、定價

　　全聯對商品的定價有兩個參考指標：

1. 同業價的八折、便利商店價的七五折

　　這主要是對抗同業，至於說「量販店的八五折」，我們較沒把握。

2. 進貨成本加8%

　　這8%要把房租率2%、管銷費用等賺回來。

　　銷售成績如下：

　　・桂格「得意的一天葵花油」市占率三成。

　　・金車的伯朗咖啡、統一企業御茶園每朝健康綠茶售價為便利商店價格8折。

3. 商品資訊

　　供貨、物流公司，能從全聯實業網站上了解商品在各店銷售狀況，以便補貨等。（摘自《經濟日報》，2004年12月10日，D3版，王馨慧）

三、查價與比價

　　由右表可見同業查價、調價的分工。

1. 查價：各店。

2. 比價、調價：商品部。

全聯實業商品部與各店的職掌

公司	採　購	各　店
1. 全聯	1. 組織設計：商品部 　但只扮演「採購」功能，員工近百人，每位採購人員有二位助理 2. 對供貨公司的要求 　全聯對供貨公司的契約，都明定是「全臺最低價」，如果不同意，即使是味全都被全聯下架，重新爭取上架 　此外「罰則」如下：為確保促銷品貨源充足，避免缺貨破壞商譽，若補貨不及，則錯失的銷售額由供貨公司補貼等 3. 商品汰弱留強 　全聯商品的淘汰頻率、幅度很高，一般商品一年檢視一次，新品每四個月一次，淘汰率達三成	1.各店負責訪查附近同業的店內價格，只要發現方圓一公里，同樣商品在其他零售商店更便宜，由店長回報、公司處長裁示，24小時內就可以完成地區降價 2. 供貨公司的對策 　為規避比價、不得罪其他零售公司，許多品牌公司都為全聯另開容量、包裝不同的獨家規格
2. 同業	組織設計：商品部 比較像產品經理，負責行銷組合	公司設查價小組，到同業的店查價

資料來源：整理自《商業周刊》，1430期，2015年4月，第105～106頁。

全聯實業公司商品部採購助理招募

1. 工作內容
   - 協助採購／主管處理相關事務
   - 一般採購事務處理
2. 應徵資格
   - 經歷：工作經歷３年以上
   - 學歷：專科以上
   - 能力：電腦能力（PowerPoint、Excel、Word）
     　　　專業能力（具採購經驗者佳）

Unit **13-6**　全聯切入「年輕人」市場區隔：進攻便利商店市場

便利商店、藥妝店以「個人」為主要市場定位，超市、量販店和百貨公司以家庭為主要市場定位。未來大趨勢是「單身化」（包括獨居老人），2015年人口專家預測「四成無子女，五成無孫子女」，女性單身長期維持30%，縱使有結婚，也是少子化。2014年全聯切入單身商機，其中衝著便利商店而來。

一、問題分析

1. 結果：年輕人占營收9%

   全聯30歲以下的客群占9%，以致營收成長慢，和便利商店七成來客是青壯年（24～40歲）相比，相差很大。

2. 原因：「窮人商店」形象

   總經理蔡篤昌認為問題出在全聯過去錙銖必較、東省西省的形象，產生「委屈感」，「年輕人連進全聯、拿全聯塑膠袋都覺得很丟臉，好像是因為我很窮，才來這裡。」（摘修自《商業周刊》，1430期，2015年5月，第107頁）

二、行銷組合

由右表可見全聯切入年輕人市場區隔的行銷組合，其中在音樂會都挑超市、量販店的兩大旺季（中元節與中秋節烤肉）中的中元節。

1. 促銷作法中的試辦

   2014年中元節，全聯牛刀小試，花300萬元在嘉義市二代店榮昌店，舉辦一場免費的妖怪搖滾音樂節的活動，吸引3,000人以上，許多人在臉書留下好評。全聯發現，演唱會可以直接跟消費者溝通，且年輕人在現場打卡、在社群媒體分享的行為，都有助於全聯跟年輕人連結，強化品牌影響力。

2. 2015年擴大舉辦：詳見右表。

3. 叫好還須叫座：由右表中商品策略可見，年輕人商品有限。

全聯切入年輕人市場區隔的行銷組合

行銷組合	說　明
商品策略	● 好菜便利包 ● 啤酒冷藏銷售
定價策略	省略
促銷策略	
1. 廣告	作法「品牌年輕化」 (1)2015年3月27日 　全聯新一波「全聯經濟美學」廣告上線，卻不見招牌人物──「全聯先生」邱彥翔代言期間（2006～2015年2月）的身影。以14位年輕人為主角，畫面走文青風，訴求「把錢花得漂亮才是本事」、「真正的美，是有顆精打細算的頭腦」，「長得漂亮是本錢，把錢花得漂亮是本事」等廣告slogan（標語）把精打細算變成時尚行為。（摘修自《商業周刊》，1430期，2015年4月，第107頁） (2)刊物《全聯生活誌》 　雙週發行的《全聯生活誌》每期發行量400萬份，號稱發行量最大，封面設計也訴求活潑年輕化，找來明星光良、嚴爵、臺語歌天后江蕙等擔任封面人物。2015年8月中元檔期，《全聯生活誌》取得日本妖怪卡通鬼太郎授權，小鬼、小妖怪圖案躍然紙上，增添趣味、拉近跟消費者的距離，徹底執行把中元節變臺版萬聖節的任務。
2. 促銷活動	2015年8月中旬／地點：臺中市烏日區的高鐵站處 方式：演唱會「妖怪音樂祭」，歌手有蕭敬騰、謝金燕、八三夭樂團等，現場邀集的二十六家供貨公司與異業贊助數百萬元，寶僑家品、日產汽車、亞太電信與統一企業等。海尼根啤酒根據這次主題，把展位打造為天堂，Showgirl們化身天使，吸引許多民眾駐足並暢飲。 　熱門的手機遊戲〈雷霆突擊〉把在臺灣首次贊助給了全聯妖怪音樂祭，遊戲公司新加坡競舞娛樂（Garena）營運組公關劉尚倫認為，妖怪音樂祭演唱會跟手機遊戲鎖定的客群一致，成為舞臺贊助公司，把體驗遊戲的大螢幕搬到現場，近距離接觸消費者，提升品牌形象。 承辦：全聯實業行銷部，協理劉鴻徵／經費：2000萬元餘 效益：2015年「新增會員」中，年輕人成長率40%，1.5萬人參加，票房收入近千萬元。

資料來源：主要整理自《今周刊》，2015年9月7日，第122～124頁。

第 **14** 章
量販店經營管理：好市多的角度

·················· 章節體系架構 ▼

Unit 14-1
量販店商機威脅分析

　　2003年以來，量販業營收成長率降到3.5%，與經濟成長率相近。背後原因有二，一是需求面（即人口三化），一是供給面，主要是超市、便利商店撈過界。在進行量販業的機會威脅分析時，商機有限，雖然業者自認想取代菜市場，且攻入化妝品、家電店領域，但生意不好做。本章以臺灣好市多為主角，聚焦討論量販店的各項作為。

一、威脅：人口三化不利量販店

　　人口三化（少子化，單身化，老年化）對量販店最不利。

1. 少子化：少子化的結果是家庭平均人口數3個人，吃得少，用不著開車去量販店買，超市就夠了，全聯等沾到好處。
2. 單身化：400萬位單身人口，一人吃飽，全家吃飽，中秋節烤肉到量販店買烤肉用品，其餘時候大都去便利商店。
3. 老年化：老年人移動能力（開車、走路）有限，多到便利商店消費。

二、超市業鯨吞量販店商機

　　由右圖可見，把2004、2018年的SWOT圖比較，很容易發現2005年起，超市中的全聯分兩波進攻量販業。

1. 2005年推出美妝區。
2. 2006年7月各家店逐漸推出生鮮區。
3. 2007年，全聯營收345億元，逼近大潤發的380億元，2008年，全聯營收442億元，把大潤發比下去。

三、便利商店業蠶食量販店商機

　　2009年，全球經濟衰退，臺灣經濟衰退1.81%，逼得便利商店業搶進量販店市場，主要有兩種作法：

1. 店內「新經濟特區」，主要是6瓶裝飲料、衛生紙，號稱量販價。
2. 線上購物（主要是衛生紙，成箱飲料），店內取貨不加運費。

四、結果

　　量販業在異業圍攻下，經營績效如下：

1. 2004年至今：2004年顧客每週平均到量販店一至二次，2014年半個月上門一次，甚至一個月來一趟。量販店已面臨嚴峻挑戰。
2. 店數：對於量販業市場是否有日趨飽和的疑慮，2018年臺灣140家店（連鎖117家店、地區大賣場23家店），約18.86萬人擁有一家量販店。
3. 產值：量販業的產值成長率，每年都是零售業中吊車尾的。

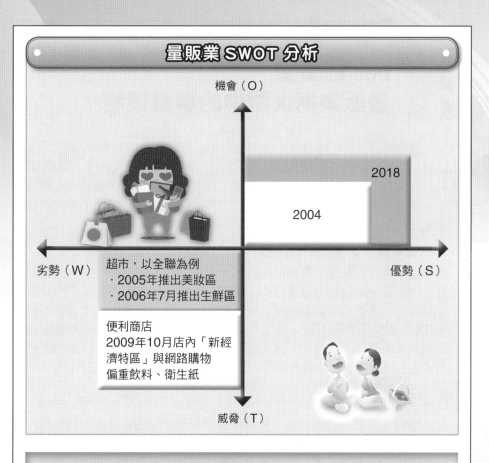

量販業 SWOT 分析

機會（O）

2018

2004

劣勢（W）

優勢（S）

超市，以全聯為例
· 2005年推出美妝區
· 2006年7月推出生鮮區

便利商店
2009年10月店內「新經濟特區」與網路購物偏重飲料、衛生紙

威脅（T）

臺灣量販店的經營狀況

單位：億元

	成立時間	2007年	2017年店數	營收
1. 店數		114	140	
· 家樂福·	1986年	48	64（62）	666
· 好市多	1997年	5	13	700
· 大潤發	1996年	23	22	350
· 愛買	1990年	14	16	200
2. 產值（億元）		1,372		1,971
3. 占綜合零售業比重		16.8%		16.03%
4. 地點			六都占八成	

* 家樂福（）內表示家樂福便利購（即超市）數目。

Unit 14-2
量販業兩大兩中的事業策略

「士別三日，刮目相看」，此句俚語貼切形容趨勢分析的作用，本單元以2004～2019年這十五年的改變，來分析量販業四家量販公司的事業策略；其中以展店速度為主軸，分成三類。開宗明義的說，在異業（主要是全聯）、同業（主要是好市多）的「蠶食」、「鯨吞」下，2018年，大潤發、愛買成為瀕臨絕跡的「物種」的壓力將超過門檻值。

一、快速展店：家樂福、好市多

1. **家樂福**：由右表可見，家樂福採取每年開三家新店速度往前進，2012年以來，往小店（社區店，偏重超市）發展，超市店歸在超市業，本章只討論量販店。由圖可見，家樂福藉由快速展店，在各市商圈卡位，並進而擴大採購量，以享受數量折扣，進而支撐「每日低價」（every day low price）的成本領導策略。2013年，家樂福陸續閉店，高雄大順（1989年家樂福第一店）閉店（註：其實有好市多高雄店），2018年1月，高雄市十全店熄燈。

2. **好市多**：好市多從2009年前每三年開一家新店，2010年起每一年開一家店。2013年以前，差異化集中策略。由圖可見，好市多採取差異化集中策略。2014年以後，差異化策略。

    2013年好市多在嘉義市開出第十家店，這是大都市以外的第一家店；背後涵義為由「北部」往中南部拓展，嘉義處於「中部」與「南部」交接處，可吃兩地區。以每店平均營收55億元來計算，營收715億元。2020年目標20家店，營收1,000億元，2016年已成為量販業一哥。

二、原地踏步：大潤發

大潤發店數原地踏步，可能原因有二：

1. **少了潤泰全這助力**：1996年，大潤發由法國歐尚（Auchen）持股66%、潤泰全33%合資成立，2000年底，潤泰全赴中國大陸展業，把許多持股賣給歐尚公司。

2. **歐尚公司開店保守**：歐尚的展店作法很保守，常常等對手開店，確認市場可能性後才加入。在臺最多時27家店，但從此之後，店數衰退，營收走下坡，2008年甚至被超市的全聯超越。

三、低速展店：愛買

愛買是遠東集團旗下遠東百貨轉投資成立的量販店，在法資公司撤出後，才開新店，2018年16家店，以新竹以北為經營範圍。2013年起，以量販店網路銷售為輔。愛買在商品差異化的作法為熟食。

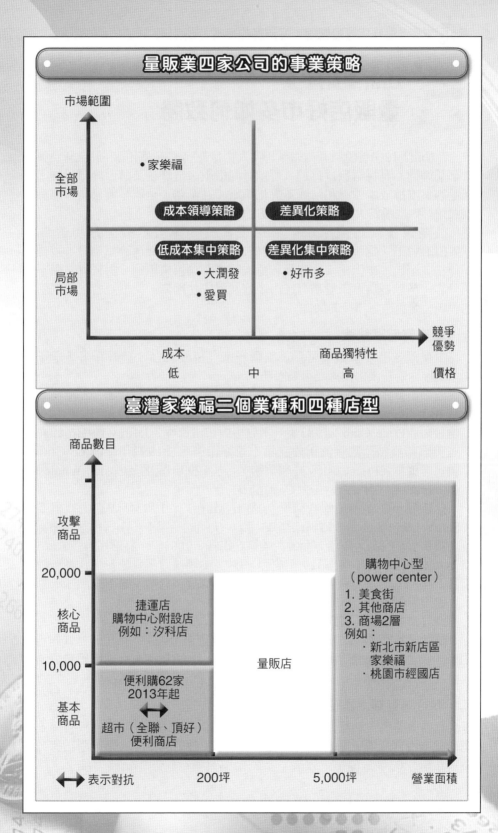

量販業四家公司的事業策略

市場範圍

全部市場

成本領導策略　　　差異化策略

低成本集中策略　　差異化集中策略

局部市場

・家樂福

・大潤發
・愛買

・好市多

競爭優勢

成本　　　　　　　商品獨特性

低　　　中　　　高　　　價格

臺灣家樂福二個業種和四種店型

商品數目

攻擊商品

20,000

核心商品

10,000

基本商品

捷運店
購物中心附設店
例如：汐科店

便利購62家
2013年起

超市（全聯、頂好）
便利商店

量販店

購物中心型
（power center）

1. 美食街
2. 其他商店
3. 商場2層
例如：
・新北市新店區
　家樂福
・桃園市經國店

←→ 表示對抗　　　200坪　　　5,000坪　　　營業面積

Unit **14-3**
量販店好市多如何致勝

在Unit2-12中曾說過臺灣的零售業大都是外商，主因主要在於全球企業在外部品牌商品有採購數量折扣，可進行削價戰，全球企業財力雄厚，推出商店品牌，支撐成本領導和／或差異化策略。在全球，全球零售公司大都壓著地頭蛇打，地頭蛇大都靠政府的保護內資政策保護。

以臺灣統一超商來說，看似臺灣公司，但本質上是掛著日本「7-ELEVEN」招牌，鮮食占營收20%以上，便當、飯糰等都是日本授權公司作法。至於「本土化」的商品，每次都拿茶葉蛋來舉例，對營收貢獻不到萬分之一。以這角度來看臺灣好市多的關鍵成功因素，便很直白，開宗明義的說，「是美國好市多的加持」。

一、贏在有個富爸爸

由臺灣好市多小檔案可見，美國好市多持股55%，臺灣好市多是子公司，總經理張嗣漢由美國好市多派任。

1. 美國好市多完勝山姆俱樂部

1976年，好市多創辦人辛尼格（Jim Sinegal）成立全球第一家會員制的倉儲量販店Price Club；1983年，辛尼格與布洛特曼（Jeffrey H. Brotman）在美國華盛頓州西雅圖市成立第一家好市多，於1997年跟Price Club合併，一度更名PriceCostco（普萊勝），於1999年定名為Costco Wholesale Corporation（好市多，註：Cost指成本）。

全球零售業龍頭美國沃爾瑪（Wal-Mart）於1983年成立山姆俱樂部（Sam's Club, Sam是沃爾瑪創辦人山姆·沃頓的名字）。山姆俱樂部由富爸爸加持，但在商品、服務方面遜於美國好市多。2003年，美國好市多營收344億美元，超過山姆俱樂部329億美元，9月，美國《財星雜誌》以「唯一讓沃爾瑪喪膽的公司」為題，報導好市多以「高檔貨、低價」瞄準有品味的都市人，連山姆俱樂部都相形遜色。

2. 臺灣好市多複製美國好市多成功之道

臺灣網路家庭（PChome）公司董事長詹宏志曾說：「以正確方式作正確的事，成功不知什麼時間以什麼方式來臨。」，2018年，全球零售業公司營收排名如下：美國沃爾瑪、亞馬遜、美國好市多、美國克羅格。

二、執行只有錦上添花功能

有些書強調「執行力」的重要程度，但是我們認為「執行」只有錦上添花功能，沒有雪中送炭的效果。策略才能「正確的開始」，偏重用正確方法做「正確」的事，偏重「效果」；戰術偏重執行，即「正確方法」，偏重「效率」。

美國好市多（Costco Wholesale）

成　　立：1983 年 9 月 19 日，股票在那斯達克證券所上市
公　　司：美國華盛頓州伊薩克市（Issaquah）
董 事 長：Hamilton E.
總　　裁：傑利尼克（Walter Craig Jelinek），2012 年上任，兼執行長
營業項目：會員制量販店
店　　數：527 家（美國），762 家（全球，含美國）
營　　收：（2018 年度）1,416 億美元（+9.73%）
年　　度：今年 8 月～翌年 7 月
淨　　利：（2018 年度）31.34 億美元（+16.99%）
員　　工：15.73 萬人（美國），24.5 萬人（全球，含美國）
會員卡人數：5,160 萬人，其中家庭占 4,270 萬

臺灣好市多

成　　立：1997 年
住　　址：臺灣臺北市內湖區
資 本 額：44 億元，美國好市多持股 55%，臺灣高雄市大統百貨吳振華
　　　　　家族持股 45%
總 經 理：張嗣漢
營　　收：（2018 年度）715 億元
淨　　利：（2018 年度）1 億元
主要產品：會員制量販倉儲賣場，會員卡數 240 萬張（2016 年 9 月起家
　　　　　庭卡會費 1,350 元、商業卡 1,150 元），年費收入 15 億元，
　　　　　13 家賣場及一間物流中心（2013 年成立），內湖店年營收 90
　　　　　億元，全球第二
產品項目：4,000 項，一般賣場面積 4,600 坪
主要業務：店數目標是 2020 年開 20 家店
員 工 數：5,500 萬人，平均 1 家店 400 人

張嗣漢

生年：1964 年
現職：好市多亞洲區副總裁、臺灣好市多總經理（1997 年起）
經歷：美國 Price Club（1997 年被好市多合併）經理、寶蓮食品業務、
　　　中華隊男籃、甲組男籃明星球員
學歷：美國加州柏克萊大學國際經濟系

Unit 14-4
好市多的市場定位

　　各行各業的成功大抵可用「正確的開始，成功的一半」來形容，正確的開始指「市場定位」在能安身立命（尤其指競爭不激烈）的市場區隔，至於行銷組合是落實市場定位的手段。本單元說明好市多三階段的作法。

一、第一步：實體配置策略

　　由於都市居民是鄉村居民的平均所得1.5倍以上，因此零售公司大都透過設點的地點來進行市場定位。

1. **中高收入家庭為主客層：都市出發：**2008年起，全球200國的都市化程度突破50%，工業國家早已達標，都市居民所得較高。大部分零售公司皆先從都市出發，包括中價位咖啡店美國星巴克。

2. **中低收入家庭為主客層：**「先鄉村，後都市」：以少數人「每日最低價」為主訴求的零售公司「在鄉村立足，進軍二線都市，最後再決戰一線都市」，較著名的有：

   ・全球零售業龍頭、美國沃爾瑪，1964年成立。

   ・臺灣超市業龍頭全聯，詳見第十三章。

二、第二步：定價策略，以會員卡年費來篩選顧客

1. **好市多再加上年費一項：**透過年費1,350元篩掉中低收入客層。2015年，臺灣經濟「外冰內冷」，經濟成長率1%，2009年以來最差，零售業遭遇寒流；好市多仍一路向上。2015年8月17日，張嗣漢說，好市多的業績往上主因客群多為中高收入所得家庭，在不景氣時候，更重視商品的價值。（摘自《經濟日報》，2015年8月18日，A6版，何香玲）

   好市多是全球量販店中極少數採取收費會員制，臺灣會員約240萬人，年成長率10%以上，平均續卡率約85%，全球好市多中排第三名。以一張卡片平均三人使用計算，等於三成的國人都是好市多會員。

2. **年費1,350元的主要貢獻：逼得顧客撈本：**臺灣過去也有收會費的量販店，但最後都撐不住，只有臺灣好市多始終堅持如一。由右表可見，年費1350元的主要貢獻在於誘導顧客「撈本」，透過買商品把年費「賺」回來。1998至2015年，美國好市多年費漲過兩次，但臺灣好市多2016年9月漲價一次。

3. **反映在客單價上：**2014年，平均客單價3,000元，是同業的三倍。

三、第三步：定價策略

　　美國好市多前任董事長布洛特曼認為好市多有公司會員，縱使是家庭會員有許多是小公司商店老闆，「通常是社會中收入較高者，肯在公司裡花大錢，只要你提供的商品物超所值，他們也願意在自己身上花大錢」。單價會篩選客戶層，好市多商品平均單價較高，另外總價（因採取大包裝，蘋果是明顯例子，進口蘋果一盒10個，售價500元）較高。這兩項皆會讓中低收入戶「買不下手」。

家樂福與好市多透過行銷組合以落實行銷定位

行銷組合	家樂福	好市多
1. 商品策略	中低品質	中品質
2. 定價策略		
(1) 會員卡費	無	1,350元／年
(2) 商品價格水準	低	較高 詳見Unit14-5
3. 促銷策略	常打廣告	幾乎不打廣告
4. 實體配置策略	家樂福的64家店，全臺皆有	2019年14家店，以北部為主，占8家店， • 嘉義市1店 • 高雄2家、臺中3店
目標客層（家庭）	年收入70萬元以下	年收入100萬元以上

美國沃爾瑪與好市多、亞馬遜經營績效

單位：億美元

公司	2014	2015	2016	2017	2018
一、沃爾瑪	會計年度今年2月迄翌年1月				
1.營收	4,762.9	4,856.5	4,821.3	4,857	2,003
2.淨利	160.22	163.63	146.94	136.43	98.62
二、好市多	會計年度今年9月迄翌年8月				
1.營收	1,102	1,137	1,161	1,262	1,384
2.淨利	20.58	23.77	23.5	26.79	31.24
3.會費收入	24.28	25.33	26.46	28.53	31.42
4.付費會員人數（萬人）	4,200	4,460	4,760	4,940	5,160
三、亞馬遜	會計年度是曆年制				
1. 營收	890	1,070	1,360	1,779	2,012
2. 淨利	-2.41	5.96	23.71	30.23	—

資料來源：各公司年報。

Unit 14-5
好市多贏在行銷組合

臺灣好市多只是「精準複製」（exact copy）美國好市多，因此在分析好市多的行銷組合的致勝之處，必須拉回美國，看它怎麼在沃爾瑪、山姆俱樂部的夾擊下，脫穎而出。行銷組合有兩項，臺灣好市多皆處於劣勢，於是我們可以聚焦討論「商品／定價」組合。

- 促銷策略：好市多極少打廣告、促銷檔期少。
- 實體配置策略：迄2019年，好市多14家店，只有家樂福店數的二成。

在分析時，體會到從消費者的角度，其實很簡單，開車出門去量販店，如果把低價作為最重要消費的考量，那就去家樂福、大潤發；要是「商品有質感，價格稍高」，那就去好市多。也就是消費者早把「一分錢，一分貨」列入考量，即行銷管理書中的「商品品質／價位」組合，饒有意思。

一、同業採取：廉價品策略

大部分量販店業者想的都是「俗擱大碗」，要比超市更便宜，才能吸引超市顧客轉臺。

1. **廉價品策略**：家樂福等量販店廣告訴求為「每天最低價」（every day lowest price），這是所有「量販性質」（例如：3C量販店）零售公司主訴求，強調「買貴退差價」。

2. **「每天最低價」只講對一半**：我們認為「每天最低價」只講對一半，背後隱含商品是同質的，但偏偏連裸賣蘋果都有品質差異，例如：有品牌的水果、有機蔬菜。

3. **小心掉入「窮人店」的刻板印象**：由於商品以便宜為主，所以店址盡量挑在價格敏感度高的地區，例如：中、中低收入住宅區，地點、商品構成「窮人店」的刻板印象。在大一經濟學中提到，這種商品是劣等品，隨著顧客所得提高，對該類商品的需求減少。

二、好市多採取好品質策略

1. **好市多自認「好品質」策略**：美國好市多標榜「以高折扣價格銷售百貨公司商品品質」，前任總裁辛尼格表示：「好市多想以比其他商店低的價格銷售高品質商品」。本書認為此包括「中品質」，在右圖上為「好品質策略」。

2. **張嗣漢稱為價值**：張嗣漢口中會員費的「價值」——最好的品質，最便宜的價格（good quality，cheap price）。「我們從來不認為收會員費是障礙！」臺灣好市多財務長尤民安說，收會員費的壓力「其實是在好市多身上，不是消費者」。「當會員走進好市多，還沒買東西前，他已經付錢了，你能不準備好嗎？」（摘自《今周刊》，2016年1月26日，第110頁）。

3. **性價比才是全部**：消費者精明得很，大都知道「一分錢，一分貨」，看重的是性價比。這在行銷管理書中稱為「價值行銷」（value marketing）。

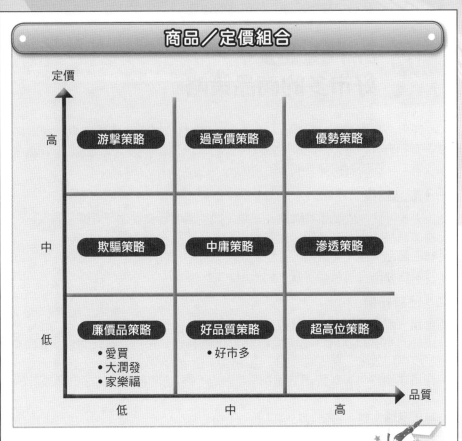

商品／定價組合

定價

高　游擊策略　　過高價策略　　優勢策略

中　欺騙策略　　中庸策略　　滲透策略

低　廉價品策略　　好品質策略　　超高位策略

　　• 愛買　　　• 好市多
　　• 大潤發
　　• 家樂福

低　　　　　中　　　　　高　　　品質

知識補充站

全球吃好逗相報

　　由於商品品項才3,600項，因此必須精挑細選；好市多的作法是「各國好市多採購處會分享該市場賣得最好的十項商品」，例如：澳大利亞好市多有一款新加坡的叻沙調理包，很受當地華人歡迎，它重新調整口味，把商品引進臺灣，成功獲得消費者喜愛。（摘自《天下雜誌》，2014年4月16日，第123頁）

好市多的職業道德政策

1. 守法。
2. 照顧會員（即顧客）。
3. 照顧員工。
4. 尊重供貨公司。

Unit 14-6
好市多的商品策略

　　好市多只有3,600種商品，一般量販店約4萬樣，品項既然少，好市多必須「選得好」，顧客才願意來，只要來了，選擇不多，拿了就走，就達到「效率」（即節省採購時間）的目的。

一、產品結構

　　由表可見，依產品結構來分三類，把生活中「食衣住行育樂」帶入。
1. **基本商品**：食－來量販店就是買食物，一次買一週的量。
2. **核心商品**：住、樂兩項。
3. **攻擊性商品**：包括衣、育、樂三項。

二、品牌結構

1. **全國一線品牌為主，占營收85%以內**
　　由於商品項3,600項，營業面積以4,600坪為佳，每日營業時間11.5小時，為了提高坪效，以高周轉率的一線品牌為主，品質較有保障。
　　好市多獨特包裝以舒潔三層抽取面紙為例，是供貨公司為好市多設計的獨賣商品。

2. **商店品牌為輔，占營收15%以上**
　　好市多商店品牌為「柯克蘭招牌」（Kirkland signature, Ks，註：華盛頓州柯克蘭市），主要是食品、服裝類。以十大人氣商品來說，有三項是商店品牌：全脂鮮奶、無骨牛小排肉片與調味綜合堅果。美國商品讓顧客不用出國、請人代購，便可以買到美國製商品，為嚐鮮而消費，讓家庭顧客等很有異國消費的差異感。

三、好市多採購處

　　臺灣好市多採購處員工一百多人，每一樣貨架上的商品，都需要經過商品會議審核通過，才會上架。「這個商品比市價至少便宜24%！」在臺上報告的採購組組長拿著2015年第一季上架的遙控飛機、一邊操作，並報告出最重要的賣點：價差。一級主管對每樣商品都仔細端詳、討論，張嗣漢操作起來。商品會議一個月開一次，包括採購商品或挑選進口公司。以美食區凱薩沙拉為例，沙拉最大的風險就是蘿蔓生菜上的大腸桿菌孳生，此點要由進口公司來確保，因此採購處挑選蘿蔓進口公司時，必須要求每個月檢驗，好市多逐批檢驗，一旦生菌數超過一定比例，進口公司就必須更換。接著，每位採購人員利用大數據，估算出新商品或新增供貨公司可能帶來的預期業績、建議採購數量及價差。「商品採購沒有速成之道，經驗的累積、不斷檢驗、然後徹底執行，就是選出好商品的關鍵。」採購處長章曙蘊說。在好市多，上百萬元的鑽石或97元的桌曆，都必須是價格合理、品質保證的好商品。
（摘修自《今周刊》，2015年1月26日，第108頁）

臺灣好市多的商品結構

量販店*	臺灣好市多	商店品牌 約500項	全國品牌
一、攻擊性商品			
1.衣著及服飾配件，占5.9%	日用品與衣服占6.8% 服裝精品，占12%	—	幫寶適尿布：以箱為單位，比市價略便宜。大部分都是美製，例如：Tommy Hifiger毛衣、Ralph Lauren純美麗諾羊毛、Nautica、DKNY等
2.資通訊產品，占4.6%	12%	—	22萬元的手錶 70萬元的GIA鑽石 2萬元的包包 走低價品牌路線，尤其是液晶電視
3.文教及娛樂用品，占53.6%	—	—	—
二、核心商品占營收30%			
1.家庭器具，占20.2%	11%	—	
2.藥品及化妝清潔用品9.5%	9.8%	—	葡萄醣胺是市場上相關產品的先驅 桂格氧氣人蔘——包裝大器還加送贈品，送禮體面
二、基本商品占營收50%			
1.食品，占39.4%	生鮮，占營收15%以上	無調味綜合堅果 熟食區的烤全雞179元，是必買商品 美食區凱薩雞肉沙拉——雞肉量多生菜豐富，單店一日可賣上千個 美食區提供免費洋蔥和酸黃瓜，堅持給消費者「占便宜」，可有效降低客訴，是最好的口碑行銷。 繞狗堡套餐（含免費飲料無限暢飲）只要50元，從未漲價過 無骨牛小排肉片 Choice等級冷藏牛肉片 全脂鮮奶——以特殊保鮮技術從美國進口的鮮奶	鮮乳，味全林鳳營2公升、統一瑞穗。蔬菜大都在地供貨，額外設立33坪的生鮮蔬果室，維持10℃ 優鮮沛蔓越莓乾 西雅圖極品拿鐵咖啡包是好市多長銷商品，常有餐廳廚師採購
2.飲料菸酒11.9%	—	—	酒類是特色

*資料來源：經濟及能源部統計處，「批發、零售及餐飲業經營實況調查」，2018.12。

Unit 14-7 好市多定價策略：兼論市場結構影響價格水準

每個行業商品價格的高低，主要取決於市場結構，其次是公司政策。

一、市場結構影響價格水準

在大一經濟學曾說過四種市場結構下商品價格（詳見右表第一欄），其中針對兩種情況下，公司定價考慮對象不同。

1. **獨占性競爭時，採取消費者策略**：一般來說，不考慮對手、只考慮消費者的消費者策略（consumer strategy）時，只要顧客願意買，公司便可以定高價。

2. **完全競爭時，採取競爭者策略**：大部分零售公司都採取競爭者策略（competitor strategy），對顧客標榜本公司「天天最低價」、「買貴退差價」，但「退差價」條件很嚴格。例如：(1)同一地區該店半徑300公尺內；(2)相同商品連包裝都要一樣。

3. **好市多「佛心」來的**：美國好市多在2000年左右，曾以卡文克萊牛褲29.99美元創全國最低價，因大賣，進貨量增、進貨成本降低。美國好市多把價格降到22.99美元，有些證券分析師批評此舉「讓公司少賺，有損股東權益」，但當時總裁辛尼格堅持把價差回饋給顧客的政策，他認為：「壓低價格是顧客信任好市多的基礎。」

二、好市多的商品定價指導原則

好市多自認為是「平價商店」（discount retailor），因此商品定價要夠低，才有價格競爭優勢。

1. **成本加成上限14%**：好市多採取成本加成定價法，以進貨成本最多加14%，以進貨價格100元為例，售價最多114元。辛格尼表示：「壓低價格是顧客信任好市多的基礎」。好市多不會跟同業比價，而是經營四大守則之一「照顧顧客」。

2. **反映在公司毛利率上**：2018年度美國好市多毛利率10.04%，這比2017年度11.33%還低。臺灣好市多2013年10.62%，比中國大陸大潤發（公司名稱為高鑫國際，在香港股票上市）21.59%低。

三、兩招以維持商品成本夠低

1. **少樣多量以降低進貨成本**：好市多縮小產品線（3,600項），才能把單一商品銷量做大，在採購時才能享受數量折扣，以果醬來說，只有6項，同業有200項（包括包裝大中小）以上，如此簡化顧客選擇，讓顧客採購速度更快。

2. **銷貨時**：家庭號包裝。在銷售時，也是採取「家庭號」大包裝（例如：6條牙膏），逼得顧客採取合購（跟鄰居親朋），營收也增加。

市場結構對商品價格的影響

價格	市場結構	公司競爭策略
高	獨占或壟斷	1. 差別取價：「一個願打，一個願挨」 2. 公司能賺盡量賺
中高	寡占	當行業中公司有默契時，此時定中高價位以「剝削」消費者，大部分出現在「管制」（即政府特許經營）行業；例如：電信公司、系統業者（俗稱第四臺）等。
中	獨占性競爭	消費者策略（consumer strategy）
低	完全競爭	競爭者策略（competitor strategy）：標榜「每日最低價」、「買貴退差價」

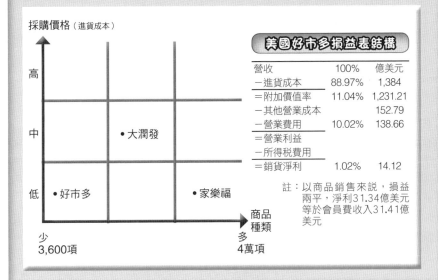

美國好市多損益表結構

營收	100%	億美元
－進貨成本	88.97%	1,384
＝附加價值率	11.04%	1,231.21
－其他營業成本		152.79
－營業費用	10.02%	138.66
＝營業利益		
－所得稅費用		
＝銷貨淨利	1.02%	14.12

註：以商品銷售來說，損益兩平，淨利31.34億美元等於會員費收入31.41億美元

好市多寬鬆退貨政策

1. 不能退貨項目
   ・3C 商品、大型家電，90 天內。
   ・客製化商品，但公司提供保固、維修。
2. 退貨率 2%，美國好市多約 15%。
3. 奧客處理：當某顧客退貨率太高（例如：50% 以上），好市多會取消其會員資格。
4. 退貨率 2%。

Unit 14-8
好市多的促銷策略

好市多不以「促銷」取勝，卻有特殊作法，為了篇幅平衡起見，把商品策略中的「退貨政策」在此說明。

一、廣告

美國好市多、星巴克與西班牙佐拉（時尚服裝）是全球少數少打電視廣告的公司。

1. 平價商店的共通點：不打廣告

全球平價商店為了降低成本費用，大都「不打廣告」，認為價格夠低，口碑效果會出來，這樣最省，頂多郵件（DM）廣告。

2. 臺灣好市多常打西雅圖咖啡廣告

臺灣好市多一季頂多打一檔廣告，常以人氣商品（例如西雅圖三合一咖啡盒）為主。

二、人員銷售

好市多在人員銷售方面，比同業多兩項：

1. 由供貨公司派出試吃人員

由右表可見，好市多的試吃人員「很大方」，反正是專櫃公司派出。夠大方才會有感。此外，有些人覺得「吃人嘴軟」，多少買一點，才不會不好意思。

2. 收銀檯的包裝助理

在好市多結帳時都有個收銀助理，會貼心地幫顧客把商品疊好，讓結帳順暢。

三、促銷檔期

臺灣好市多一季頂多打一檔廣告，常以人氣商品（例如：西雅圖拿鐵無糖二合一咖啡盒）為主。

四、退貨政策：無條件

在降低顧客的風險方面，好市多在店內出口處設立退換貨專門櫃檯，有兩位店員負責，重點在於「無條件退貨退款」。這背後的意涵則是，「跟顧客建立關係」的重要性，優先於「跟顧客交易」。（部分摘自《天下雜誌》，2014年4月16日，第127頁）。

好市多「無條件」退換貨，甚至連吃了一大半的餅乾、用過的電器都可以退；一來讓消費者更敢放手消費，帶進更多業績，二來可以透過退貨對所有供貨公司再做一次檢驗，被退貨太多的供貨公司自然造成壓力。

臺灣好市多的促銷作法

步驟	說　　明
1. 廣告	·不打廣告為原則 ·頂多打招牌商品限期特價廣告
2. 人員銷售試吃	好市多試吃攤位：好市多規定專櫃公司試吃分量要夠大、不怕顧客吃，因此經常引來長長的排隊人龍，天冷大賣的好市多商店品牌美國進口無骨牛小排，只要有試吃，當天該商品營業額就大幅成長三倍以上
3. 檔期	·飢餓行銷術 　許多熱賣商品限量一檔，賣完就沒了，例如：93吋的大熊，成功製造顧客「看到就要搶」的習慣 　2006年：搶購葡萄醣胺液的人潮可以「暴動」來形容，會員購買量以推車為基本單位，開啟國人認識這項保健產品 　2009年：法國松露巧克力一上架，開店前2小時出現排隊人龍，5分鐘內秒殺。 　2013、14年：53吋、93吋大熊進貨十幾櫃，不到7天售完 ·降價超有感 　一年兩次「會員護照」行銷活動，每樣商品都是真實降價，例如：西雅圖極品咖啡打折後，比市價便宜兩成以上

知識補充站

好市多的電腦自動調薪制度

　　2014年3月，美國總統歐巴馬在公開演講中大加推崇好市多是高薪高競爭優勢的典範，顯示「高薪是提高生產力、降低員工流動率的聰明方式。」

1. 美國好市多：2013年美國《彭博商業周刊》報導，好市多員工平均時薪達21美元（不含加班費與福利），對手沃爾瑪平均時薪12.7美元，聯邦最低時薪7.25美元。

2. 臺灣好市多的情況：好市多臺灣區人力資源暨行銷企劃部副總王友玫表示，「無論進軍哪個國家，好市多的薪資都要達到業界最好」。2017年基層員工時薪170～280元，全職員工一週工作40小時、兼職人員至少20小時。一名新進全職員工約月薪28,500元，比同業高。好市多用電腦自動調薪，根據工作時數累積，時薪人員每滿1,040小時（約半年），就由電腦主動升級，平均調薪5%；一位全職員工全年累積時數較多，一年可跳兩級。2008年，好市多更不畏金融海嘯，除電腦調薪外，全體員工再調漲4%。

Unit **14-9**
好市多靠高薪支持高顧客滿意程度

　　零售業由於只是賺價差的買賣業，純益率低於4%，因此，一般來說，為了把薪資率控制在5%以下，大都採取正職人員低薪、用兼職人員取代正職人員兩種方式。美國零售業三哥好市多採取高薪，業績蒸蒸日上，1976年創業，後發先至，營收僅次於沃爾瑪、亞馬遜，許多跟好市多秉持同樣理念、善待員工出名的零售公司，財務表現也都優於同業。加拿零售顧問業者Retail Prophet創辦人史蒂芬斯（Doug Stephens）說，好市多經驗顯示，就算公司走的不是高檔路線，也能支付員工像樣薪水。（《經濟日報》，2013年7月1日，A9版）

一、投入：重賞
　　美國麻州理工大學史隆管理學院教授托恩（Zeynep Ton）在2014年《理想工作策略》（*The Good Jobs Strategy*）書裡指出，不肯加薪的企業通常有四個理由，但是好市多卻「千山我獨行」。好市多大方給薪源自於經營階層相信，較高薪資可以降低員工流動率、提高忠誠度與生產力、改善顧客滿意度。而更好的顧客服務就代表更多營收和獲利。套用平衡計分卡的四個績效，以右圖呈現，詳細說明於下。

　　2013年3月，好市多總裁暨執行長傑利尼克（Walter C. Jelinek）表示「我們知道，支付員工好薪水，能吸引並留住優秀員工，這是好市多的關鍵成功因素之一」好市多約有七成店經理是從基層時薪員工逐步晉升上來，說明了人事穩定。

二、轉換：重賞之下必有勇夫
　　2014年5月，美國職場情報網站Glassdoor（2007年成立）的員工薪酬福利滿意度調查，好市多居全美第二，僅次於谷歌，成了勞工心中的幸福企業，第三名是臉書。

三、產出：經營績效
　　經營績效依序分成兩項：

1. **顧客滿意績效**：好市多向顧客收取年費，美國會員續約率維持在85%以上，證明了顧客滿意度非常高。2013年6月，托恩說，「有些零售公司把員工薪資看作成本，應設法最小化，通常都不捨得投資在員工身上」。他認為，這樣做最終造成消費者非常熟悉的營運難題：滿懷怨懟的員工埋首雜務，不想招呼顧客，導致消費者寧可轉向網路購物。（《經濟日報》，2013年7月1日，A9版）
　　2014年6月，在《天下》「金牌服務業論壇」中，臺灣好市多總經理張嗣漢表示，要讓顧客每年付1,200元年費，除了商品要夠低價，也要靠好的服務，「我們不需要找神祕顧客來稽核員工服務品質，會員續卡率自然會告訴你答案。」好市多曉得，提高員工待遇，就是對顧客友善。（摘自《天下雜誌》，2014年6月11日，第55頁）
2. **財務績效**：由Unit 14-4表從營收成長、獲利成長，或是股價成長的角度分析，美國好市多都大勝沃爾瑪。但2018年度沃爾瑪純益率約1.97%、好市多2.26%。

從平衡計分卡架構來分析好市多經營績效

投入	轉換		產出

平衡計分卡（BSC）

學習績效 → **流程績效** → **顧客滿意績效** → **財務績效**

高薪			
2017年以臺灣為例 1. 全職員工新進人員起薪30,000元起 2. 兼職人員時薪170元起，每週上班20小時	1. 招募好人才 2. 好人才 ・流動率低 ・老手老經驗 ・基層晉升 ・內行領導內行 ・上班熱情	滿意的顧客 ・顧客會員卡續約率85%以上	1. 營收 ・金額，含市占率 ・獲利率 2. 淨利 3. 股價 ・好市多190美元 ・沃爾瑪86美元

臺灣好市多的人力資源政策

人資	說　明
1.徵才	好市多很重視「介紹人」推薦，要是透過公司員工介紹，通常錄取的機會較大。所以會有一家父母子女或夫妻皆在好市多分店上班
2.薪資水準目標	(1)徵才、留才最直接方式：給高薪以維持量販業最高薪 (2)每年進行同業薪資調查 (3)調薪作法：以臺灣好市多為例，5,500名員工中，有八成是時薪人員，為了留住好人才，好市多利用電腦自動調薪，時薪人員工作每滿1,040小時，就由電腦主動調高一職等，時薪約加7～9元，換算每半年會調薪5%、一年調薪10%
3.福利	(1)福利：4張會員卡、生日及三節禮金 (2)員工團體險：盈餘 (3)休假：工作未滿1年10天、1～3年14天、3～5年21天，5年以上28天
4.員工訓練	好市多人力資源副總經理王友玫表示，基層員工皆接受跨部門訓練，收銀員負責結帳，助理幫忙搬東西，在中秋節、過年前夕，銷售量大增，收銀員也必須去支援商品部補貨、肉品部包裝
5.晉升	美國好市多規定「主管至少八成來自內部員工晉升，臺灣好市多九成，員工有升官的機會，就比較會有動機往上攀」

資料來源：整理自《今周刊》，2015年1月26日，第119頁。

Unit 14-10
好市多的實體配置策略：單店

實體配置策略包括店址、物流與單店的布置（layout），限於篇幅，本單元只討論單店的實體配置。

一、硬體設施：全球一致化

好市多採取「街邊店」的建築，而且大都租地20年，建築自建，比較能作到全球一致硬體設施。

1. 倉儲式賣場

走進賣場，4,000坪面積的鋼構建築，8.2公尺樓高的鐵皮，如地上水泥地。是經過特殊灌漿，每平方公尺能承載90.72公斤重量，是一般水泥地承重的十倍。造價10億元，才能承載起這個結合「倉庫」與（許多備貨是放在商品架的上方）與「賣場」的重量。

2. 美式廁所

去過美國好市多的人，一走進臺灣好市多的廁所，會覺得「到了美國好市多」的感覺。

二、全店布置：櫃位安排

好市多跟大部分量販店、超市的店布置都一樣，把基本商品（生鮮、熟食、烘焙）擺在最底部，顧客必須「周遊」攻擊性商品、核心商品區才能抵達。透過此方式，讓顧客可以留意其他商品，其餘詳見右表。

三、店面的補貨與清潔

好市多的每日營業期間約11.5小時（早上10點到晚上9點半），把補貨、清潔等留待打烊以後的完整作法。

1. 早上3點商品部人員補貨

每早3點，各店商品部人員上班，九臺電動堆高機在賣場裡來回移動，快速把以箱計算的商品，整齊地補滿棧板上，必須在早上八點前整理完萬件商品之後，到中午之前，陸續進行商品小補貨、上架。

2. 8點：清潔人員打掃

每天一定把地板清洗得乾淨、明亮。

3. 每天10點開門

臺灣好市多營運副總黃邦守說，每日10點開門營業視為一場「演出」，所有商品都必須全部補齊，這個時刻稱為「Showtime ready」。（摘自《今周刊》，2015年1月26日，第118頁）

好市多店內布置的重點

店內	說　明
1. 店面帶路貨：主要放在店面入口處	店面入口處促銷商品，這是一般量販店所稱的「帶路貨」，主要有三種： ・受歡迎商品 ・新進商品 ・時令商店 
2. 店內貨架標示	店內各乾貨貨架不標示商品（例如：汽車用品），只標示「1」、「2」等號碼，整個店像座迷宮，誘導顧客閒逛，買更多
3. 店內 （1）基本作法 　・大原則 　・小例外	 用對的價格放在對的位置，商品部會看業績數字，決定熱銷藥品的擺設位置 店長會向藥師請教，了解顧客最關心的話題，作為陳列的參考依據
（2）攻擊性作法	在對的時間，放對的商品與對的數量，新北市中和店的鮭魚銷量是好市多分店銷售冠軍，其他店只擺了半個冷藏櫃，中和店整櫃擺滿，顧客想不注意到也難，再加上持續辦試吃，業績一下子就成長一倍。後來其他分店也跟著學，原本只是一家店做成功，後來變十家店都成功
（3）小例外作法	每次去逛好市多，相同的東西卻都擺在不同的地方，有些顧客本來只想買盒雞蛋就走，誰知道找來找去，推著推車轉一轉，不知不覺就花了1萬多元。這一招，也是好市多尋寶密技之一 好市多還常把熱賣品擺在不起眼的角落，例如：商店品牌KS綜合堅果，一個月可以賣好幾千萬元，卻擺在非食品區的角落，顧客常要繞一圈才找到
（4）聽力中心	2011年起，在各店設立「聽力中心」，販售的助聽器只有市價的一半，造福許多聽力障礙的顧客

資料來源：整理自《今周刊》，2015年1月26日，第111、127頁。

第 **15** 章

百貨公司與
購物中心經營

●●●●●●●●●●●●●●●●●●●●●●●●●●●●● 章節體系架構 ▼

Unit **15-1**
百貨公司與購物中心的差別

圖解零售業管理

　　2008年，我們去逛臺北市101購物中心，詢問全球著名鑽石店戴比爾斯（De Beers）店長，她說：「購物中心就是店中店」，9個字就把看似複雜的問題回答清楚。

一、百貨公司的定義

　　百貨公司（Department store）屬於大型零售公司，其特徵是通常位於城市商業區或新近發展的市中心，公司內依商品品類分為許多不同部門，所出售的商品種類繁多，品質比較高級，價格較高，並且對顧客提供各種服務。

二、百貨公司：「百貨公司」的涵義可由英文名詞去了解

1. 英文原意「百貨店」：Department store可說是賣各「類」（department）商品的商店，因此中文譯為「百貨公司」，本書譯為「某某百貨○○店」。
2. 百貨公司採專櫃經營：百貨公司扮演房東角色，對外招商，由各類商品的品牌公司到店內設專櫃販售商品。專櫃依營收交一個範圍（例如：餐飲8～15%、服飾20～28%）給百貨公司，稱為「百貨公司抽成比率」；熱門餐廳（像鼎泰豐）的營收抽成5～10%。

三、購物中心：「購物中心」的涵義可由英文名詞去了解

1. 英文原意「購物商場」Shopping mall－shopping是「逛商店」的意思，俗譯為「血拚」、「瞎拚」。mall衍生為「商場」，1920年左右，在美國是指一層樓的商場，後來商場愈蓋愈高，大樓型店中店商場在臺灣譯為「購物中心」。
2. 購物中心採店中店經營：購物中心跟百貨公司最大差別在於購物中心採店中店方式經營，為了隔間方便起見，購物中心大抵呈現長方型（例如：桃園市中壢區的大江購物中心）、橢圓型等。甚至有些精品百貨公司為了突顯一線精品的獨特性，某些樓層的一些分區也採店中店方式，例如：遠東崇光百貨復興店的一樓分區。
3. 暢貨中心：大型暢貨中心是本質是販賣過季精品的購物中心。

四、只有內部隔間不同

　　嚴格來說，大型購物中心（16,000坪以上）採全客層經營（例如：桃園市南崁區的台茂購物中心、中壢區大江購物中心），中型百貨公司（8,000～16,000坪）也有市場定位在局部客層（例如：遠東崇光百貨敦化店）。本書認為購物中心、百貨公司只有建築隔間的不同，至於商品組合則因地、因營業面積而制宜。為了節省篇幅，百貨公司與購物中心、暢銷中心簡稱百貨公司。8,000坪以下的，本書稱為「商場」，有時報刊用「百貨商場」這個名詞，像誠品就是書店型綜合商場。

五、顧客結帳方式

　　百貨公司為了掌握各專櫃的營收，因此各專櫃的銷貨便由專櫃店員拿到各樓層分區收銀檯去開發票，所以顧客須在原地等一下。也因為百貨公司統一收商品款項，各專櫃再向百貨公司申請款項；一旦百貨公司周轉不靈，就有可能積欠專櫃款項。購物中心因採店中店方式，往往自行對顧客結帳。

百貨公司與購物中心的差別

項目	百貨公司 （department store）	購物中心 （shopping mall）
英文原意	Department：部門，大學裡各學院下的「學系」 Store 商店 Department store 百貨公司	Mall：原意，鐵圈球場 shopping mall：購物「中心」或「商場」
最主要差別	專櫃	店中店
顧客結帳方式	由各專櫃店員拿商品至各樓層的分區收銀櫃檯，由百貨公司人員開立發票等	店內直接開發票
建築型式	方型或長方型皆可	長方型 中間排空 兩側設商店，顧客沿走道「逛」商店

美國五大百貨公司 2018 年經營績效　單位：億美元

項目	百貨公司	項目	百貨公司
・成立 1. 店數 2. 營收 3. 淨利	梅西（Macy's） 1858 年 659（其中百貨 594） 248.3 15.5	・成立 1. 店數 2. 營收 3. 淨利	柯爾（Kohl's） 1962 年 1,158 191 8.59
・成立 1. 店數 2. 營收 3. 淨利	西爾斯（Sears） 1925 年 266（2011 年 3,500） 167 −3.83	・成立 1. 店數 2. 營收 3. 淨利	諾斯壯（Nordstorm） 1901 年 380（其中百貨 122 家） 151.4 4.37
・成立 1. 店數 2. 營收 3. 淨利	傑西潘尼（J. C. Penny） 1942 年 864 125 −1.16		

註：西爾斯控股公司包括西爾斯百貨266店、凱瑪（K-Mart）239店。
年度：一般為今年2月迄翌年1月，西爾斯百貨2018年10月申請破產。

Unit 15-2
百貨業機會分析

本章以占百貨業營收55%的三雄（新光三越、遠東崇光、遠東百貨）為對象，套入行銷策略（市場定位、行銷組合），綱舉目張。

一、本地人消費，占營收七成

本地消費約占百貨公司營收七成，營收來自「客單價」，「客」即購買人數，這受人口數與人口年齡影響；「單價」受顧客口袋（即錢包）深度影響。

1. **人口數與人口年齡結構**：2018年起，人口數、人口年齡結構會「自然」讓買氣衰退。
   - 人口2022年達到2,372萬人高峰：在2023年人口衰退之後，購買力「自然」衰退。
   - 人口年齡結構：2003年臺灣老年人口達總人口7%，邁入「老年化社會」，2018年達14%，老年社會。老年人沒新收入，支出保守，連「外食」都少，2026年20%，超高齡社會。

2. **所得與財富**：顧客的購買力來自所得與財富，2018年這兩項表現「有點不佳」。
   - 所得：2018年經濟成長率2.66%，失業率3.7%，七年來首次跌破4%，是2008年來，較好時機。2019年預估經濟成長率2.41%
   - 財富：2018年臺股下跌8.7%，股票市值下跌2.51兆元，以104.6萬位投資人來說，平均損失24萬元。

二、外國人消費，占營收三成

外國顧客是支持臺日韓百貨業績成長的主要驅力。

1. **外國旅客分兩類**：一般把來臺旅客二分為觀光（約占七成）、觀光以外（商務、探親），觀光客比較捨得花錢以慰勞自己、享受人生，或是買伴手禮送親朋。

2. **觀光客的消費金額**：每年7月中，交通部觀光局公布「來臺旅客消費及動向調查」，以了解來臺團體旅客旅遊動機、消費情形、滿意度及意見。2017年每日每人消費金額（美元）如下：日本人214.2、南韓194.58、中國大陸184.38、港澳183.92、美國155.16、新南向18國152.25、歐洲137.19。

3. **數大就是美**：2017年5月20日，蔡英文上任，不承認「九二共識」，兩岸關係邁入「冷和」、「冷戰」，陸方「不鼓勵」陸客來臺，由右表可見，來臺觀光人數大減35%，外匯收入下跌14.4%。

4. **作圖比較**
   右表中有2個數字，抽出來作圖比較，會發現觀光收入影響百貨公司業營收，2016～2017年百貨公司業營收上升，那是因為有新的店加入，2018年營收衰退。

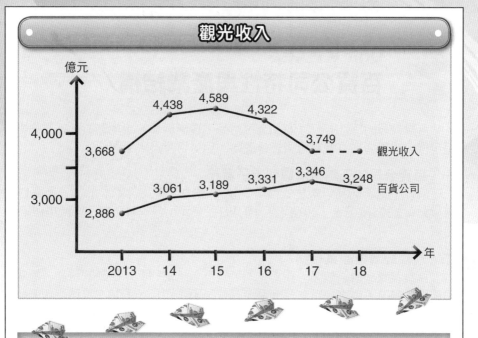

觀光收入

2013～2018年來臺旅遊市場相關指標值

指標	2013 年	2014 年	2015 年	2016 年	2017 年	2018 年
(1) 觀光外匯收入（億美元）	123.22	146.15	143.88	133.74	123.15	―
億元	3,668	4,438	4,589	4,322	3,749	―
(2) 旅客人次（萬人）	801.6	991	1,044	1,069	1,074	1,100
(3) *陸客人次＝(1)／(2)	287	399	418	351	273	272.5
平均每人每次消費（美元）	1,609.7	1,474.7	1,378	1,251	1,146.6	
(4) 平均停留夜數	6.86	6.65	6.63	6.49	6.39	
(5) ＝(3)／(4) 平均每人每日消費（美元）	224.07	221.71	207.87	192.77	79.4	―
(6) *百貨公司營收（億元）	2,886	3,061	3,189	3,331	3,346	3,248

資料來源：臺灣交通部觀光局《觀光統計年報》。
*來自經濟及能源部統計處。

Unit 15-3
百貨公司特性與產業結構

百貨公司的特性有三：商品屬選購品、規模經濟、店地點與營業面積影響市場定位，後兩者在許多零售業皆會面臨，只是百貨業更明顯。

一、百貨公司的天敵：消費型電子商務

消費型電子商務以販售衣服等為主，蠶食百貨公司基本營收，美國1997年百貨公司2,325億美元，2018年只剩1,493億美元；日本11.1兆日圓到2015年6.8兆日圓。

二、規模經濟與產業結構

百貨業商品價格較高，在常見的消費行為（便利品、衝動購買品、選購品）中屬於選購品，顧客非常在意商品產品線是不是齊全，尤其注重精品、美妝品等一線品牌是否到位。

1. 規模經濟影響商品力

百貨公司主要是專櫃進駐，靠抽營收的幾個百分點作為營收，品牌公司設櫃考慮的是總營收。因此比較會「西瓜偎大邊」，如此一來，單家經營的百貨公司往往會被大品牌公司拒絕，較常看到情況是這些「孤軍奮戰」的百貨公司，一線品牌（主要是化妝品、精品）較少，商品力較弱，比較難吸引大咖消費者。

2. 產業市場結構：三強鼎立

以三大百貨公司市占率來說，2011年起54%左右，大抵呈現「大者恆大」趨勢。單店型百貨公司必須有「此商圈唯一」的絕佳立地條件，才能經營下去，一旦商圈移轉，也只好被迫被連鎖百貨公司收購。在臺北市京華城購物，7萬坪、商品力差，連招商都很難，走道比店面還寬，整個店逛起來空空蕩蕩，每年虧損。問題有二：地點差、商品力差（因單家經營）；2019年拍賣。

三、店地點與營業面積影響市場定位

百貨公司必須店如其名有「百貨」（占主要是衣，包括精品、美妝品、服飾、鞋），其立地條件影響市場定位，由表二可見，大抵可分為三種市場定位方式：

1. 店大且地點佳

大部分大型且地點佳的店都是全客層經營，百貨公司有電影院、遊樂設施、餐廳與美食街，常常是闔家週末打發時間的地方，可能只有此種百貨公司能讓全家人待半天。

2. 中型店吃特定客層

中型店由於面積小，逛二小時便結束，受限於營業面積，只好聚焦於某一、二個客層，詳見表二第三欄。

3. 小型店吃一主一副業務

小型店往往只有4層樓，只好變成「產品線專家」，例如：專攻服飾，兼著作美食街或餐廳。

表一　百貨三大一中強的店數與營收

單位：億元

年	店數	2014年	2015年	2016年	2017年	2018年	(1)淨利	(2)股本	每股盈餘(3)＝(1)／(2)
一、百貨業		3,061	3,189	3,331	3,346	3,248			
二、前四大									
1. 新光三越	10(22個館)	793	795	793	780	798	37.377	124.59	3
2. 遠東崇光	7	438	460	453	455	460	15	150	1
3. 遠東百貨	13	423	426	435	439	440	13.64	141.69	0.963
4. 微風廣場		150	160	200	220	225	3.05	7.3	4.178
三、前四大市占率（％）		58.93	57.73	56.47	56.6	59			

註：四家中只有遠東百貨股票上市，有淨利資料，其餘三家淨利皆上網查，推估。

表二　百貨公司各店的營業面積影響其市場定位

項目	小型(5,000～8,000坪)	中型(8,000～16,000坪)	大型（16,000坪以上）
一、市場定位	差異集中策略	差異化集中策略	差異化策略
二、客層	（一）服飾為主例如：微風松高店3,700坪，以H&M 1,000坪為主 （二）餐廳為主尤其是「車站型百貨」，例如：微風北車店	（一）精品百貨 · 購物中心：101 · 購物中心：寶麗廣場、微風廣場復興店與信義店 · 百貨公司：遠東崇光復興店 （二）女性百貨統一時代百貨臺北店（註：2016年1月以前，為統一阪急）	全客層，即以全家光臨，例如：微風大部分百貨公司店皆是

Unit 15-4
百貨業三強鼎立 I

　　由於產業規模經濟特性緣故，大部分產業皆有三國鼎立現象，前三大（Big Three）市占率破五成。本單元說明百貨業前三大經營。

一、百貨一哥：新光三越百貨

　　1989年，新光三越百貨公司成立，「新光」是指「新光集團」（例如：新光金控），「三越」指日本三越百貨。後來居上的原因有二：

1. 快速開店以卡位

1997～2006年開了13家店；二是開店位置佳，主要是百貨基本商圈（詳見Unit15-4）皆領先同業10年以上，擁有先行者優勢（first mover adventage）。

2. 百貨公司「購物中心化」

總經理吳昕達和執行副總經理吳昕陽兩兄弟都有浪漫的特質，表現在他們希望新光三越成為人性、人文的「展場」，而不只是一個賣場，打造「質感」新光三越，最簡單的說法便是「把百貨公司當成購物中心經營」，例如：臺南新天地，幾乎就是三家百貨公司併在一起。偌大的空間，樓層挑高，減少了假日時人群擁擠的不舒服感。甚至在室內設有噴水池、大型水晶吊燈，活脫脫就是一家五星級飯店。讓新光三越空間大，感性訴求是希望讓每個人購物愉快；但是背後也有理性訴求：讓顧客全家出動，同時停留時間可以久一點。

以臺中店來說，顧客滯留率就是臺北市南西店的三倍。「顧客在百貨公司的時間一拉長，也變成他生活的一部分。而對每一個專櫃來說，就更有機會做到生意。」吳昕達說空間大，更可以吸引家庭客層。所以，新光三越也不斷舉辦適合全家參加的大型展覽和活動。（摘自《天下雜誌》，2005年4月1日，第182～183頁）

3. 四家大店

以「80：20」原則來看，新光三越13家店，其中4家店營收破百億元。
- 臺北市信義新天地店（簡稱信義店）：這是新光三越百貨業的店王，營收212億元。
- 臺中店：2018年營收180億元。
- 臺北市南京西路店（簡稱南西店）：有2個館，營收約100億元。
- 臺南市新天地（4.2萬坪，原西門店）。

4. 九家中型店

詳見右表。2011年起，新光三越沒再開新店，對手（崇光、遠東）卯起來開，2018年營收790億元，持平（詳見Unit15-3表一）。經營階層歸咎於「景氣不好」，百貨業營收衰退3個百分點，2017年12月22日收購大魯閣實業（1432）的大高雄草衙道購物中心。

二、百貨二哥：遠東崇光百貨

　　1987年太平洋建設跟日本崇光百貨合資成立太平洋崇光百貨，2001年因納莉颱風造成臺北市淹水，忠孝店無法營業，造成資金周轉問題。太設章家急尋策略投資人，三轉兩轉之下，2002年股權流落遠東集團。太平洋崇光2017年8月24日，改名為遠東崇光，跟遠東百貨是一家公司，兩塊招牌。

三大百貨公司在六都三省轄市的店數

縣市	遠東百貨	遠東崇光	新光三越
一、臺北市 占42.45%、 1,200億元	**13店** 寶慶店(1972年) 大遠百信義店 (2019年)	**7店** 天母店(2009年) 忠孝店(1987年) 復興店(2006年) 敦化店(1994年)	**13店20個據點** 天母店(2014年) 南西店(1991年),**2個館**(2018.5起) 信義新天地 (1997年起A4,A8, A9,A11) **4個館** 站前店(1993年)
二、新北市 占6.53%, 220億元	板橋新站店 (2012年) 板橋中山店 (1983年)	—	—
三、桃園市 占7.84%, 250億元	桃園店(1984年)	中壢店(1988年)	桃園站前店 (2008年) 大有店2個館 (1998年)
四、新竹市	新竹店(1987年) 巨城購物中心 (2012年)	新竹店(1998年)	中華店(2000年) (2018.3.31閉店)
五、臺中市 占16.33%, 600億元	大遠百臺中店 (2017年營收135億 元,第一大店)	—	臺中店(2000年) 自稱中港店
六、嘉義市	垂陽店(1982年)		垂陽店(2008年)
七、臺南市	公園店(2002年) 成功店(1997年)	—	新天地(2002年) 中山店(1996年)
八、高雄市 占15.4%, 500億元	高雄店(2001年) 花蓮店(1999年)	高雄店(1996年)	左營店(2010年) 2個館 三多店(1993年) 草衙道購物中心 (2017.12.23)

註:遠東百貨2020年在新竹縣竹北開購物中心。

新光三越百貨公司

(Shin Kong Mitsukoshi Department Store, Co.)

成　　立:1989 年

住　　址:臺灣臺北市信義區松高路 19 號 7 ～ 9 樓

資 本 額:124.59 億元

股權結構:日本公司三越伊勢丹 40.53%,新光育樂 12.74%、東興投資 5.54%

Unit **15-5**
百貨業三強鼎立 II

一、百貨業二哥：遠東崇光百貨

1. 三家大店

- **臺北市忠孝店**：2010年以前，曾是臺灣百貨業的店王，2011年被新光三越臺中店超過。忠孝店以日本商品聞名，號稱日本展臺灣第一家百貨店，每年春季與秋季皆會舉辦日本和風節，一直是忠誠顧客採購盛事。
- **新竹店**，報導較少。
- **臺北市復興店**：跟忠孝店皆位於頂好商圈，2005年10月開幕，店址在忠孝店正對面，因有捷運板南線、文湖線交集，業績一直位於百貨業前五大。以精品為主，2013年有21個品牌，主要是香奈兒、愛馬仕；高樓層以特殊名牌3C產品、家電為主。全臺營收排名第八。

2. **四家小型店**：遠東崇光有四家小型店，年營收在20億元左右，包括臺北市二家：敦化店、天母店、桃園市中壢店、高雄店。

二、百貨業三哥：遠東百貨

　　遠東百貨在龜兔賽跑中一開始是「兔子」（1967年成立），但2000～2009年卻讓更快的兔子領先了，2010年只好跑更快些。

1. **2009年以前，八家小店**：2010年以前，遠百各店營業面積僅5,000坪，位置多不在市中心，難跟太平洋崇光、新光三越一較高下。

2. **2010年以來，六家大店（即「大遠百」）**：2007年遠百營收207億元、2018年439億元，倍數成長的主因在於敢開新店。

- **板橋新站店**：2011年底開幕，2014年第二期投入，優衣庫600坪、蓋璞（GAP）400坪。
- **遠百臺中店**：這是遠百店王，2012年就開在新光三越臺中店旁，2018年營收135億元，是遠百第一大店。
- **新竹巨城購物中心（Big City）**：這是2011年收購自風城購物中心，重建後再出發，2018年營收116億元，拉走遠東崇光新竹店三成業績，贏在地點位於新竹市鬧區。新店往往會打到既有店，例如：板橋新站店（2016年營收92.3億元）便傷到板橋中山店。
- **遠百信義店**：遠百2001年以32億元得標的A13公有地，令外界不解的是一直用於停車場，年營收6,500萬元。直到2014年，臺北市政府催促遠百送出開發計畫，最快2019年下半年開幕，營業面積2萬坪。遠百總經理徐雪芳說：「百貨公司不再只是百貨公司，還應該是城市的中心，臺中大遠百、板橋大遠百是以City概念打造，顧客到百貨公司就像在體驗異國城市。」把威尼斯概念搬進餐廳，有貢多拉小船、水道，讓消費者就像在威尼斯用餐、喝咖啡。（摘自《經濟日報》，2013年1月11日，A17版，柯玥寧）。

商店組合	遠東百貨臺中店	新光三越臺中店
1.攻擊性商品 　影城	威秀影城	—
2.核心商品 　(1) 餐飲 　・大型餐廳：占 　　營收13%	占營收16% 引進鼎泰豐、饗食天堂等 大型餐廳、特色美食，大 幅拉高餐飲比重的策略明 顯奏效，餐廳、美食街總 是人潮滿滿，引起同業的 跟風	占營收13%，9、12、13 樓三層樓。12樓2012年 已擁有上海湯包、兩班 家、瓦城、1010湘、勝博 殿等大型餐廳。2013年 3月引進大型知名餐飲加 入，包括乾杯系列的「紅 酒乾杯」與「GB鮮釀啤 酒」進駐13樓展店，營業 面積200坪，為搶攻夜貓 族市場，營業時間將延長 到晚上12點
・美食街 　(2) 家用品 　・家電 　・休閒用品、玩 　　具	強化	
3.基本商品 　(1) 精品	占營收28%，例如：香奈 兒、愛馬仕、寶格麗、卡 地亞	1、2樓名品，品牌同左
(2) 服裝	美國蓋璞 瑞典H&M 日本極優	・11樓潮流服飾與趣味雜 　貨 ・5樓男裝 ・3樓設計師與進口女裝 ・B1少女裝與女鞋

Unit 15-6　百貨公司卡位戰：從三線商圈角度來分析

每天打開報刊，對百貨公司的新聞以「單店」的某一事件為主，週刊則以百貨公司經營者的作法為主，以拼圖比喻，約是3,000片拼圖的一小片。我們嘗試拼出局部風景，其中最簡單的便是依業者（詳見Unit15-1表一），「三大」（Big Three）占55%，另一是按地區（詳見本單元）。

在Unit15-3中，我們依行政區來分析三大百貨公司如何跑馬占地。但是業者更看重的是商圈規模，而不是行政區，我們依產品組合中的基本（占營收50%）、核心（占營收30%）、攻擊性（占營收20%）的觀念，把都市內商圈分成一、二、三共三線，來分析百貨公司的經營。

一、一線商圈：年產值500億元以上

臺灣只有兩個百貨基本商圈，以2018年百貨業營收3,248億元為例。

1. 臺北市信義商圈600億元，市占率19%：臺北市信義商圈，6.5平方公里的地區，2008～2019年每年一家新百貨公司加入，2016年營收600億元。新光三越信義商圈四個館，占公司營收25%，市場被蠶食，詳見Unit15-5。
2. 臺中市七期百貨商圈500億元，市占率16%：遠百臺中店衝著新光三越臺中店來，詳見Unit15-7。

二、二線商圈：年產值300～500億元

高雄市百貨業500億元，二大二中占85%，二大為漢神百貨本館與巨蛋（2018年205億元）、高雄夢時代（107億元），二中為大魯閣草衙道（2016年5月開幕，13.46萬坪，預計年營收60億元）、高雄義大暢貨中心（位於高雄市仁武區，51億元）。二線商圈有個特殊的是新北市板橋區的「新板特區」（面積約50公頃，是信義計畫區的三分之一），營收200億元，營業地區涵蓋新北市西邊五區（板橋、中和、新莊、土城、樹林），遠百的板橋新站店在此商圈獨霸。

三、三線商圈：年產值300億元以下

六都中的四都的二線商圈、省轄市（基隆、新竹、嘉義）等市場規模有限，對百貨公司來說，只能算三線商圈。

2018年百貨公司前九大

單位：億元

排名	1	2	3	4	5	6	7	8	9
百貨公司	新光三越	同左	遠東崇光	101購物中心	遠東	新光三越	漢神	遠東崇光	遠東
店	臺北信義	臺中	忠孝	—	臺中	臺南西門	高雄巨蛋	復興	巨城購物中心
營收	212	180	148	140	135	128	127	121	116

資料來源：整理自各報。

百貨業的三種商圈

商圈性質	遠東百貨	新光三越百貨
一、攻擊性商圈：占營收20%俗稱「三線」商圈	1. 板橋區「新板特區」新北市板橋新站店、中山店，2家合計200億元	1. 臺南市西門商圈臺南新天地，營收128億元，是新光三越第二大店，內部稱臺南新天地 2. 臺北市南京西路商圈南西（南京西路）店是新光三越第四大店
二、核心商圈：占營收30%，俗稱「二線」商圈	1. 高雄市龍頭百貨漢神百貨商圈巨蛋、本館為領先，遠百努力追逐在後，2017年二期展店投入營運 2. 新竹市東區商圈巨城店營收116億元，成為臺北市忠孝（148億元）、復興店（121億元），第三家百億元店	1. 高雄市衰退中的新光三越三多店，2015年決定斥鉅資改裝
三、基本商圈： 1. 臺北市信義商圈：營收600億元	• 大型：寶麗廣場、101購物中心、遠百信義店 • 中型：統一時代百貨臺北店 • 小型：微風松高店、ATT 4 Fun	新光三越信義店，營收約212億元 • 信義新天地4個館：A4、A8、A9、A11館
2. 臺中市七期百貨商圈：營收500億元俗稱「一線」商圈	臺中店營收135億元，成為遠百首座單店業績破百億元店，2015年強化服務與商品面，跟遠東集團零售相關企業結合開創優質線上線下與第三方支付消費	新光三越臺中店，營收180億元，面積4.8萬坪

Unit **15-7**
臺中百貨七期商圈的百貨公司分析

　　臺中市的「七期重劃區百貨商圈」（簡稱七期百貨商圈）是地區型百貨商圈的典型，由於立地條件佳（詳見右表），成為臺灣百貨業的一級戰區。

一、商機分析：購買力來源

　　臺中七期百貨商圈是少數「進可攻，退可守」的立地條件，詳見表一。

1. 外地顧客：百貨業「進可攻」的部分

七期百貨商圈有第一高速公路、中彰投快速道路，中部的北邊苗栗縣、南邊彰化縣與南投縣的居民，皆會向中間點集中，具有地區型百貨公司的特色。

2. 本地顧客：百貨業「退可守」的部分

本地顧客有三種：七期住戶（比較像臺北市信義區的豪宅住戶，許多是臺商致富置產）、中部科學園區（主要在豐原區）的電子新貴。舊臺中市區（臺中工業區）、大雅區、大里區本來是機械工業區，潭子區是加工出口區，有許多中小企業老闆，有很強的購買力。

二、地區分布

　　舊臺中市區有二大、二中（中友、廣三崇光）、三小（新時代、老虎城、勤美，年營收20～40億元）詳見表二百貨公司，分布在兩個商圈。

1. 一級商圈：七期百貨商圈

二大、一中、三小百貨公司皆在臺中七期百貨商圈（位於臺中市西屯區），可說是比鄰。

2. 二級商圈：三民商圈

位處三民商圈的百貨公司只有中友百貨一家，有A、B、C三棟，用空橋連接，營業面積大，其特色是主題廁所，2003年5月發表電影「海底總動員」廁所造成轟動；秋天發表10座不同主題的廁所。由於商圈轉移至七期商圈，1999年中友營收96.3億元，2018年85億元，衰退12%。

三、百貨雙雄PK賽

　　新光三越臺中店、遠東百貨臺中店兩家店占臺中百貨業績53%，由右下表可見，2018年，營收約310億元。

1. 市場定位：全客層經營。遠百臺中營業面積5.3萬坪、新光三越臺中店4.5萬坪，有足夠空間做全客層經營。

2. 重點在於提高商品力：臺中房租便宜，許多餐廳都以庭園餐廳或大店（500客席）經營，許多著名餐廳（例如：新天地、阿秋肥鵝）都在此起家，臺中人對餐廳具有很高的比較能力。2011年，遠百臺中店引進大型餐廳，2013年3月，新光三越臺中店跟進；以餐飲營收占營收比重20%目標邁進。

臺中市七期百貨商圈百貨公司立地條件

立地條件	說　明
一、交通 1. 聯外交通 　朝馬轉運中心 2. 臺中市內交通	1.南北向的一高（中山高速公路）：方便北邊苗栗縣、南邊彰化縣的消費者 2.東西向的中彰投快速道路：此有利於彰化、南投縣居民到臺中市 2014年7月，快捷公車上路，有利臺中海線地區，例如：沙鹿、梧棲等地的客源，百貨小吃街人潮明顯增加。以臺中大遠百為例，臺中海線地區會員卡占比由過去的8%，2014年10月提高到15%，平均客單價約3,000元
二、景點 1. 臺中歌劇院 2. 秋紅谷、草悟道	2014年11月23日初次啟用，2015年9月全面營運，號稱臺中新地標，成為臺灣觀光景點 每年舉行泰迪熊展，吸引許多旅客來參觀、拍照

2013～2018年臺中二大三中百貨公司營收（含稅）

單位：億元

年	2013	2104	2015	2016	2017	2018
新光三越	158	168	172	174	175	180
遠東百貨	99.08	108	116	126	129	135
中友	79.1	83.2	89.2	88	85	85
廣三崇光	65.88	72.2	69	66.7	65	67
百貨業	506.1	547.2	550	540	550	600

第 16 章
百貨公司的
行銷策略

章節體系架構 ▼

Unit **16-1** 百貨公司的市場定位：以臺北市信義商圈為例

　　臺灣臺北市信義區可說是全球百貨公司最密集的地方，比美國紐約市第五大道或日本東京都的六本木都密集。本單元以新光三越信義新天地（簡稱新光三越信義店）的角度，來分析其市場重定位。

一、信義計畫區範圍

　　臺北市信義區的「信義計畫區」是重劃區，信義計畫區面積153公頃，自1980年進行開發。最初僅有威秀影城、新光三越百貨信義店進駐，隨辦公大樓、商場百貨、飯店陸續進駐，加上捷運（板橋南港線、新店象山線）通車，信義區發展加溫，已由過去荒地變成人潮絡繹不絕的臺北時尚指標區。由圖一可見，以2018年來說，信義商圈占百貨業19%市占率，跟臺中市全市一樣，甚至比新北市加上桃園市還多。信義計畫區附近的富邦松菸文創園區、遠雄大巨蛋的商場（註：暫定），可說是廣義的信義商圈。

二、商機

　　信義商圈規模大到足夠二種以上市場定位的零售公司，聚焦圖上的單一市場區隔。

1. **國外顧客與臺灣貴客**：信義區有臺灣地標101大樓，吸引外國（尤其是陸客）到此一遊。再加上世貿展覽館吸引商務客入住君悅（2017年營收28.46億元，第二名）、W飯店（營收18.03億元，第四名）等，商務客也會就近逛街。信義計畫區是臺灣豪宅最密集的地方，富豪構成高檔消費的基礎。

2. **臺灣的大眾顧客商機**：信義商圈有二條捷運線圍繞，捷運板南線周邊有統一時代臺北店、誠品信義、微風信義及新光三越信義店A4館；捷運新店象山線周邊有台北101、新光三越信義店A9及A11、Att 4 Fun、微風南山店；A8和微風松高店在商圈中間。信義商圈有威秀影城、夜店，再加上世貿展覽館許多展（例如：動漫、1月28日電玩展、電腦展）都以年輕人為主要對象，1990年代起，信義商圈成為臺北市最大商圈。

三、各百貨、商場的市場定位

1. **全客層**：包括新光三越信義店（信義計畫區A3）；遠百信義店（信義計畫區A13，2萬坪），微風集團信義、南山店（例如：A25，由富邦集團標走）與南山店。

2. **女性為主力市場**
   - 高價位精品購物中心：寶麗廣場、台北101購物中心。
   - 中價位百貨：統一時代百貨臺北店。

3. **年輕人為主**
   - ATT 4 Fun定位為潮流百貨，4代表時尚、文創、娛樂、美食。
   - 平價時尚服飾店：包括佐拉（Zara）、Pull&Bear、蓋璞（GAP，2014年第一家店）。
   - 夜店。
   - 大型多功能廳：容納千人，可舉辦演唱會、首映會、演講。

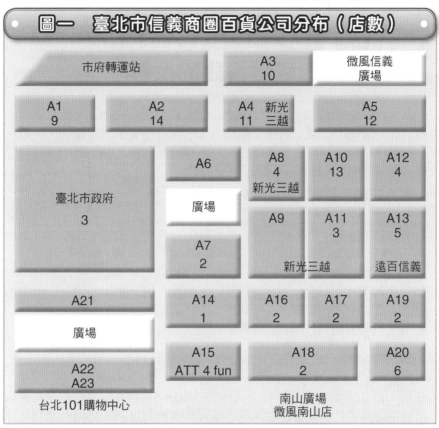

圖一 臺北市信義商圈百貨公司分布（店數）

市府轉運站		A3 10	微風信義 廣場
A1 9	A2 14	A4 新光 11 三越	A5 12

臺北市政府
3

A6

廣場

A7
2

A8
4
新光三越　　A10
13　　A12
4

A9　　A11
3　　A13
5

新光三越　　遠百信義

A21

廣場

A14
1　　A16
2　　A17
2　　A19
2

A22
A23

A15
ATT 4 fun　　A18
2　　A20
6

台北101購物中心

南山廣場
微風南山店

圖二 臺北市信義商圈百貨公司市場定位

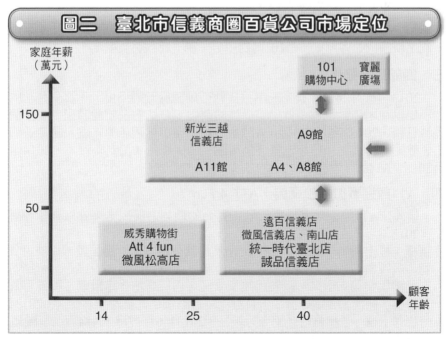

Unit 16-2
新光三越信義店的反擊

圖解零售業管理

　　新光三越信義店有4個館、4.6萬坪，2018年營收212億元，占新光三越13店的27%，這地方可說是新光三越的「本」。針對競爭者陸續加入戰場，新光三越管理階層使出渾身解數以應戰。本單元聚焦在2014～2015年A11館的改裝，以因應ATT 4 Fun與微風松高店的攻擊。

一、新光三越信義店

　　新光三越信義店在四塊公有地（A4、A8、A9、A11）上各蓋一棟樓，依地號來命名四個館。如果說明新光三越臺中店是航空母艦，信義店4.6萬坪，可說由4艘主力艦組成的艦隊，而且是陸續部署在此商圈。
- A4館：2005年9月開幕，0.97萬坪。
- A8館：2002年1月開幕，1.34萬坪。
- A9館：2003年12月開幕，1.06萬坪，以精品、高價餐廳為主。
- A11館：1997年11月開幕，1.2萬坪。

二、優劣勢分析

　　信義店優劣勢分析（SW analysis）如下：
1. 優勢：營業面積4.6萬坪，超級大，由Unit15-5表可見，這等於是信義商圈面積第二到第五大同業之和。第二項優勢是財力雄厚，2014～2016年信義店大規模改裝，斥資數十億元。
2. 劣勢：信義店4個館地點集中，但信義商圈幅員廣，因此一些對手可以占地利之便攔截顧客，主要是101購物中心、統一時代百貨臺北店。

三、四館商品強化

　　2013年11月26日，新光三越百貨執行副總吳昕陽指出，「百貨公司的毛利不如以往，經營百貨要做出結構性的改變，愈切愈細才能勝出。」（摘自經濟日報，2013年11月28日，A22版，柯玥寧）信義店原本就設置旅遊館、親子館、運動館，2013年全臺逐漸增設。（摘修自《工商時報》，2014年10月20日，A14版，李麗滿）

四、A11館迎戰微風松高店、ATT 4 Fun

　　信義店A11館因地處威秀影城正對面的地利之便，本來就以青年客層為主，2013年起，逐漸改裝。
1. 頂樓：推出劇場：2013年初，新光三越執行副總吳昕陽強調，以前百貨公司「吸客機」是吃東西與買東西，今後，最重要的是「看東西」。把新光影城與娛樂獨立出來，以發展娛樂事業。信義店把「定目劇」引進百貨公司頂樓，開創「頂樓經濟」，首發「定目劇」是「三人行不行」，2013年7月中旬上檔。（摘修自《工商時報》，2013年6月17日，A14版，李麗滿）
2. 四、五樓改裝：2014～2015年，4、5樓大改裝，重點有二，詳見右表。

信義商圈青年購物商機的攻防戰

商品結構	同業	新光三越信義店
一、攻擊性商品	路跑一年超過300場，帶動專業運動商機350億元。 1.統一時代百貨臺北店的B1休閒運動專區，強調一次購足。 2.頂好商圈的遠東崇光復興店2014年第一季擴大戶外運動大店。 3.火車站商圈京站時尚廣場B1運動休閒專區，特色為籃球場等旗艦隊。	改裝前A11館運動與戶外樓層業績均居全臺之冠，2014年9月A11館4、5樓改裝主題樓層裝潢展現運動場跑道或山林之美、籃球場等，成為全臺時尚戶外運動指標。 1.四樓走道改成田徑跑道式樣，Roots & Timberland、大運動進化旗艦店包括耐吉全臺首家籃球概念店、愛迪達最大百貨旗艦店、Under Armour首發概念店、紐巴倫（New Balance）、明星愛用自行車用品品牌Oakley專賣店。 2.五樓集結戶外運動天王品牌「始祖鳥」全臺首櫃等12大戶外休閒品牌一次到位。
二、核心商品 （一）餐廳	2014年10月24日，微風松高店開幕，營業面積3,000坪，在餐廳的組合如下： 1.一樓「Ice Monster」，臺灣芒果冰為主。 2.B1有化妝品與來自南韓的咖啡廳咖啡伴（CaffeBene）等。 3.10餘家，客單價以180～230元為主，包括： ・美國德州鮮切牛排店「Texas Roadhouse」、angès.b.Le Pain Grille（法式Bistrot、義大利大敦館）。 ・日式料理：「伊勢路勝勢日式豬排」、「rkiwi奇異日味義大利麵」、「TJB PHO」（越式料理）、「麵屋武藤」。 ・中式：麗緻集團旗下江浙館「天香樓mini」等。	1.一樓：2013年11月20日，A8館開「8%ice冰淇淋」首家分店。 2.鼎泰豐：台北101購物中心已先開一家，2015年2月A4館B1鼎泰豐開幕，占地200坪。 3.平價國外餐飲：A4、A8館等陸續引進平價美食，包括全臺業績居冠王丸龜烏龍麵及健康平價的富士蕎麥麵，2014年底還有全臺第二家、信義商圈第一家香港平價米其林餐廳「添好運」港點。
（二）3C、運動商品		A11館4、5樓運動大店改裝，除了運動時尚，法雅客運動館提供路跑、單車等運動配件包括手環、耳機、甚至GPS定位手錶等8個Window大型中島櫥窗，透過時尚達人曲家瑞等不定期透過櫥窗展現時尚文創。
三、基本商品 （一）服飾	1.ATT 4 Fun。 2.微風松高店在服飾方面 ・商品策略：123個品牌，南韓品牌23個，有半數是臺北獨家引進，最大櫃H&M占地1,000坪，最小3坪，娛樂發片帶動時尚流行話題，虛擬通路品牌包括86小舖、Line Store與樂團從線上到線下（O2O）的實體展現，是微風虛實整合第一步。 ・實體配置策略以南韓首爾市東大門「迷宮賣場」為參考藍本，以琳瑯滿目的品牌增加遊逛性，希望增加年輕人購物尋寶樂趣。 3.統一時代百貨臺北店2014年10月，週年慶前改裝50個櫃位，注重年輕品牌。	2014年A4館的B1全新改裝，獨家引進GOLLA、EMPORIO ARMANI EA7、U TRAVEL+、NAPAPIJRI、BARONS PAPILLOM、BOSS GREEN、MOLESKINE等7大全臺首發櫃，融合設計經典和寰宇暢遊的概念，市場定位質男，新光三越請來精通日臺港文創達人黃子佼電商逛街推薦。

Unit 16-3
百貨公司的商品組合

百貨公司顧名思義看似「百種貨物」皆有賣，由右表可見，百貨公司50%營收來自「衣」、30%來自食，20%來自住樂，在「行」、「育」方面的產品較少。

一、基本商品：「衣」

百貨公司基本商品便是「佛要金裝，人要衣裝」中的「金」與「衣」。

1. **精品、美妝與服裝**：精品、美妝、服裝在精品商圈都有大品牌開街邊店（或路面店），百貨公司的功能在於把許多一線品牌聚集，讓顧客可以一次看全部，省掉交通時間與費用。

2. **服裝專櫃的「威脅」**：其他行業取代本行業的稱為威脅，百貨業的威脅有三，本處先說明平價時尚服飾店，第三段說明網路商店。2010年，西班牙佐拉、日本迅銷公司旗下優衣庫等平價時尚服飾在臺開店，2012年營收破50億元，百貨公司服飾業績受侵蝕而衰退，步上日本百貨業衰退的後塵。以2012年為例，遠東崇光百貨週年慶「滿6,000送600」，送出禮券只限抵用服飾，拉抬服飾的意圖十分明顯，迄11月19日週年慶結束，服飾業績衰退了一成。總經理李光榮說，週年慶服飾扮演成敗的關鍵角色，公司把行銷主力放在服飾上，服飾拖累了整體業績。（摘自《聯合報》，2012年11月20日，A9版，顏甫珉、陶福媛）

打不贏它，就加入它，2013年起，許多百貨公司只好引進優衣庫、佐拉、H&M等大店，以吸引人潮。這些大品牌很強勢，要求百貨公司抽營收比例低一些。

3. **精品專櫃遭受的威脅**：暢貨中心是衝著百貨公司精品專櫃來的，尤其是針對中所得客層。

二、核心商品：餐廳、3C和運動商品

百貨公司的核心商品是「食」，分成兩中類。

1. **餐廳**：服飾淡旺季明顯，又要靠週年慶或打折優惠拉抬業績，餐飲一年四季生意都好。餐廳的客單價低、抽成也低，業績卻最為亮眼、且常會開發新客層踏進百貨公司。百貨公司衝刺餐飲業務，有些百貨公司甚至變成最大營收來源。

2. **超級市場**：為了跟量販店、超市有差別，百貨公司在B2附設的超市，商品大都是進口品（主要是日本），價位較高。

三、攻擊性商品

百貨公司的攻擊商品是「住」、「樂」相關商品／服務。

1. **樂：電影院**：百貨公司設立電影院，占用面積大、客單價低（電影票價300元），著眼點在於藉此功能以吸引看電影的人潮繼續逛百貨公司。至於遊樂場常是給看電影的人打發時間與全家逛街時，青少年與兒童去的。

2. **住：家用與家飾**：家用主要是家電與鍋具、家飾主要是指床單等。網路商店中的衣服店（OB嚴選等）跟百貨業客群不同，但網路商店搶了3C專賣店、百貨公司家電樓層生意。

百貨公司商品組合

商品性質	生活	占營收比重	樓層（舉例）
一、攻擊性商品： 　占營收 20%	1. 樂 　・電影院 　・遊樂場 2. 住 　・家用品 　・家飾品	30%	 11樓 10樓 6～9樓
二、核心商品： 　占營收 30%	1. 食 　・餐廳 　・咖啡店 　・美食街 　・超市與土特產 　店、麵包店	25～30%	 13、14樓 2～10樓 B2 B1
三、基本商品： 　占營收 50%	1. 衣 　・精品 　・美妝 　・女裝 　男裝 　童裝	 13% 13% 13%	 2樓 1樓 3樓 4樓 5樓

知識補充站

微風松高店

　　目標客層14～25歲客群，主打青少年時尚（teen fashion）。一樓的芒果冰店（Ice Monster），廖鎮漢自認是把邊店第一次引進百貨公司，看上其不斷地創新的餐飲特色，兼具嚴選在地食材及吸引著大批觀光客造訪。在B2以獨立餐廳概念設計專屬的用餐區，針對每家餐廳打造個性化形象識別，透過這些餐廳背後的故事跟顧客溝通，即便是銅板美食的水煎包也能創造幸福感。

（摘自《遠見雜誌》，2015年1月，第46頁，廖鎮漢）

快閃店（pop-up store）

定義：沒有明確定義，但翻譯很好，「快閃」指出現時間短，在百貨公司內最多 3 個月。

常見：百貨公司內的精品專櫃、購物中心內快閃店，例如：電影「小小兵」和「小小兵快閃店」，主要目的是為了測試市場接受度。

Unit 16-4　百貨公司基本商品：精品、化妝品、女裝

> 百貨公司一樓為何都是化妝品、香水專櫃？
> （1）商品單價高、毛利率高，如此坪效才高。
> （2）吸引貴婦、女性上班族上門；
> （3）香水等商品有香味。

　　答案在探索頻道中有播過的是（3）。十九世紀百貨公司（例如：英國哈洛德百貨Harrods 1834年成立）設在馬路旁，馬車、人騎馬在馬路上穿梭，馬尿、馬糞使得馬路很臭。百貨公司在1樓賣香水、化妝品，用香味吸引顧客聞「香」下馬。久而久之，百貨公司就以賣「衣」相關商品為主，包括臉上用的、穿在身上服裝與包包、戴在手上的手錶等，約占百貨公司營收40%，是百貨公司的基本商品。

一、精品
　　由表一可見，常見的精品有四種，主要以法國貨為主，其次是義大利貨。
1. 珠寶：以法國為主，義大利為輔。珠寶包括三種：鑽石、黃金飾品、寶石（含珍珠）等。
2. 手錶：以瑞士為主、法國為輔。單純的功能手錶不貴，百萬元以上的大都是限量發行的鑲鑽的珠寶錶。
3. 包包等皮件，以法國為主。
4. 其他

二、美妝
　　由表二可見，美妝品分成一線、二線與其他等級品牌。

三、女裝與女鞋
女裝與女鞋大都在同一層（常見的是2、3樓）販售，著名品牌詳見下表。
1. 依價位區分：法義商品大抵是高價，中價位的則美其名稱為「輕奢華」，常見的是美國公司。
2. 依品牌種類區分：大公司品牌、商品力強（例如：法國精品Jerome Dreyfuss），可單獨開專櫃；至於強調多品牌複合店往往有20種以上服裝、包包、鞋品牌，也到百貨公司設店，例如：Club Designer（1981年設立）、glimmer。女鞋複合店，例如：Shoe plus、Madison。

女裝、女鞋

國家	女　裝	女　鞋
一、法國	普拉達	Roger Vivier
二、義大利	亞曼尼、Nude	Salvatore Ferragamo
三、日本	三宅（內衣）一生	Okiental Traffic
四、美國等	蔻馳(Coach)、Kate Spade、Tory Burch、邁克高仕(Michael Kors)	美國San Edelman 英國Jimmy Choo（周仰傑）
五、臺灣	新紡旗下Artifact品牌數30~40個，主力有三個	L.A.M.B、Sophie Gittins、Jason Wu、Miss Sofi、Shoe plus、3NITY

表一　常見的精品品牌

項目	品　牌
一、珠寶 1. 鑽石	・戴比爾斯（De Beers）有人稱占有全球裸鑽庫存九成 ・美國和頌愛（Hearts on Fire），2014年周大福收購 ・卡地亞（Cartier），瑞士歷峰公司旗下
2. 黃金、金飾	主要是香港的周大福 ・香港周生生集團旗下的點晴品 ・香港鎮金店（Just Gold Just Diamond） ・日本Tashi、Mikimoto等 ・義大利寶格麗（Bvlgari），自稱為全球第三大珠寶公司 ・法國梵克雅寶（Van Cleef & Arpels）
3. 珍珠等	・日本Mikimoto御木本珠寶、香港珍世緣
二、鐘錶 1. 瑞士	臺灣的頂級鐘錶大都由香港公司總代理，較有名的，例如：亨得利控股公司 ・歷峰集團（Richemont）例如：寶璣、寶舶、天梭（Tissot）、歐米茄、羅杰・杜彼（Roger Dubuis） ・斯沃琪（Swatch），旗下寶鉑（Blancpain）、格拉肯蒂等13個品牌 ・勞力士（Rolex）
2. 法國	・路威酩軒（LVMH），宇舶錶旗下的宇舶（Hublot） ・開雲（Kering），之前稱PPR旗下的藝柏
3. 綜合品牌店	・香港總代理亨得利控股公司，旗下亨得利三寶名表旗艦店、寶鴻堂 ・臺灣總代理慎晶鐘錶公司
三、包包 1. 法國	愛馬仕號稱全球第二大精品公司 路易威登（LVMH）、愛馬仕（Hermes）、香奈兒（Chanel）、普拉達（Prada）、芬迪（Fendi）、迪奧（CD）
2. 義大利	古馳（Gucci），1999年開雲收購42%股權
3. 美國	薩瓦托・菲拉格慕（S.Ferragamo）、英國巴寶莉（Burberry） 例如：Marc By Marc Jacobs（MBMJ），馬克・雅各布斯是設計師
四、居家精品 　　水晶 　　餐具	 施華洛世奇、聖保羅、梵爾賽 義大利布加迪（Bugatti）、海格雷、隆達、紅玫瑰

表二　美妝（香水、化妝品）

等級	品　牌
一線	全球五大集團 1. 日本：資生堂 2. 美國：寶鹼（P&G） 3. 法國萊雅（L'OREAL）兩大品牌：植村秀、蘭蔻 4. 迪奧（CD）、香奈兒
二線	日本：佳麗寶、SKⅡ、高絲（KOSE） 法國：路易威登、開雲 荷蘭：聯合利華 義大利：亞曼尼（Giorgio Armani）

Unit 16-5
核心產品：餐廳

百貨公司在餐飲的基本配備是B2的美食街，基本想法是讓顧客購物、看電影時順便填飽肚子。但2010年起，百貨公司在餐廳布局多兩項：各樓層的咖啡店，讓顧客留在店內久一點，其次是高樓層的餐廳。由右圖可見百貨公司的樓層與餐廳定位的搭配都千篇一律，本單元詳細說明。

一、基本餐廳：B2美食街

百貨公司B1大抵是土特產商品、烘焙坊，B2是美食街，常見的兩種餐飲店：

1. **日式拉麵店、豬排飯店**：坊間愈排隊的熱門餐飲店，就愈是百貨公司要爭取目標，例如：日式拉麵一風堂、花月嵐、浪花屋、立吞吧、Dan Ryan's（美國芝加哥餐廳）等名店已陸續引進美食街。
2. **甜點與麵包**：烘焙系列如「吳寶春（麥方）店」、「咖啡弄」和「珠寶盒」也是業者搶破頭的名店。

二、核心餐廳：各樓層的咖啡店等

各樓層的角落大都有一、二家咖啡店，提供下午茶等輕食，以方便顧客逛累了，可以就近休息、補充食物。在此處，不開瓦斯，有兩種考慮：消防安全與油煙味道。長期跟百貨公司合作的法國麵包店PAUL總經理陳斯重說，甜點店跟百貨公司的精品同一個樓層，對餐飲的品牌形象提升有很大幫助，營造跟精品一樣的高級感。例如：台北101購物中心經過改裝，把一線精品路威、普拉達、迪奧等旗艦店，跟米其林等級甜點店Sweet Tea設在同一個樓層。（《中國時報》，2012年9月9日，A1版，陳宥瑋）巷弄名店常是百貨公司爭取對象，臺北市中山商圈巷子內，一天領號碼牌可達數百位的朗琪輕食店，2012年9月新光三越信義店A11館引進。在忠孝東路的哥本哈根簡餐（Dazzling Café），進駐新光三越臺南市西門店後，上午11點拿號碼牌，下午1點半才吃得到。

三、攻擊性餐廳：11樓以上

大部分百貨公司把餐廳放在11樓以上的高樓層，顧客搭電梯上下，跟購物顧客搭電扶梯動線叉開。

1. **目的性消費**：百貨公司樓層面積大，能容納單一餐廳開大店（200坪以上），也可容納許多中小面積餐廳，再加上停車方便，可吸引公司在週間、家庭在假日特地來吃。
2. **互補性消費**：高樓層的電影院、看電影前後，甚至有些顧客先搭電梯上樓，吃完飯後，再搭手扶梯沿樓層逛賣場。百貨公司積極引進知名度高的餐廳，口味多元、菜色多樣、美味清潔，吃完飯後順便吹冷氣逛百貨，因此吸引人潮進入百貨公司的效果明顯。
3. **餐廳特色**：百貨公司的餐廳大抵走異國風（例如：泰、義、日式料理），以跟街上的中式料理有所區隔。

百貨公司各樓層的餐飲種類和客單價

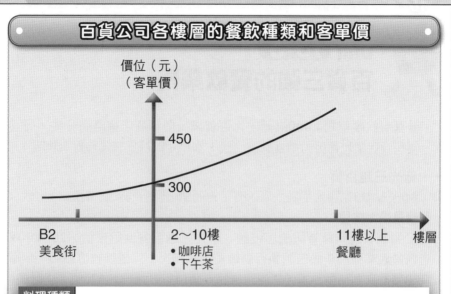

價位（元）
（客單價）

450

300

| B2 美食街 | 2～10樓 • 咖啡店 • 下午茶 | 11樓以上 餐廳 | 樓層 |

料理種類			
日式	拉麵 炸豬排飯 咖哩飯	Chou de Ruban 小樽手作咖啡	藍屋日本料理、一風堂、古味亭客家小館、喜多樂迴轉壽司、勝博殿、Y's Table大戶屋定食、乾杯集團
歐美	Burger Ray OH My Stag Supreme Salmin	哥本哈根簡餐 （Dazzling Café） 米朗琪咖啡館 Roots Café 義大利福亞安花神咖啡	古拉爵義大利餐廳、Gogo派樂pizza、加州風味食館
南韓、泰國	韓國烤肉飯 石鍋拌飯 新韓館	Alessi Café 糖朝、意曼多咖啡館 香港檀島咖啡餅店	瓦城、新葡苑 港式茶餐廳：添好運
臺灣	花蓮扁食	例如：泰山企業旗下的 Emperor Love TWG茶館 春水堂	鼎泰豐、欣葉、1010湘菜、水相法義料理、饗食天堂、厲家菜、紅豆食府

知識補充站

新光三越臺中店的日本麵食布局

　　拉麵、烏龍麵和蕎麥麵，是日本三大國民麵食，新光三越臺中店陸續引進日本超人氣排隊名店，自認品項、品牌皆齊。
1. 拉麵：「花月嵐」、2014年8月31日「一風堂」，遠百臺中店引進日本北海道旭川的「山頭火」拉麵，其中鹽味拉麵是山頭火的招牌。
2. 烏龍麵：「丸龜製麵」，中友百貨搶到「三田製麵所」沾麵專賣店。
3. 蕎麥麵：2015年1月引進「名代富士蕎麥麵」（1972年創立）。
　　　　　　　　　　（詳見《工商時報》，2015年1月30日，B4版，曾麗芳。）

Unit **16-6**
百貨三強的餐飲業務

全臺餐飲產值約4,400億元，比百貨業、便利商店業略高一些，而且百貨、便利商店業也都努力搶食餐飲商機，本單元以百貨三強為對象說明。

一、新光三越百貨

新光三越13家店大都是大店，有足夠面積經營店內餐廳業務。

1. 餐廳是最大業種

為了彌補服飾業績被服飾店侵蝕，新光三越拿餐飲等來補，2014年成為店內最大業種。新光三越執行副總吳昕陽指出，「體驗經濟崛起」，舉辦F&B餐飲文創活動。（《工商時報》，2014年9月4日，A20版，李麗滿）

2. 每層樓都要有餐廳

2012年起，新光三越以每層樓都有餐飲店為目標，臺北市信義店A9館幾乎達成此目標。

3. 日式

日本東京都六本木之丘，例如：Y's Table等公司，專做全樓層高檔餐廳異國酒食，有些以會員制提升其隱密性與客單價，也進軍臺灣。新光三越先在信義店A4館引進日本乾杯集團，詳見右表中第四欄。

二、遠東崇光百貨

在右表中第三欄列出餐廳組合。

三、遠東百貨

遠百的14家店依面積分為「遠百」、「大遠百」。一般來說，餐廳組合如下：

1. 美食街：遠百

美食街的特色之一是全部包括新加坡的大時代公司，引進南洋料理。

2. 餐廳、美食街：大遠百

由右表第二欄可見大遠百的餐廳組合。

百貨公司強推餐廳業務優勢分析

· 有吃，順便逛街（包括約會、看電影），餐廳種類多
· 停車位
· 其他

百貨業三強餐廳組合 ···

餐廳種類	遠東	遠東崇光	新光三越
一、高樓層：大型餐廳	1. 日式 2012年9月，中山店開日本牛角燒肉店 2. 中式 板橋新站店引進鼎泰豐 板橋中山店，2012年9月31日引進饗食天堂	臺北市忠孝店有多家大型餐廳	1. 日式：以「職人（註：中文的本意為師傅）」料理或星級料理店邁進，以信義A4館6樓為例，2013年引進日本乾杯集團的旗下三家餐廳，提供二種餐點 ・下午茶 ・正餐：午餐1,200～1,500元套餐，晚餐價位更高，兼賣酒類 （二）中式料理：2014年9月16日，南西店引進鼎泰豐，號稱鼎泰小豐店
二、中低樓層：輕食咖啡店	2014年丹麥哥本哈根簡餐第二店開在板橋店。 2012年遠百臺中店引進Alessi Café，號稱全球首家海外店，2014年11月在板橋店開第二家店	2013年忠孝店請哥本哈根簡餐的臺灣代理商開第一家店，賣咖啡、輕食 復興店在高樓層有大型室內日式公園，讓顧客能大開眼界，附近有許多咖啡店	2012年9月，臺北市南西店3館整層開「麻辣一村」，2011年信義店A11館陸續引進首家哥本哈根簡餐「巧克力（俗稱貴婦甜點）之神」Pierre Marcolini，2012年的Roots café等 2012年臺南西門店開哥本哈根簡餐等 2012年9月臺北市信義店A11館引進輕食餐廳米朗琪咖啡館
三、美食街：各店50坪以下，強調「國民美食」	・新加坡 新加坡「大時代」美食街	1. 日式：俗稱排隊美食東京都太龍軒 2. 中式：臺北市復興店B2的鼎泰豐大店	1. 日式 ・「丸龜烏龍麵」 ・東京都的富士蕎麥麵 2. 港式 2014年12月，臺北市信義店A8館引進米其林一星的港式飲茶的「添好運」，是臺灣第二家店 3. 中式

Unit **16-7**
百貨公司促銷：週年慶

所有零售業中，百貨公司很喜歡玩促銷，本章以兩個單元重點說明。

一、百貨業的特性

百貨公司為了跟路邊店有所差異，商品單價較高，偏重選購品，「選購品」的特徵是購買頻率低（即一年只買了幾次），因此會造成兩種結果：

1. **經營地區：半徑10公里**：消費者願意忍受較長的交通時間，如此一來，三大都會（臺北市、臺中市、高雄市）為地區中心，附近縣市消費者會向其集中，例如：臺中市便很明顯，北邊的苗栗縣、南邊的彰化縣消費者會往中間靠攏。一家大型（營業面積1.6萬坪以上）百貨公司經營地區以30公里為範圍。

2. **購買頻率低**：針對「斤斤計較」的消費者，會有耐心地等降價促銷時才撿便宜，在臺灣主要是週年慶，在美國主要是聖誕節。

二、百貨公司促銷重點

百貨公司可說是零售業中最擅長促銷的，原因之一在於便利商店、超市、量販店主要是便利品，首重地利之便，即地點比較重要。百貨公司促銷活動多到令人眼花撩亂，但是有脈絡可循，本段先說明全貌，第二段介紹節慶行銷中的週年慶，這是百貨公司類似巴西嘉年華慶的方式，得專節介紹。百貨公司商品以選購品為主，因此促銷的重點在於以廣告塑造品牌形象，採取顧客到店來買商品的拉策略。由右圖第二欄可見，百貨公司促銷方面依據下列程序照表操課。

三、週年慶的重要性

由右下表可見，每家百貨公司從10月下旬開始起跑，到12月底，各店接力辦週年慶，讓顧客永遠有地方可買特價商品。但每家店的特價期間只有一個月，由表一可見，週年慶的營收一個月可以抵三個月的營收，可見週年慶的重要性，以2018年為例。

四、行銷組合

就跟過年的電視節目玩的都是老梗，百貨公司週年慶的老梗可由行銷組合（4Ps）看出，詳見右表。每年週年慶同業打聽的重點有二：

1. **週年慶何時開打**：每年週年慶大抵在9月25日開始，各百貨公司的一家店檔期二週，有些會在週年慶前夕舉行「VIP之夜」，詳見Unit17-5。

2. **大風吹的順序**：以新光三越百貨為例，2018年週年慶由10月4日由臺南市中山店打先鋒，各店輪流接棒迄12月，顧客可以逐店去搶便宜。

3. **商品力**：週年慶期間，百貨公司都會找一些特殊稀有的商品，強化檔期的可看性，稱為獨特銷售點（unique selling proposition），2014年包括微風廣場、台北101購物中心、遠東百貨臺中店找上伯爵錶搭配檔期，展售總價1.2億元的珠寶腕錶。

百貨公司的節慶促銷步驟

投入	轉換	產出
商店品牌商品	1.促銷廣告　・百貨公司代言人　・商品代言人 2.新品發表會 3.降價促銷	營收
全國品牌商品		

2018年百貨公司週年慶的行銷組合

行銷組合	遠東百貨	遠東崇光	新光三越
時間	9月18日～12月24日 臺南大遠百	11月8日～19日 忠孝等店起跑	10月4日 臺北信義店等六店起跑
1.商品策略 ・女性商品 ・其他	化妝品、內睡衣 精品、家電	化妝品	化妝品
2.定價策略	・女裝打對折 ・美妝品打7折	全店8折起，超市9折起	・全店8折起 ・內睡衣8折起
3.促銷策略 ・買千送百	買5,000元送500元抵用券	同左	買5,000元送500元，但精品與家電要上萬元才算
・抽獎	－	－	
4.績效（億元） ・2017年	118	106	199
・2018年	124	108	231.5

資料來源：整理自報刊。

Unit **16-8** 百貨公司的貴客經營：以遠東崇光百貨復興店為例

　　百貨公司對主顧客（heavy users），跟航空公司一樣，往往特別禮遇，有貴賓室，一年至少有兩次的特販會。

一、母親節之前

　　較具代表的是「微風之夜」，詳見Unit17-5。

二、周年慶之前的貴賓之夜

　　其中較有名的有晶華酒店附設麗晶精品的麗晶之夜，本單元以遠東崇光百貨復興店為例說明。復興店、敦化店以精品百貨為市場定位，復興店面積較大，2011年起，在9樓設立貴賓室。舉辦一系列的新生活會客廳（VIP New Life Saloon）。

1. **功能**：「我們的會客廳不以銷售為目的，而是希望作為交流平臺，傳遞新生活價值觀與新美學態度！」董事長黃晴雯說，她以會客廳主人身分舉辦時尚、美學、餐旅或電影欣賞等主題聚會，目標族群就是年消費額30萬元以上的貴婦貴客，期盼透過聚會來增加這些顧客的黏著度。（摘自《今周刊》，2012年10月22日，第119頁）

2. **2015年1月28日的「名人圍爐」**：以此次聚會為例，邀請名作家吳若權，分享年節的記憶；並由遠東集團董事長徐旭東的主廚、遠東飯店名廚劉冠麟端出港式盆菜饗客；黃晴雯跟大家同樂剪出「春」字。

3. **服務人員**：復興店顧客服務課長余采蘋強調「貴客服務有更多細節要照應！」，訓練服務人員要記住貴客的臉、姓名，最好連她咖啡想喝多少糖分、濃度都一清二楚。同時，為了讓貴客更享有尊寵感，服務人員應避免頭仰得太高；跟坐著的貴客說話時，則必須屈膝至跟貴客同樣高度。

4. **敦化店加入貴客銷售**：2015年全面改裝，第四季開幕，定位為「東區珠寶盒」。其中原先作為辦公室的六、七樓轉變為賣場，並推出符合超級大戶（VVIP）等級的品牌櫃位，以鞏固金字塔頂端客層。

崇光貴客會客廳（Sogo VIP Saloon）……

5W2H	說　明
對象	・以時尚藝文饗宴，以維繫貴客（4,000人）關係，其中臺北市3,000人 ・貴客（年消費30萬元以上） ・超級大戶（年消費60萬元以上）
面積	・樓層：9樓「貴賓室」（VIP Lounge）可同時服務56人 ・面積：2015年4月，增加20坪，新增空間呼應日式庭園造景，外觀裝飾日式屋簷、格窗、內部呈現日式溫泉lobby風
頻率	不定期，2015年第一場1月28日
服務人員	・主人：會客廳女主人，遠東崇光百貨董事長黃晴雯 ・承辦單位：顧客服務課

 知識補充站

黃晴雯對服務的經營理念

　　行銷思維講究「市占率」，服務業專注於「心靈占有率」（mind share）：銷售商品，更注重體驗行銷與感動服務。「感動行銷」是行銷顯學，有形的商品或無形的服務，共通點在打動人心、感同身受、引發共鳴。

　　我始終相信，冰冷的慣性無法取代「人」所提供的服務與「空間」所帶來的記憶。遠東崇光百貨是倡導生活態度、心靈層面溝通、創造溫暖記憶的夢想平臺。

　　我們用「心」服務、消費者用「心」體驗－唯有感動，方能歷久彌新！從事百貨業最令我開心的時刻，就是看到顧客因我們的用心服務而留下人生中感動的片段；而最令人驕傲的時刻，則是身為一個美好時代的座標，我們與臺灣民眾共同譜寫的集體記憶，回味雋永，歷久彌新。（摘自《經濟日報》，2015年9月8日，A21版，黃晴雯）

第 17 章

微風廣場集團公司、行銷策略

●●●●●●●●●●●●●●●●●●●●●●●●● 章節體系架構 ▼

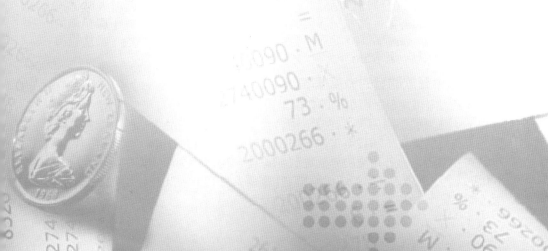

Unit 17-1 臺北市百貨異數：微風集團的公司策略

　　每天打開電視，大抵會看到媒體記者稱為「微風少奶奶」、「名媛幫幫主」甚至「微風集團老闆娘」的孫芸芸的廣告，主要是冰箱、吸塵器。2015年1月20日，微風廣場公司廖鎮漢擔任台塑生醫的調養飲品電視廣告也上線。以百貨業來說，微風廣場的人比同業還有名，微風廣場從2001年開出第一家店，2018年營收逼近遠東集團（崇光4店與遠百3店），比新光三越（4店9館）少，跟新光三越臺中店（108億元）相近。本書以一章的篇幅，由公司策略、事業部（SBU）的市場定位、管理，詳細說明一家百貨公司的發展。以微風廣場為對象原因有二，一是其成長速度，一是資料可行性。

一、微風集團的「公司策略」

　　微風集團自稱為「集團」（其定義是指三家公司以上、營收大的公司），但由於百貨商場占集團營收七成；以2015年集團營收160億元為例，微風廣場營收112億元，因此微風集團可視為一家微風「百貨公司」，一如遠東百貨公司一樣，詳見表一。

　　「集團」在法律上不存在，因此本書中把廖鎮漢的頭銜寫成微風廣場董事長（一般稱為微風集團董事長）。公司策略（corporate strategy）包括公司成長方向、方式與速度，限於篇幅，本單元只討論成長方向。

二、成長方向：垂直整合

　　由表一可見，微風集團由五家公司組成，其成長方向屬於垂直整合；跟遠東百貨公司來比較，只是把核心活動中「生產」、「行銷」功能獨立成公司。一般成立公司的目的有二，跟外國公司成立合資公司，或單獨成立公司以獨立發展業務，例如：微風公司的女鞋，可在同業的店中設櫃。

三、商品中女鞋開發的微風公司

　　微風公司偏重發展自有品牌，詳見表二，因此微風集團創辦人廖偉志（2015年5月20辭世）的女兒廖曉喬有「時尚總監」的頭銜、兒子廖鎮漢的太太孫芸芸有「品牌顧問」之稱。此公司處於「明日之星」階段，最快也得2016年才會賺錢，營收5億元。

四、商品中餐飲開發的微風國際

　　微風國際可說是微風集團的餐飲業務開發公司，在2011年5月收購「阿舍乾麵」（註：網路商店），成立「阿舍食堂」，販售商品包括阿舍乾麵、阿舍金鑽鳳梨酥禮盒（2012年推出）與（芒果乾）巧克力Truly，未來會開大型複合式大型店；海外市場由外國總代理負責。2017年全球（美中）鋪貨店數800店以上，營收2.4億元。（摘修自《經理人月刊》，2018年8月2日，B10版，周頌宜）

340

表一　依遠東百貨核心活動組織設計來分析微風集團

公司核心活動	遠東百貨*	微風集團
一、研發	—	—
二、生產	商品本部	1. 微風股份公司：代理ED Hardy、Madison 等品牌通路，2015年營收約5億元，詳見下表。 2. 微風國際：餐飲等 　（1）微風超市（Breeze super）：乾果、巧克力品牌Truly、Maison Kayser、丸壽司、阿舍食堂、Y's pizza等，含阿舍海外美國等超市10億元。 　（2）微風和伊授桌餐飲管理顧問公司。 3. 僑漢創投
三、業務/行銷 1. 展店	營運本部 市場開發組	1. 微風開發 　（1）鎖定機場、高速公路休息站與港口（例如：基隆港）等籌備開點。 　（2）規劃微風商旅。
2. 營運	營運本部 管14家店，一般分北中南三個處	2. 微風廣場 　七家店
3. 行銷 　・行銷活動		微風經紀公司：2008年成立（藝人）經紀公司管理旗下專業模特兒，微風DM亮相、接秀活動，更加入歌唱與戲劇表演的訓練，強調其素人特質微風女神（Breeze girls），2015年底預估人數40人，微風等8店還是要從服務業前線接待開始訓練。（摘自《工商時報》，2014年10月22日，B1版，李麗滿）
・電子商務	「電子全通路部」，隸屬商品本部	

*資料來源：整理自《經濟日報》，2015年1月20日，A5版，何秀玲。

表二　微風公司的「精品衣櫃」品牌

商品種類	說　明
服裝	2011年微風公司以3,000萬美元（10億元）併購義大利4大設計師品牌之一 Giuliano Fujiwara，本想重定位「亞洲人的時尚品牌」（女裝），但因設計師堅持在義大利設計生產，生產成本較高，3年虧損經營認賠，上海（代理商老闆是劉嘉玲）與臺灣旗艦店均已結束。（摘自《工商時報》，2014年3月20日，李麗滿）
鞋	美國Ed Hardy，5家店 Madison個性鞋，7家店 T.H.E.store時尚複合店，2家店

資料來源：部分來自《工商時報》，2013年4月12日，A19版，李麗滿。
* T.H.E. store兩家店開在微風忠孝店、復興店內。
* Giuliano Fujiwara咖啡店2014年4月11日開幕，但只是三個月期快閃店（pop-up store）性質。

Unit 17-2 微風廣場的公司策略：成長方式與速度

　　把微風集團當成一家百貨商場公司，其公司策略中的事業部組合、成長方式與速度，本單元說明。

一、微風廣場的事業部組合

　　2018年微風廣場有9家店，但跟同業的店不同，可以二分法，本處以2017年預估營收300億元為基準，來計算各店營收貢獻度。

1. 百貨公司只有2家店夠大，符合「百貨」標準。
   - 復興店占營收38%：復興店是向黑松公司承租土地而來，原是黑松公司的汽水工廠，為了活化土地而轉租給微風廣場公司。
   - 信義店占營收25%：占地1.2萬坪，預估2016年營收60億元，這是向國泰人承租大樓，主要是B1到4樓，精品占50%以上、餐飲25%。

2. 商場6店，占營收37%

　　有6家店，限於營業面積，只能聚焦在百貨公司的某一、二項業務。
   - 美食街：臺北車站店、臺大醫院店、三總商店街。
   - 服裝店：忠孝店（業者有時自稱忠孝二館）、南京店。
   - 美食（含餐廳）加服裝店：松高店。

　　以營業面積、營收來看，分成三種量級：
   - 主力艦（即巡防艦）二艘，即二家百貨公司，復興店、信義店。
   - 驅逐艦三艘，即三家商場，臺北車站店、南京店、松高店；
   - 飛彈快艇三艘，即忠孝店、臺大醫院店、三總商店街。

二、成長方式

　　成長方式可分為兩種：

1. 內部成長：復興店、信義店是內部成長；成長方式包括獨資、合資（占大股）。

2. 外部成長：來自外部成長的有6家店，詳見表一；成長方式包括收購、合併。

三、成長速度

　　2014年9月4日，微風廣場總經理岡一郎（2016年3月升任執行常務董事）表示，以過去每兩年開一店的速度，未來微風廣場拓點規模上看11～12家，這包括微風國際在機場、港口與高速公路休息站等標案拓新點。（《工商時報》，2014年9月5日，A2版，李麗滿）由表一可見，微風廣場可分為三個成長曲線：導入期（復興店）、成長期（2005～2014年收購來的6店）、成長末期（2015年10月信義店開幕，另取得三軍總醫院商場）。

四、股票不上市原因

　　2014年，微風廣場公司每股盈餘約4.5元，營收、獲利早已達股票上市條件，但基於「靈活管理」考量，暫不股票上市，原因是「不缺資金」；針對微風和伊授桌、微風卻計畫上櫃。

微風廣場公司的資源限制

1. 財力限制

   資本額：7.3億元，這約是百貨公司三強的6%，以遠東百貨「資產資本額」比7倍來說，7.3億元資本額只能支持50億元的資產。這在臺北市，無力買進任何一間大樓開百貨公司，財力有限情況下，10間店都是承租的，租期20年左右。

2. 人才有限

   雖然營收破200億元，由於必須付高額房租，以致淨利約3.65億元，每股盈餘4.78元，在百貨業算高，但因金額低，無力支持高薪的大管理團隊，以致人才有限。

微風廣場公司的營收

項目	2014	2015	2016	2017	2018	2019
店數	6	8	8	8	9	10
營收（億元）	130	164	220	220	225	300

微風廣場實業公司（Breeze Center Co.）

成　立：2001 年 10 月 26 日

創辦人：廖偉志（2015 年 5 月 20 日辭世）

地　址：臺灣臺北市松山區

資本額：7.3 億元

董事長：廖鎮漢　　　　　　執行常務董事：岡一郎（2016 年升任）

總經理：畑明男　　　　　　策略長：廖曉喬

Unit 17-3
微風廣場的事業組合

　　微風廣看似有10家店，但以營收等來看，比新光三越信義區新天地4個館皆多，本單元分析其事業組合。

一、基本事業占營收70%：百貨公司

　　由圖一Y軸可見，以2019年來說，2家百貨公司（信義區信義、南山店）、1家購物中心（復興店）營收約210億天，占公司營收70%。營業面積31,500坪，比新光三越信義店45,000坪少，營收金額同。

二、核心事業占營收18%：服裝店

　　松山區的南京店、信義區的松高店，營業面積小於8,000坪，屬於中小型店，只能賣衣服、開餐廳。

三、攻擊性事業占營收12%：餐廳、美食街

　　營業面積3,500坪以下的小型賣場主要有二種用途，對營收比重貢獻低。

1. 四家美食街、小吃店

　　這是百貨公司B2美食街的店外經營，額外再加家客單價500元的中價位餐廳。進入門檻低。

2. 一家伴手禮店

　　這在機場捷運A1站，即京站百貨內，500坪。與臺北車站店的伴手禮店同樣功能。

四、三家百貨公司的市場定位

　　微風廣場旗下三家百貨公司，營業面積7,000~16,000坪，很難做到全客層經營，再加上立地條件、市場定位百貨以女性為主，餐廳以上班族為主。由圖二可見。

1. 高價位商品三家店：復興店、南山店。其中南山店就在台北101購物中心旁，市場定位相近。

2. 中價位商品一家店：信義店。信義店就在統一時代臺北店旁，利用市府轉運站的人潮商機，以上班族女性顧客為主。

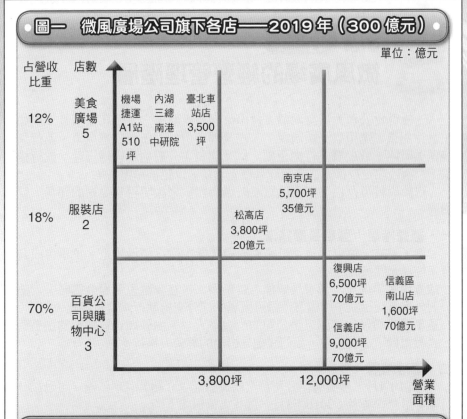

圖一 微風廣場公司旗下各店──2019年（300億元）

單位：億元

占營收比重 | 店數

12% 美食廣場 5

| 機場捷運A1站 510坪 | 內湖三總 南港 中研院 | 臺北車站店 3,500坪 |

南京店 5,700坪 35億元

18% 服裝店 2

松高店 3,800坪 20億元

70% 百貨公司與購物中心 3

復興店 6,500坪 70億元

信義店 9,000坪 70億元

信義區 南山店 1,600坪 70億元

3,800坪　　12,000坪　　營業面積

圖二 微風廣場三家百貨公司的市場定位

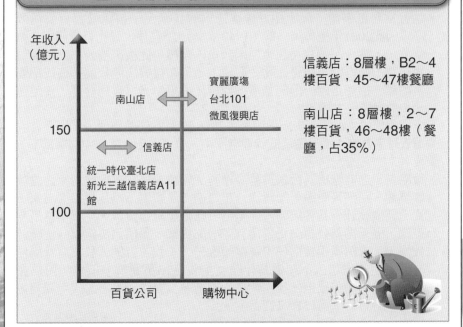

年收入（億元）

寶麗廣場 台北101 微風復興店

南山店 ←→

信義店：8層樓，B2～4樓百貨，45～47樓餐廳

150

←→ 信義店

南山店：8層樓，2～7樓百貨，46～48樓（餐廳，占35%）

統一時代臺北店 新光三越信義店A11館

100

百貨公司　　購物中心

Unit 17-4
微風廣場的經營管理階層

　　一般百貨公司大抵有兩種人會出來面對媒體，一是公司董事長（例如：遠百徐旭東、遠東崇光黃晴雯）、總經理（例如：新光三越少東、執行副總經理吳昕陽）或公關、行銷企劃，以及店長（一般稱為店總經理）或行銷課長。百貨公司一般都不喜歡管理者曝光太多，以免被鎖定挖角。

　　基於資料可行性，本書以微風廣場為對象來說明百貨公司的經營、管理階層。

一、經營階層：董事長廖鎮漢

　　新光三越、遠東百貨都是家族成員經營，微風廣場也是，董事會成員中有二位曝光度較高。

1. **故董事長廖偉志**：董事長廖偉志是創辦人，在少數重要場合露臉，大部分對外發言交給兒子廖鎮漢；微風廣場的部分交給執行常務董事岡一郎。
2. **董事長廖鎮漢**：廖偉志是公司的「發言人」，由外即資料顯示其是公司成長發電機，在右表中，我們詳細分析他的經營人格特性。

二、管理階層

　　2014年4月，微風廣場公司首次向媒體記者介紹其管理階層，可以二分為日本、臺灣管理者；2016年3月，這些人職稱如下：

1. **日本人為主**：臺灣的百貨公司以日系為主，日籍管理者擔任高階管理者是慣例。
   - 執行常務董事岡一郎：由於廖偉志、廖鎮漢父子自認是百貨公司門外漢，因此2001年挖角岡一郎（1947年次）總經理，崇光百貨使出「微風條款」，禁止品牌公司在半徑兩公里內設櫃，此後來被公平交易委員會審核為「妨害公平競爭而勒令取消」，但在復興店開幕前卻造成招商非常困難。招商是岡一郎的強項，他曾任遠東崇光百貨總經理，知道哪些櫃位能發揮最大坪效。
   - 副總經理位：溪川正史，畑明男（2016年2月升任總經理）。
2. **臺灣管理者為輔**：微風廣場的管理階層中，臺籍人士大都居中高層以下，較重要者：
   - 策略長（之前職稱為行銷長藝術總監）廖曉喬：在美國學習平面設計的廖曉喬，回到臺灣跟著廖鎮漢一起籌備微風廣場，舉凡從平面海報、名片、裝潢設計，到各店的內外風格，都是廖曉喬負責，「我常常是熬夜畫圖，隔天再到公司向哥哥還有岡一郎提案，讓他們決定哪一個設計比較好。」廖鎮漢相當信任廖曉喬的眼光，「我告訴她，我沒有背過任何一個女生的包包，不知道為什麼女生要花13萬元買一個包，所以在品牌或是整體的美感上，我完全授權給她。」廖鎮漢說。（《今周刊》，2014年4月7日，第121～122頁）。

台北車站店與松高店行銷策略 ....

行銷策略	台北車站店	松高店
一、市場定位	前身金華百貨因經營不善，讓原址成治安死角，「但這不代表位置不好，是它和對面商店位太遠，書店、唱片行、小吃什麼都賣，沒有辨識度。」年營收約1億元。	新光三越信義店有4個館，採取全客層經營，櫃位滿。寶麗廣場擅長精品。微風松高店被迫定位在15～30歲客層。
二、行銷組合 1. 店的外裝與內裝	(1) 以美食街，提供旅客「熱騰騰」的食物與想坐下來吃飯的環境吃飯，以外裝、內部裝潢為例，經費5億元。 (2) 外觀：贈送火車站大廳一片黑白相間的磁磚地板，以求跟微風車站店「形象一致」、要改變形象，就要做到徹底。這個瓷磚地板的要求來自廖鎮漢，由廖曉喬完成。跟設計公司討論過多少次，設計、材質都相當重要，「我想要是大理石、花崗岩那種石材，而且要很大塊才夠氣勢及質感，但太貴。」廖曉喬的提案數次被廖鎮拒絕。廖曉喬靈光一閃，隨手在餐巾紙上畫出黑白菱形相間的圖案，拿去給設計公司完稿，採用大塊的磁磚以降低成本，這樣成為臺北車站大樓的地板，既經濟又大器。（摘自《今周刊》，2014年4月7日，第122頁）	廖鎮漢知道主力客層消費力較弱，因此，不計成本引進H&M等排隊店，為的就是吸客，透過來客數的「量」，來彌補客單價的不足。總品牌數126個，八成是獨家引進，兩成是韓系品牌，包括LINE FRIENDS STORE首家海外旗艦店、咖啡店咖啡陪你（cafféBene）等，都是具指標性的韓流大店。
2. 商店組合	(1) 一個經典的例子是，岡一郎跟廖鎮漢討論以「牛肉麵」作為主題，引進臺北票選十大牛肉麵店的「牛肉麵競技館」，按照每年年底的業績競賽，藉此把業績差的店淘汰，讓新的店進來。 (2) 臺北車站店曾經仿造東京自由之丘的甜點森林，集合各家甜點櫃的「甜點小路」，但試了三個月，發現臺灣人飲食仍以主食為主、甜點為輔，業績連預估的三成都不到，立刻撤掉。2007年，微風臺北車站店開幕時，許多人不敢相信，原本昏暗老舊的車站，變身成時尚的美食購物廣場。 廖鎮漢打造微風臺北車站二樓、一樓及地下室，「證明微風不只會做精品百貨公司，也能做庶民的微風」。（《今周刊》，2014年4月7日，第121頁）	(1) 瑞典H&M占地1,000坪，占店面積三分之一。H&M代理商提出「千坪店面、十年租約」，但一般百貨公司條件都是數年一簽，依櫃位表現、市場狀況調整抽成或淘汰。微風願意接受的原因在於「H&M帶來的人潮」，2015年2月13日進駐松高店，2014年12月，在店內設立大型錄音機臺，顧客可以100元錄製單曲，提供年輕顧客上門的誘因，發掘素人名星。 (2) 餐廳 ・一樓冰店：崛起於臺北市永康街並在臺掀起臺灣芒果冰旋風的冰甜品店「ICE MONSTER」。 ・伊勢路－勝勢日式豬排：來自伊勢神宮所在的日本三重縣，當地以豐盛肥美的海鮮聞名，跟臺灣市場既有日式豬排品牌做出市場區隔，菜單上有40%屬海鮮。針對訴求年輕潮流族群的松高店，推出日本最夯的「黑色料理」，獨家首賣以墨魚粉調和麵包粉酥炸的「頂級黑豚里肌豬排套餐」。（《工商時報》，2014年10月22日，B1版，姚舜）

資料來源：整理自《商業周刊》，1407期，2014年11月，第49頁。

第十七章 微風廣場集團公司、行銷策略

347

Unit **17-5**
微風廣場復興店行銷管理

水滸傳、三國演義人物眾多,但重點人物可說是宋江、諸葛亮。同樣的,微風廣場有10店,其中在2014年以前,只有一艘主力艦,占營收一半,一店抵六店營收。以行銷學上的旗艦策略來說,復興店正是提供六個中、小店打游擊戰的火力基地,因此本單元以復興店為對象,以行銷組合來說明其關鍵成功因素。

一、微風廣場復興店商品組合

2014年1月29日,廖鎮漢表示,百貨公司營運只有三個重點「精品、快時尚、餐飲」。(《經濟日報》,2014年1月30日,A21版,柯玥寧)

1. **精品**:精品主要指珠寶、包包等,復興店自認是臺灣第一家精品購物中心。賣精品講究頂級服務,微風國際經紀部的模特兒擔任微風廣場的客服人員。
2. **平價的時尚服飾**:主要引進瑞典 H&M、美國 Forever21、蓋璞旗下 Old Navy。
3. **餐飲**:餐飲店營收18%,分成三種品牌:
   • 自營品牌:主要是跟日本Y's Table集團合資的微風和伊授桌餐飲管理顧問公司。
   • 代理品牌:丸壽司9坪店面,年營收9,000萬元。
   • 外部品牌:美食街中的例如:「湯布院」,5坪店面年營收3,000萬元。

二、行銷I:廣告中的代言人

2001年微風廣場復興店獨具慧眼,找上林志玲替微風拍攝DM,後來並簽約成為賣場代言人。其中,豎立在臺北市市民大道、大安路口的林志玲大型看板,更讓許多路人驚艷。微風廣場發言人、董事長特別助理蔡明澤表示,在模特兒經紀公司送來的資料中挑中林志玲,主要是林志玲外表亮麗,還具有濃濃的都會感,更是個有頭腦的女生。這種特質,跟微風廣場訴求的時尚定位相當吻合。因此,雙方合作以來的溝通也相當順暢。微風廣場的「慧眼」,部分來自廖鎮漢和孫芸芸夫婦兩人時尚品味,在經營微風廣場和挑選賣場代言人時,更充分發揮敏銳的時尚嗅覺。後來,林志玲憑著自己的條件和努力,2004年起有臺灣第一名模之稱。

三、行銷II:人員銷售

1. **微風之夜**:可說是母親節貴賓特賣會:微風廣場一直以「微風之夜」自豪,以辦舞會等方式來進行商品特賣。
2. **日期**:每年5月9日左右。挑這日期,主要是因應零售業的「五絕六窮」淡季,挑在母親節之前,讓貴賓顧客有個花錢藉口,2018年5月11日舉辦,營收13.5億元。
3. **對象**:以貴賓為主。限有請柬的顧客才准入場,塑造「貴婦之夜」的尊榮感;而且甚至當晚封館。2014年邀請卡8萬張,主要是自11家銀行篩選出的卡友。
4. **商品組合**:主要是獨家精品,2014年有200項獨家首賣精品,推出10件千萬元、50件百萬元商品,例如:De Beers「Aden頂級鑽石項鍊」,推薦價2,180萬元。
5. **績效**:2013年起,約13億元;2018年13.5億元,一晚生意能占全年全公司營收16%。(詳見《工商時報》,2018年5月12日,A15版,李麗滿)

行銷組合	說　　明
一、商品策略 1. 精品 　（1）品項 　（2）淘汰 2. 餐廳	 主要是歐美日等名牌 微風廣場有項規定：每年必須汰換10%的櫃位，實際數字比這高 主要是日本的餐飲公司所帶來的餐廳。
二、促銷策略 1. 廣告 　（1）代言人 　（2）名媛行銷 　（3）廣告費 　（4）微風尾牙宴 2. 人員銷售 3. 促銷	 微風廣場在行銷上下工夫，借力使力，採取代言人、名媛策略、微風之夜等業界創舉 ・2002年林志玲擔任代言人：此時林志玲27歲，出道4年，藉當微風廣場代言人與房地產廣告一炮而紅，而有「第一名模之稱」 ・第二代起：香港名模周汶綺、王思平等陸續擔任代言人 ・2010年起昆凌：昆凌17歲應徵代言人，亮麗外表脫穎而出，復興店內到處都是她的巨型海報，2014年10月24日松高店開幕，報刊上的廣告都是以她為主 ・2014年「微女神」：2014年起，微風國際公司設立「經紀部」，推出「微（風）女神」，兼具代言人、百貨顧客服務處專屬角色 ・2005年起孫芸芸：孫芸芸接化妝品廣告，塑造出名媛風 ・微風名媛幫：孫芸芸跟廖曉喬等一些「名女人」（上海話名媛）喜歡參加「精品展」、「服裝秀」的「趴」（party的臺式發音），被稱為「微風名媛幫」，話題性夠，獲得媒體免費宣傳 廣告、行銷費用近千萬元 廖鎮漢與妻子孫芸芸每年尾牙宴都有不同的主題，展現創意及親民的一面，對外吸引媒體報導，打知名度。 微風之夜：2002年首次辦「微風之夜」時被討論，後來同業紛紛跟進 —

五南圖解財經商管系列

書號：1G92
定價：380元

書號：1G89
定價：380元

書號：1MCT
定價：350元

書號：1G91
定價：320元

書號：1F0F
定價：280元

書號：1FRK
定價：400元

書號：1FRH
定價：560元

書號：1FW5
定價：300元

書號：1FS3
定價：350元

書號：1FTH
定價：380元

書號：1FW7
定價：380元

書號：1FSC
定價：350元

書號：1FW6
定價：380元

書號：1FRM
定價：380元

書號：1FRP
定價：400元

書號：1FRN
定價：450元

書號：1FRQ
定價：420元

書號：1FS5
定價：270元

書號：1FTG
定價：380元

書號：1MD2
定價：350元

書號：1FS9
定價：320元

書號：1FRG
定價：350元

書號：1FRZ
定價：320元

書號：1FSB
定價：360元

書號：1FRY
定價：380元

書號：1FW1
定價：380元

書號：1FSA
定價：350元

書號：1FTR
定價：350元

書號：1N61
定價：350元

書號：1FSD
定價：450元

五南文化事業機構
WU-NAN CULTURE ENTERPRISE

f 五南財經異想世界

五南圖書商管財經系列

職場先修班　給即將畢業的你，做好出社會前的萬全準備！

3M51 面試學
定價：280元

3M70 薪水算什麼？機會才重要！
定價：250元

3M57
超實用財經常識
定價：200元

3M56
生活達人精算術
定價：180元

491A
破除低薪魔咒：
職場新鮮人必知的
50個祕密
定價：220元

生活規劃三步曲

面對畢業後的生活，該如何規劃？如何應對？
別客氣！幫你創造財富的口碑暢銷書就在這！

1FTL
個人理財與投資規劃
定價：380元

3GA6
聰明選股即刻上手：
創造1,700萬退休金不是夢
定價：380元

3M83
圖解臉書內容行銷有撇步！
突破Facebook粉絲團社群經營瓶頸
定價：360元

五南文化事業機構
WU-NAN CULTURE ENTERPRISE
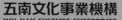
地址：106 臺北市和平東路二段 339 號 4 樓
電話：02-27055066 轉 824、889 業務助理 林小姐

五南財經異想世界

國家圖書館出版品預行編目（CIP）資料

圖解零售業管理 / 伍忠賢, 鄭瑋慶著. --
初版. -- 臺北市：五南,
2019.05
　面；　公分
ISBN 978-957-11-9611-4(平裝)

1.零售商 2.商店管理

498.2　　　　　　　　　107002177

1FSD

圖解零售業管理

作　　　者－伍忠賢、鄭瑋慶 著

發 行 人－楊榮川

總 經 理－楊士清

主　　　編－侯家嵐

責任編輯－侯家嵐、李貞錚

文字編輯－侯蕙珍、石曉蓉、許宸瑞

內文排版－徐麗、賴玉欣

封面完稿－王麗娟

出 版 者－五南圖書出版股份有限公司

地　　　址：106台北市大安區和平東路二段339號4樓

電　　　話：(02)2705-5066　傳　　　真：(02)2706-6100

網　　　址：http://www.wunan.com.tw

電子郵件：wunan@wunan.com.tw

劃撥帳號：01068953

戶　　　名：五南圖書出版股份有限公司

法律顧問　林勝安律師事務所　林勝安律師

出版日期：2019年5月初版一刷

定　　　價　新臺幣450元